Peter Berger

Philosophische Grundgedanken zur Struktur der Physik

4., völlig überarbeitete und erweiterte Auflage

J. B. Metzlersche Verlagsbuchhandlung
Stuttgart

Bildquellenverzeichnis

Der Morgen, Buchverlag, X Berlin *(Bild 21, 26)*
Deutsches Museum, München *(Bild 1, 2, 3, 10, 17, 20)*
dpa Deutsche Presseagentur, Bildredaktion München *(Bild 24)*
Estate of Albert Einstein; O. Nathan, S. Trustee, New York *(Bild 18)*
Keystone Pressedienst, Hamburg *(Bild 22)*
Nymphenburger Verlagshandlung, München *(Bild 5)*
Preußischer Kulturbesitz, Bildarchiv, Berlin *(Bild 13, 16)*
SCALA, Antella (Firenze) *(Bild 4 und Umschlag)*
Ullstein Bilderdienst, Berlin *(Bild 6, 15, 19, 23)*

ISBN 3-476-50123-X

J. B. Metzlersche Verlagsbuchhandlung und
Carl Ernst Poeschel Verlag GmbH in Stuttgart
Die 1. bis 3. Auflage erschienen bei Friedr. Vieweg + Sohn
Verlagsgesellschaft, Braunschweig.
Druck 1984, 1983, 1982, 1981
Die letzte Zahl nennt das Jahr des Drucks.
Alle Drucke einer Auflage können nebeneinander im Unterricht verwendet werden.
Lithographie: Robert Zwingmann, Leonberg
Satz: Bauer & Bökeler Filmsatz GmbH, Denkendorf
Druck: Gulde-Druck, Tübingen
Printed in Germany

Inhaltsverzeichnis

1 Physik und Philosophie – Einleitende Bemerkungen

1.1 Physik und Philosophie unterscheiden sich in Fragestellung und Methode.

Wenn Physik und Philosophie nebeneinander in der Überschrift genannt werden, so ist damit ein Thema vorgegeben, das auf eine lange Geschichte zurückblicken kann. Wir setzen hier die Physik an die erste Stelle, weil wir versuchen wollen, von Fragen dieser Wissenschaft ausgehend zu Gedankengängen vorzudringen, die philosophisch genannt werden können. Es soll also durch diese Reihenfolge nur die Richtung unseres Vorgehens bezeichnet werden. Wir räumen der Physik nicht etwa einen höheren Rang ein als der Philosophie.

Überhaupt haben wir nicht die Absicht, Philosophie und Physik wertend zu vergleichen. Beide Wissenschaften gehen von grundsätzlich verschiedenen Fragestellungen aus. Dennoch stößt sowohl die eine als auch die andere Wissenschaft auf Probleme, bei denen man nicht auf einfache Weise entscheiden kann, ob sie physikalischer oder philosophischer Natur sind.

Als GALILEI (s. Bild 1) seine neue Lehre von der Bewegung der Erde gegen die Anhänger der aristotelischen Lehre zu verteidigen hatte, konnte er ihnen entgegenhalten, daß er mehr Jahre auf das Studium der Philosophie als Monate auf physikalische Forschungen verwandt habe. Es ist für uns Heutige erstaunlich, daß eine Neuentdeckung auf dem Gebiet der Physik von der Seite der Philosophen angegriffen wurde. Die durch den Namen GALILEIs bezeichnete Wende wird uns noch beschäftigen. Schon jetzt aber stellen wir die Frage nach dem Verhältnis der beiden Wissenschaften.

Was ist Physik? Was ist Philosophie? Physik – so wollen wir vorläufig definieren – ist die Wissenschaft von den Zuständen und Vorgängen in der unbelebten Natur. Das Wort Philosophie bedeutet im Griechischen »Liebe zum Wissen« oder »Liebe zur Weisheit«. Zu Lebzeiten von PLATON und ARISTOTELES (um etwa 380 v. Chr.) erhielt das Wort einen fest umrissenen Sinn. Es bezeichnete nun ziemlich genau dasselbe wie das deutsche Wort »Wissenschaft«. Es gab also nur eine einzige Wissenschaft, die Philosophie. Auch derjenige, der in der Hauptsache Physik betrieb, wurde Philosoph genannt; und ebenso ein Grammatiker oder Musikwissenschaftler. Unsere heutige Vorstellung von Philosophie ist eine andere. Dazu kam es dadurch, daß aus dem jahrhundertealten Bereich der Philosophie im Lauf der Zeit immer neue Wissenszweige herauswuchsen, die ihre eigenen Fragestellungen und Methoden entwickelten und so zu selbständigen Wissenschaften wurden. Das geschah immer dann, wenn auf einem Teilgebiet menschlichen Wissens besonders umwälzende und weitreichende Entdeckungen gemacht wurden. Gerade in diese Situation hatte GALILEI die Physik hineingeführt. Mit seinen Entdekkungen in der Bewegungslehre begann die endgültige Lösung der Physik von der Philosophie. Die Abtrennung der Physik wurde dadurch besiegelt, daß sie außer den Aufse-

1: Galileo GALILEI, *geb. 18. 2. 1564 in Pisa, gest. am 8. 1. 1642 in Arcetri bei Florenz (nach einem Gemälde von J. Sustermanns)*

2: Immanuel KANT, *geb. 22. 4. 1724 in Königsberg, gest. am 12. 2. 1804 in Königsberg (nach einem Gemälde von Döbler)*

hen erregenden Entdeckungen, die sie vorweisen konnte, eine neue und ganz ihr eigene Methode entwickelt hatte.

Aber kommen wir zunächst noch einmal zur Philosophie zurück. Es ist eine Eigentümlichkeit der Philosophie, daß sie sich um Fragen bemüht, die von Anfang an bis heute die Menschen zu immer neuen Antworten herausgefordert haben. Nun könnte man meinen, die Menschen hätten sich durch das immer erneute Scheitern ihrer Bemühungen entmutigen lassen. Aber das Gegenteil ist der Fall. KANT (s. Bild 2) sagt in seiner Kritik der reinen Vernunft:

»Die menschliche Vernunft hat das besondere Schicksal in einer Gattung ihrer Erkenntnisse: Daß sie durch Fragen belästigt wird, die sie nicht abweisen kann, denn sie sind ihr durch die Natur der Vernunft selbst aufgegeben, die sie aber nicht beantworten kann, denn sie übersteigen alles Vermögen der menschlichen Vernunft.« [1]

Auf den ersten Blick hat es den Anschein, als sei die Philosophie dazu verdammt, in ewiger Ungewißheit zu verharren. Und doch ist die Philosophie nach einem anderen Wort KANTs die Königin der Wissenschaften. Sie ist diejenige, die wie keine andere den Blick auf das Weltganze öffnet. Natur, Gott und Mensch sind ihre Grundthemen.

1.2 *Sind die Gesetzmäßigkeiten der Materie die bestimmenden Gesetzmäßigkeiten dieser Welt?*

Einen Begriff von der Weite der Sicht, die wir in der Philosophie gewinnen, gibt uns ein

Fragment des ANAXIMANDER von Milet (ca. 610 bis 547 v. Chr.). In der griechischen Philosophie hatte man begonnen, nach einem ersten nicht weiter ableitbaren Prinzip zu forschen, aus dem alle Dinge als aus ihrem Ursprung hervorgehen sollte. ANAXIMANDER glaubte es im Apeiron, einem Grenzenlos-Unbestimmbaren gefunden zu haben:
»*Anfang und Ursprung der Dinge ist das Apeiron. Woraus aber die seienden Dinge ihr Werden haben, in das hinein geschieht auch ihr Vergehen nach der Schuldigkeit; denn sie zahlen einander gerechte Strafe und Buße für die Ungerechtigkeit nach der Zeit Anordnung.*« [2]
Der Text klingt für uns dunkel wie ein Spruch des Orakels von Delphi. Die ernsthafte Bemühung um das Verständnis dieses viel kommentierten Zitats läßt erkennen: ANAXIMANDER folgt hier der Spur eines die ganze Welt umspannenden Prozesses, der durch ein einziges Prinzip beherrscht wird. Mit dem Begriff eines einzigen allgemeinen Prozesses, an dem alles und jedes Teil hat, war ein Ausgangspunkt gewonnen, der für das Denken der damaligen Zeit völlig neu war. Zum ersten Male regte sich der Gedanke an die Möglichkeit, daß man die Welt auf rationale Weise verstehen könne. Von LEUKIPP ist uns der Satz überliefert:
»*Nichts entsteht planlos, sondern alles aus Grund und unter Notwendigkeit*«. [3]
In einer Welt, in der dieser Satz Geltung hat, bleibt nichts mehr der Willkür von Göttern und Dämonen überlassen. Nicht länger braucht man erzürnte Götter durch Opfer gnädig zu stimmen. Man löst sich vom mythischen Denken einer vergangenen Zeit.
LEUKIPP und sein Schüler DEMOKRIT (460 bis 370 v. Chr.) begründeten die atomistische Schule. »LEUKIPP *und* DEMOKRIT *nannten die kleinsten ersten Körper Atome und lehrten, daß infolge der Unterschiede ihrer Gestalten, ihrer Lage und ihrer Anordnung die einen Körper warm und feurig würden, nämlich alle die, welche aus den schärfsten, den feinteiligsten homogensten ersten Körpern zusammengesetzt seien. Umgekehrt seien kalt und wäßrig alle diejenigen, die aus den entgegengesetzten zusammengesetzt seien. Und so seien die einen hell und licht, die anderen trüb und dunkel.*« [4]
Natürlich liegt es für uns nahe, von hier aus eine Linie bis zu den Vorstellungen zu ziehen, die unseren modernen Atommodellen zugrunde liegen. Allerdings muß vor einem allzu schnellen Urteil gewarnt werden. Der Gedankenreichtum griechischer Philosophen enthält Anregungen so vielfältiger Art, daß man in ihre Worte mehr hineinzulegen geneigt ist, als sie tatsächlich enthalten. Ihre Ideen leben heute noch fort.
Es wäre falsch, wenn man LEUKIPPs These, daß »*nichts planlos entstehe, sondern alles aus Grund und unter Notwendigkeit*« mit der Grundvoraussetzung der klassischen Physik, der durchgängigen Kausalität in eins setzen wollte. Und es wäre ebenso falsch, in der modernen Atomphysik die Thesen der Atomlehre DEMOKRITs wiederfinden zu wollen. Die heutige Unterteilung in Organisches und Anorganisches, in Seelisches und Geistiges gab es nicht. Die Atome waren für DEMOKRIT auch die ersten Bausteine der Seele des Menschen.
Es ist interessant, daß der dialektische Materialismus seinen Materiebegriff mit der Lehre DEMOKRITs in Verbindung bringt. – Wir nennen noch ein anderes Beispiel für eine Wiederaufnahme atomistischer Gedanken der Antike. P. S. LAPLACE (1749 bis 1827), ein französischer Mathematiker und Physiker, sagt:
»*Ein ›Geist‹, der für einen gegebenen Augenblick alle Kräfte kennen würde, von denen die Natur belebt ist, sowie die gegenseitige Lage aller Wesenheiten, aus denen sie besteht, und der überdies umfassend genug wäre, um diese*

Gegebenheiten zu analysieren, könnte mit derselben Formel die Bewegungen der größten Weltkörper und die des kleinsten Atoms ausdrücken. Nichts wäre für ihn ungewiß, Zukunft und Vergangenheit lägen offen vor seinen Augen.« [5]

Der Laplacesche »Geist« ist eine anschauliche Formulierung der in der klassischen Physik angenommenen Kausalität, die das gesamte Weltgeschehen beherrscht. Bis zu welchen Konsequenzen LAPLACE sein Weltsystem, das einseitig von physikalischen Gesichtspunkten her entwickelt war, getrieben hatte, zeigt ein berühmt gewordenes Gespräch zwischen NAPOLEON und ihm. NAPOLEON: »*M.* LAPLACE, *man behauptet, daß Sie dieses große Buch über das System der Welt geschrieben haben, ohne seinen Schöpfer auch nur zu erwähnen.*« LAPLACE: »*Ich brauche diese Hypothese nicht.*«

Damit war die Verdrängung aller Gesetzmäßigkeiten, die nicht mechanische Gesetzmäßigkeiten der Materie waren, perfekt. Gott hatte in diesem Weltbild keinen Platz. Aber auch um die Willensfreiheit des Menschen war es schlecht bestellt. Das ganze Weltgeschehen ist von Ewigkeiten her vorausbestimmt. Es bleibt unerklärlich, wie wir in einem derartigen Weltsystem aus freien Stükken unseren Arm heben oder einen Gedanken aussprechen können. Wenn wir durch physikalische Gesetze in jedem Augenblick gezwungen sind, das zu tun, was wir tun, wie kann man dann noch sinnvoll von Recht und Unrecht unserer Handlungen sprechen? Gesetze der Moral haben da, wo physikalische Gesetze allmächtig sind, keinen Platz. Das war eine bedenkliche Folgerung aus dem Laplaceschen Weltsystem, das man wegen seiner Ausgangsbasis ein mechanistisches oder auch materialistisches nannte.

Der Materialismus behauptet, daß die Gesetzmäßigkeiten der Materie die alles bestimmenden Gesetzmäßigkeiten der Welt und des menschlichen Daseins sind. So versuchte z. B. der deutsche Philosoph Ludwig FEUERBACH (1804 bis 1872) die Philosophie auf den Erkenntnissen der Nahrungsmittelchemie zu begründen. Sein Satz: »*Der Mensch ist, was er ißt*«, veranschaulicht seine Gedanken. Sie wurden aufgegriffen im Marxismus. Das Wort Mechanismus wurde in der Neuzeit solange im gleichen Sinne gebraucht wie das Wort Materialismus, als die von der Physik gefundenen Gesetze der Materie vorwiegend mechanische waren. Als man gegen Ende des 19. Jahrhunderts in der Elektrizitätslehre und in der Optik Gesetze fand, die immer stärker von denen der Mechanik abwichen bzw. nicht in einfacher Weise auf diese zurückgeführt werden konnten, änderte sich das. Die Bezeichnung Materialismus wurde nun die vorherrschende. Eine weitere Bezeichnung, die des Determinismus, ist in der Diskussion um die Neuerungen der Quantenphysik häufig gebraucht worden. Hatte die klassische Physik gelehrt, daß alles Geschehen bis ins kleinste determiniert sei, so zeigte die Heisenbergsche Unbestimmtheitsrelation, daß eine vollständige Bestimmung aller Eigenschaften eines Mikroobjekts prinzipiell unmöglich ist. Die bisherige durchgängige Kausalität, die man sich im Bild des Laplaceschen Dämons vergegenwärtigt hatte, war hinfällig. Man mußte um für die Physik den Anspruch der Wissenschaftlichkeit aufrecht erhalten zu können, für Mikrovorgänge zu einer statistischen Kausalität übergehen. Man sprach vom Indeterminismus der modernen Physik (vgl. Kapitel 10.5).

Deutlich wird dabei folgendes: Immer dann, wenn die Physik in der Erforschung der Materie aufsehenerregende Fortschritte macht, wird man versucht sein, die an der Materie abgelesenen Gesetzmäßigkeiten auf andere Bereiche unserer Welt zu übertragen. Damit ist aber jedesmal auch die Gefahr einer die

Grenzen zwischen Materie und Geist verwischenden Nivellierung gegeben. Die Geringschätzung großer philosophischer Probleme, wie die der Frage nach Gott oder nach dem freien Willen, ist fast notwendigerweise die Folge. Wir weisen hier ausdrücklich auf diese Gefahr hin. Sie darf gerade von demjenigen nicht vernachlässigt werden, der sich von physikalischen Fragestellungen ausgehend den Problemen der Philosophie nähert.

1.3 Im Problem der Willensfreiheit scheinen sich physikalischer Determinismus und philosophische Freiheitslehre unversöhnlich gegenüberzustehen.

Es gibt Dinge, die wir zunächst nur ganz für uns allein erleben wie Gefühle und Regungen des Willens; das geschieht oft so verborgen, daß wir ihrer aller gar nicht bewußt werden. Nur die besonders starken Regungen dringen deutlich ins Bewußtsein. Wir erfahren aber auch von ihnen, wenn sich uns ein anderer mitteilt. Wir bemerken dann oft, daß uns seine Gefühle vertraut erscheinen, obwohl wir keine Möglichkeit haben, nachzuprüfen, ob es sich wirklich um die gleichen handelt. Ihnen haftet also eigentlich etwas Irrationales an, sie lassen sich nicht Punkt für Punkt benennen, weit davon entfernt, daß sich hier Späteres aus Früherem deduzieren ließe. Die Entscheidungen des Willens müssen von ähnlicher Art sein; sie lassen sich ebensowenig deduzieren; denn ließen sie sich deduzieren, so wären sie nicht frei.

Ihre Irrationalität wird demjenigen, den die Lebensumstände in einen tragischen Konflikt bringen, besonders schmerzlich bewußt. Hier gibt es kein einfaches Ergebnis einer die Situation erschöpfend erfassenden und ihren Widerspruch auflösenden Überlegung. In einem solchen Falle mag es dem Betroffenen nahe liegen, die Freiheit seiner Willensentscheidungen zu leugnen, weil ihm darin die letzte Möglichkeit gegeben zu sein scheint, eine unerträglich gewordene Verantwortung von sich abzuwälzen. Dies kann aber keine Lösung sein. Denn der Gedanke einer moralischen Handlungsweise ist in dem Augenblick sinnlos, in dem die ihr zugrunde liegende Überzeugung von der freien Entscheidungsmöglichkeit aufgibt. Es besteht das dringende Bedürfnis, dem Menschen das sichere Bewußtsein von der Freiheit seines Willens zu geben.

Das aber gerade ist ein Problem, dessen Erledigung man sich nicht wie die Lösung einer Rechenaufgabe vorstellen darf. Es wird hier eine so völlig andere Seite des Menschen berührt, daß man nicht hoffen darf, hierin mit mathematischen oder naturwissenschaftlichen Methoden Erfolg zu haben. Freilich ist es nicht so, als ob man keine Antwort zu geben gewußt hätte. Aber es gelang nicht, eine Antwort zu finden, die die uneingeschränkte Zustimmung aller gefunden hätte.

Um die angedeuteten Schwierigkeiten richtig zu verstehen, müssen wir den Ausgangspunkt unserer hier begonnenen Überlegungen deutlich machen. Wir befassen uns mit der Physik als Wissenschaft, aber nicht mit dem Ziel, einzelne physikalische Gesetzmäßigkeiten zu studieren, sondern um die Methode der Physik zu erläutern. So gesehen betreiben wir Wissenschaftstheorie; d. h. wir untersuchen die Frage, wie der Mensch in einer seiner »Wissenschaften« genannten Denkbemühungen zur Erkenntnis der Natur gelangt.

Bei der Untersuchung der Willensfreiheit ist es nun von entscheidender Bedeutung, daß der Mensch im Rahmen solcher wissenschaftstheoretischer Überlegungen in doppelter Weise ins Blickfeld gerückt wird. Er kann nämlich erstens als ein der Raum-Zeit-Welt der Physik verhaftetes Wesen ein Gegenstand unter anderen physikalischen Gegenständen sein. In diesem Falle ist es unerfindlich, wie er nicht der Kausalität, die für alle physikalischen Gegenstände gleichermaßen Gültigkeit hat, unterworfen sein sollte. Zum zweiten – und das ist in wissenschaftstheoretischen Überlegungen von größerer Bedeutung – kann der Mensch als ein die Natur erkennendes Wesen ins Auge gefaßt werden. Als ein Theorien über die Natur schaffendes Subjekt erscheint der Mensch aber in einer ganz anderen Weise, als wenn er sich selbst als Objekt solcher Theorien begreift. Wir sind daher durch nichts gezwungen, uns der Kausalität, die für die Objekte der Naturerkenntnis unausweichlich bleibt, verhaftet zu sehen, sobald wir uns selbst als Subjekte im Prozeß der Naturerkenntnis verstehen.

Wir haben das Problem der Willensfreiheit hier erwähnt, weil es eine Lösung zu erfordern scheint, in der sich philosophische und physikalische Gedankengänge begegnen. Gleichzeitig muß aber vor voreiligen und unüberlegten Lösungsversuchen gewarnt werden. Man kann als Physiker nicht ein philosophisches Problem ins Auge fassen und seine Lösung durch Verlängerung einer physikalischen Beweisführung in das Gebiet der Philosophie hinein erzwingen.

Klar geworden ist jedoch, daß der Mensch in zwei wesentlich verschiedenen Welten zu Hause ist, in der Welt der Körper und der Welt seines Geistes. Daß ein Mensch einseitig wird, wenn sein Interesse immer nur der einen von jenen beiden Welten gilt, wird an der eben erörterten Frage besonders deutlich. Erfährt der Mensch in der Physik die Vielfalt der Strukturen der materiellen Welt, so erlebt er in der Philosophie die Problematik des Menschen als die eines geistigen Wesens. Derselbe Erkenntnisdrang, der ihn suchen läßt, »*was die Welt im Innersten zusammenhält*«, sollte sich auch der eigenen, einmaligen Existenz zuwenden, gleichgültig wie groß die Anzahl der unbeantworteten Fragen ist.

Noch in einem anderen ist der Zusammenhang zwischen Philosophie und Physik deutlich. Hier wie dort ist man auf der Suche nach gewissen allgemeinen Prinzipien im Aufbau der Welt. Die Physik hat oft gerade dadurch einen neuen Aufschwung genommen, daß die Frage nach diesen allgemeinen Prinzipien neu gestellt wurde. So haben GALILEI und NEWTON, so hat EINSTEIN die Physik revolutioniert. Die enge Nachbarschaft philosophischen Fragens und physikalischen Forschens hat sich gerade in entscheidenden Problemen der Naturerkenntnis als besonders fruchtbar erwiesen.

1.4 *Zusammenfassung*

Physik und Philosophie unterscheiden sich heute durch ihre Fragestellungen, eine Unterscheidung, die in der griechischen Philosophie noch nicht vorhanden war. In der Atomlehre DEMOKRITS vermischen sich für den heutigen Sprachgebrauch philosophische mit physikalischen Fragen. Die klassische Physik, eine neuzeitliche Naturwissenschaft, ging mit Erfolg von materialistischen und deterministischen Vorstellungen aus.

Das wurde für eine Reihe von Philosophen zum Anlaß, materialistische und deterministische Prinzipien in ihre Gedanken aufzunehmen. Es wurde dabei allzu leicht übersehen, daß eine solche Grenzüberschreitung die Gefahr einer verfälschenden Sicht der Dinge mit sich bringt. Das Problem der Willensfreiheit jedenfalls scheint uns von der Art zu sein, daß es sich nicht von einem physikalischen Ansatz her lösen ließe.

Aufgaben

1. Welcher Umstand ist nach KANT für die meisten philosophischen Fragen charakteristisch? Man denke an die Chancen, sie endgültig zu beantworten.
2. DEMOKRIT macht in seiner Atomlehre einen ersten Versuch wissenschaftlicher Welterklärung. Führen Sie das näher aus.
3. Durchgängige Kausalität in den Naturvorgängen und der Anspruch des Menschen, sich frei entscheiden zu können, stehen auf den ersten Blick im Widerspruch. Arbeiten Sie diesen Widerspruch möglichst scharf heraus.

2 Das alte und das neue Denken – ARISTOTELES und GALILEI

2.1 *Im geozentrischen Weltbild des* ARISTOTELES *vermischen sich wissenschaftliche Ansätze mit traditionellen Vorstellungen.*

Wir haben im vorigen Kapitel u. a. einige Vorstellungen der griechischen Naturforscher kennengelernt und uns kritisch mit ihnen auseinandergesetzt. Eine Kritik fällt uns heute nicht schwer. Es wäre schlimm um den Fortschritt der Wissenschaft bestellt, wenn wir inzwischen nicht neue Einsichten zu den alten Problemen gewonnen hätten. So überholt uns manche Gedankengänge erscheinen wollen, so sind doch viele Fragen, die die Griechen zum erstenmal stellten, noch heute unbeantwortet. Ihnen kommt das Verdienst zu, eine methodisch vorgehende Wissenschaft begründet zu haben, wodurch es in vielen Fällen überhaupt erst möglich wurde, gezielte Fragen zu stellen.

Natürlich mußte sich die junge Wissenschaft der Griechen gegen eine Fülle eingewurzelter Vorstellungen und Vorurteile durchsetzen, ganz ähnlich wie die von den Griechen überlieferten Anschauungen in der Physik der Neuzeit erst überwunden werden mußten. Am deutlichsten wird uns diese Situation, wenn wir uns die Vorstellungen der Alten in unsere Zeit hinein versetzt denken. Nehmen wir einmal an, wir könnten einen Gelehrten aus dem alten Griechenland in unsere heutige Welt hineinversetzen. Wir würden ihn mit einer der technischen Erfindungen der Neuzeit, etwa mit einem Flugzeug, konfrontieren. Sagen wir, es wäre ARISTOTELES, den wir zu diesem für ihn gewiß sehr erstaunlichen Abenteuer einlüden. Da wir ARISTOTELES aus seinen Schriften recht gut kennen, können wir Vermutungen darüber anstellen, wie er sich die für ihn völlig unbekannte Möglichkeit einer solchen Flugmaschine zurechtlegen würde. Zunächst wird er wahrscheinlich das Flugzeug als ein lebendes Wesen ansprechen. Er wird etwa annehmen, daß in dem Flugzeug ein Vogel mit gewaltigen Kräften verborgen wäre.

ARISTOTELES machte eine einfache Unterscheidung zwischen belebter und unbelebter Natur: Das, was sich selbst bewegte, war lebendig, das aber, was sich nicht selbst bewegte, tot. Menschen und Tiere waren aufgrund dieser Definition natürlich lebendig. Maschinen, die sich aus eigenem Antrieb bewegten, waren damals nicht bekannt. Daher gab es in diesem Punkt keine Schwierigkeiten. Ein ernsthaftes Problem entstand bei der Einordnung der Pflanzen. Sie waren zweifellos lebendig zu nennen, aber es war keine Rede davon, daß sie sich selbst bewegten, es sei denn, man faßte ihr Wachstum als eine Art Bewegung auf. In der Tat behob ARISTOTELES diese Schwierigkeit, indem er dem Bewegungsbegriff eine viel allgemeinere Bedeutung gab, als das bei uns heute üblich ist. Er faßte unter dem Bewegungsbegriff nicht nur den Ortswechsel, obwohl das der eigentlich grundlegende Begriff blieb, sondern darüber hinaus jede Art von Veränderung, das Wachsen der Pflanzen genauso wie das Schmelzen oder Erstarren von Me-

3: ARISTOTELES, *geb. 384 v. Chr. in Stageira, gest. 322 v. Chr. in Chalkis (nach einer Büste im Nationalmuseum, Rom)*

tallen. Ja selbst Werden und Vergehen waren für ihn spezielle Formen der Bewegung. Diese Einteilung nimmt sich für uns heute merkwürdig aus. Wachstum, Werden und Vergehen sind biologische Begriffe und in unseren Augen in der Physik nur dazu geeignet, Verwirrung zu stiften. Wir müssen uns bei alledem aber vergegenwärtigen, daß die Physik zu jener Zeit noch nicht als selbständige Wissenschaft vorhanden war. Verhältnismäßig weitgehende Kenntnisse besaßen die Griechen aufgrund der Fortsetzung babylonischer und ägyptischer Überlieferungen auf dem Gebiet der Astronomie. Es wäre aber damals niemandem eingefallen, die Physik mit der Astronomie in Zusammenhang zu bringen.

PLATON (427 bis 347 v. Chr.) hatte in den Planeten lebendige Wesen gesehen: Götter, die sich aus eigener Kraft bewegen. ARISTOTELES folgt dieser Auffassung nicht; er kommt aufgrund der Unveränderlichkeit der Himmelsbewegungen zu der Ansicht, daß die Beweger der Planeten »immaterielle Substanzen« sein müssen. In kristallenen Sphären bewegen sich die Planeten und Fixsterne in der vollkommensten Form der Bewegung, der Kreisbewegung. Die Tatsache dieser vollkommenen, in sich zurücklaufenden Bewegung gab überhaupt einen Hinweis auf einen rangmäßigen Unterschied zwischen Himmel und Erde.

Die natürlichen Bewegungen irdischer Körper sind von anderer Art. Es sind dies das Fallen schwerer Körper nach dem Loslassen und das Aufsteigen anderer Körper, wie das von Feuer oder Rauch. Im Mittelpunkt der Welt ruht die Erde. Die irdischen Bewegungen, die nie – auch nicht im Wurf oder in sonstigen »erzwungenen Bewegungen« – die vollkommene Form der Kreisbahn erreichen, wie sie den himmlischen eigen ist, hängen doch auf irgendeine Art von diesen ab. Die Frage nach dem Zusammenhang wurde nicht gestellt. Sie galt als unangebracht.

Es ist wichtig, diesen Hintergrund teils wissenschaftlicher, teils religiöser Vorstellungen zu sehen. Zu jener Zeit gab es nichts, was unserer Physik vergleichbar gewesen wäre, ja es herrschten Meinungen über die Natur vor, die auf Jahrhunderte hinaus den Zugang zur Physik eher verstellten als öffneten. Wir können hier nur einige wenige Züge des aristotelischen Weltbildes andeuten. Die Lehre des ARISTOTELES verband alle damals bekannten wissenschaftlichen Ergebnisse zu einem System von großer Geschlossenheit.

2.2 *Mit* GALILEIs *Neubeginn nimmt die Wissenschaft der Physik neuzeitliche Züge an.*

Wir können uns jetzt eine ungefähre Vorstellung von den geistigen Widerständen machen, die GALILEI zu überwinden hatte, als seine Experimente ihn auf Thesen führten, die dem Weltbild des ARISTOTELES widersprachen (s. auch Bild 4). GALILEIs Genie hatte sich bei der Erfindung des Fernrohres gezeigt. Als er von dem Fernrohr hörte, das ein holländischer Optiker erfunden hatte, gelang es ihm, es nachzukonstruieren. Was sonst vielleicht ein Kuriosum geblieben wäre, führte durch den Gebrauch, den GALILEI von dem Fernrohr machte, zu einer Revolution der Denkart. Er entdeckte 1610 vier von den Monden des Jupiter, er stellte fest, daß sie den Jupiter umkreisen und maß die Umlaufzeiten. Das Ringsystem des Saturn, die mondähnlichen Phasen des Planeten Venus und vieles mehr sah er zum ersten Male.

Das waren nicht nur ein paar belanglose Einzelheiten, die man nun besser kennenlernte; ein aus dem Glauben erwachsenes Weltbild drohte in sich zusammenzubrechen. Der Himmel war im Mittelalter mit der ganzen Glorie religiöser Verehrung ausgezeichnet. Als das Fernrohr deutlich machte, daß der Mond und die Planeten sehr wahrscheinlich aus derselben Materie bestanden wie die Erde, daß die für makellos gehaltene Sonne Flecken zeigte, erlitt das religiöse Gefühl der Zeit einen Schock. Bei den Männern, deren Gelehrsamkeit größer war als ihr Genie, äußerte sich ihre Verwirrung und Erschütterung darin, daß sie ARISTOTELES zu zitieren begannen. Es wurde also ARISTOTELES gegen GALILEI ins Feld geführt. GALILEI aber

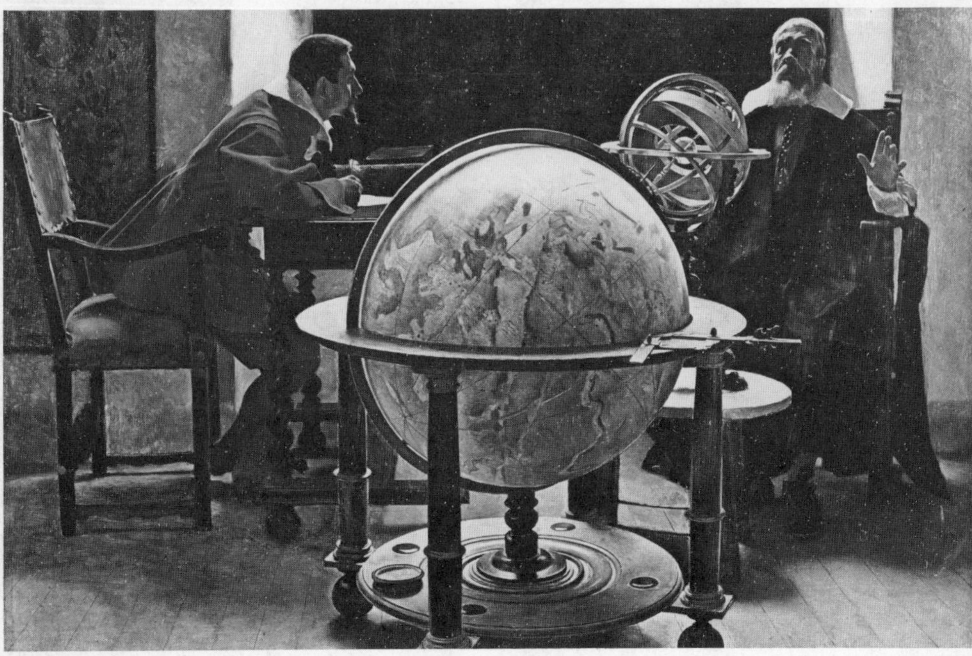

4: GALILEI *im Gespräch mit seinem Schüler Viviani (nach einem Gemälde von Tito Lessi, Firenze, Museo della Scienza)*

schrieb: »*Wie unendliches Staunen mich erfüllt, so auch unendlicher Dank gegen Gott, daß es ihm gefallen hat, mich allein zum ersten Beobachter so wunderbarer und allen Jahrhunderten verborgener Dinge zu machen.*«

Der Kampf, den Galilei gegen die Verteidiger der Lehre des Aristoteles auszufechten hatte, nahm zuweilen groteske Formen an. Wenn Galilei seine Gegner aufforderte, durch das Fernrohr zu blicken, um sich durch eigenen Augenschein von den wahren Verhältnissen am Himmel zu überzeugen, so wichen sie zurück und weigerten sich, auch nur an das Fernrohr heranzutreten. Statt dessen begannen sie, gestützt auf die Schriften von Aristoteles, das alte Weltbild zu verteidigen. Und doch hätten sie in der »Ältesten Metaphysik« desselben Aristoteles nachlesen können:

»*Das Streben nach Wissen ist eine natürliche Veranlagung aller Menschen. Das beweist schon unsere Vorliebe für die sinnlichen Wahrnehmungen[...] Wir ziehen das Sehen allem anderen vor. Die Ursache davon liegt darin, daß dieser Sinn uns am meisten zur Erkenntnis verhilft und uns viele Unterschiede klarmacht.*« [6]

Galilei, der die Menschen eine neue Art zu sehen lehrte, erfuhr wenig Dank. Schwerer als das, was er gab, schien das zu wiegen, was er nahm. Und den Mittelpunkt ihrer gewohnten Welt hatte er den Menschen tatsächlich genommen: die Erde. Sie sollte jetzt nur noch ein Planet unter anderen sein, bezogen auf einen neuen Mittelpunkt hin, die Sonne. Schon andere hatten vor Galilei das geozentrische Weltbild für falsch erklärt, so Aristarch von Samos um 280 v. Chr. und Kopernikus um 1530 n. Chr. Aber nirgends bisher war diese Lehre mit einer derart erdrückenden Fülle von Tatsachen belegt worden, Tatsachen, die zudem von jedem, der sich die Mühe geben wollte, durch ein Fernrohr zu blicken, auf ihre Richtigkeit hin überprüft werden konnten.

Das Moment der Nachprüfbarkeit war in der Tat ausschlaggebend. Nicht nur verhalf es der neuen Lehre nach langen Kämpfen endlich zum Siege, es wurde auch in der Folgezeit wichtigster Ausweis einer jeden um Wissenschaftlichkeit bemühten Untersuchung. Das Element alles Nachprüfens in den Naturwissenschaften wurde das Experiment. Galilei selbst war ein glänzender Experimentator. Allerdings zögerte er noch, dem Experiment jene beweisende Kraft zuzuschreiben, durch die es für uns Heutige zum Ausgangspunkt jeder physikalischen Untersuchung wird. Für ihn kann, wenn eine Argumentation sehr überzeugend ist, die Rolle des Experimentes noch eine nebensächliche, wenn auch nicht überflüssige sein:

»*Ich habe einen Versuch darüber angestellt, aber zuvor hatte die natürliche Vernunft mich ganz fest davon überzeugt, daß die Erscheinung so verlaufen mußte, wie sie auch tatsächlich verlaufen ist.*« [7]

2.3 *In der Bewegungslehre des* Aristoteles *ist die Kraft Ursache für die Erhaltung der Geschwindigkeit.*

Wir wenden uns nun der Bewegungslehre zu. Auch auf diesem Gebiet war eine alte, auf Aristoteles zurückgehende und falsche Lehrmeinung zu überwinden. Der Begriff der Bewegung selbst hatte den Menschen von jeher Rätsel aufgegeben. Aristoteles gab dem Begriff eine Fülle von Bedeutungen, die wir heute als unwesentlich abgestreift haben. Aber auch die Bewegungen in unserem Sinne, die Ortswechsel also, ein Steinwurf, das Kreuzen eines Segelbootes oder das Fahren eines Wagens, sind in Wirklichkeit sehr verwickelte Vorgänge.

Um eine Bewegung dieser Art in Gang zu bringen, ist es erforderlich, auf das Fahrzeug oder den Körper eine Kraft auszuüben. Das kann unsere eigene Muskelkraft oder die Kraft des Windes oder die von Motoren sein. Je nachdem wie stark eine derartig einwirkende Kraft ist, kommt eine Bewegung von größerer oder kleinerer Geschwindigkeit zustande. So sehen wir es als unmittelbar einleuchtend ein, daß ein Auto mit einem 60-kW-Motor schneller fahren kann als ein Auto mit einem 30-kW-Motor. Wir können also auch ohne Bedenken der Formulierung von ARISTOTELES zustimmen: »*Ein vierspänniger Wagen fährt schneller als ein zweispänniger.*«

An dieser Stelle könnten wir uns sehr leicht in einen Widerspruch verwickeln. Die Erfahrung, die wir aus dem Alltag mitbringen, scheint uns hier so vollständig über den Ablauf der Bewegung Auskunft zu geben, daß wir nicht im entferntesten mit der Möglichkeit eines Irrtums rechnen. Wir wollen diesen Fall wegen seiner verborgenen Schwierigkeiten eingehend untersuchen.

Wir sehen das Problem genauer, wenn wir den Satz, von dem wir ausgingen, nur um eine Kleinigkeit anders formulieren. Wir könnten doch in dem Bemühen, für möglichst viele Arten von Bewegungen etwas Richtiges sagen zu wollen, feststellen: Immer da, wo wir eine schnelle Bewegung beobachten, muß eine große Kraft wirken, bei einer langsameren aber eine kleinere Kraft. Und schon hätten wir uns in einen Irrtum verwickelt, der nicht nur den Zusammenhang zwischen Kraft und Geschwindigkeit verfälscht, sondern viel weitergehend dadurch, daß er die Sache in ein falsches Licht rückt, die ganze Reihe derjenigen Untersuchungen unmöglich macht, die die Mechanik als Wissenschaft begründen.

ARISTOTELES beging seinerzeit diesen Irrtum, und eine Reihe großer Gelehrter des Altertums und des Mittelalters folgten seiner Autorität. Sie alle erlebten die Enttäuschung, daß die Mechanik ein Wissensgebiet zu sein schien, in dem über ein paar leicht einsichtige Lehrsätze hinaus nicht viel Genaues ausgemacht werden konnte. Die Weichen waren einmal falsch gestellt, und es dauerte Jahrhunderte, bis GALILEI herausbrachte, daß man so in der Bewegungslehre nicht weiterkam, sondern vielmehr von einem anderen Ansatz ausgehen mußte.

Wir wollen nun die Bewegungen, die wir betrachtet haben, auch noch bis zu ihrem Ende verfolgen, weil erst dann der Irrtum in aller Klarheit erkennbar wird. Da es Bewegungen gibt, deren Ende wir nicht ohne weiteres absehen können, beispielsweise die der Erde um die Sonne, wollen wir solche Bewegungen zunächst einmal außer Betracht lassen.

Sehen wir also, wie eine Bewegung zum Stillstand kommt. Was kann die Ursache für die Beendigung einer Bewegung sein? Bei ARISTOTELES scheint es keine Schwierigkeit zu geben:

»*Ein in Bewegung befindlicher Körper kommt zum Stillstand, sobald die Kraft, die ihn vorantreibt, nicht mehr in der für den Antrieb erforderlichen Weise wirken kann.*« [8]

Diese scheinbar so klare und einfache Antwort birgt denselben Irrtum wie unsere oben gegebene Formulierung.

Wir bemerken das deutlicher, wenn wir ganz genau fragen: In welcher Art und Weise kommt die Bewegung zum Stillstand, wenn die vorantreibende Kraft nicht mehr weiter wirkt? Wir merken schon, wir müssen sogleich Unterschiede machen, wenn wir diesen Punkt genauer untersuchen.

Fahre ich mit dem Fahrrad auf ebener Straße und höre auf, die Pedale zu treten, so kommt die Bewegung sicher nicht sofort zum Stillstand. Das Fahrrad wird noch eine gewisse Zeit weiterfahren. Wie lange, das hängt von der Beschaffenheit des Fahrrades und der

Straße ab. Wir müssen daher sehr wohl unterscheiden zwischen glatter und holperiger Straße, zwischen einem schlecht und einem gut geschmierten Fahrrad. Es scheint aussichtslos, eine Regel zu finden, die uns in jedem Falle sagt, wie lange die Bewegung noch andauern wird.
Es ist ja durchaus auch möglich, daß die Bewegung sehr plötzlich zum Stillstand kommt. Denken wir an einen Wagen, der gegen eine Mauer rollt. Und es gibt die Fahrt auf sehr glatter Bahn, die lange, lange noch andauert, wenn der Antrieb längst aufgehört hat zu wirken. Angesichts dieser extremen Fälle kommen wir vielleicht in Versuchung zu sagen, die Wahrheit liege in der Mitte. Dieser Vorschlag ist aber hier gewiß ohne jeden Nutzen. Er liefe auf die Angabe von Durchschnittswerten hinaus, und das ist in einer exakten Wissenschaft, wie die Physik es ist, höchst unbefriedigend. Ein Fortschritt in den Wissenschaften ist wohl in den seltensten Fällen dadurch gelungen, daß man sich mit den extremen Auffassungen vertraut machte und dann die Wahrheit in der Mitte zwischen den Extremen suchte. Vielmehr geht es sehr viel häufiger darum, der Sache einen neuen Aspekt abzugewinnen, von dem aus alles in einem veränderten Lichte erscheint.

2.4 GALILEI *geht über die aristotelische Bewegungslehre durch eine neue Methode hinaus.*

Gerade in unserem Fall ist das so. Wir könnten nämlich darangehen, die Bewegung von allen nur denkbaren Nebeneinflüssen zu befreien. Das heißt, wir würden im Wege stehende Hindernisse wegräumen, die Straße so weit wie möglich ebnen, störende Einflüsse in den Achsenlagern der Räder durch Schmierung möglichst klein machen usw. Die Bewegung würde immer länger andauern, obwohl wir keine Möglichkeit haben, sie über jede Grenze hinaus andauern zu lassen. Wohl aber können wir eine solche letzte Grenze noch in Gedanken forträumen und uns eine ideale, oder besser, idealisierte Bewegung ohne Nebeneinflüsse vorstellen.
Wenn wir so verfahren, müssen wir gewiß die kritische Bemerkung hören, daß es solche Bewegungen nicht gibt, und daß wir den Bereich der Tatsachen verlassen haben. Ehe wir auf diese Kritik antworten, wollen wir uns aber doch die Vorteile des Begriffes einer idealisierten Bewegung vergegenwärtigen. Für sie gilt das genaue Gegenteil von dem, was ARISTOTELES behauptete. Wir formulieren mit GALILEI:
»*Jede Geschwindigkeit, die einem in Bewegung befindlichen Körper einmal verliehen wurde, bleibt absolut unverändert, solange die äußeren Ursachen für eine Beschleunigung oder Verzögerung fehlen.*« [9]
Das, was nun wirkliche Bewegungen von der idealisierten Bewegung unterscheidet, ist das Hinzutreten äußerer Einflüsse. Wir haben uns daran gewöhnt, die Hindernisse, die in den meisten Fällen eine Bewegung zum Stillstand bringen, unter dem Stichwort Reibung zusammenzufassen. Die Reibung wäre also eine jener äußeren Ursachen, von denen GALILEI spricht. Fordern wir, daß die Bewegungen, die wir in der Physik zuallererst untersuchen wollen, reibungsfrei ablaufen, so gilt für sie das allereinfachste, was sich nur denken läßt: Sie laufen gleichförmig, das soll heißen mit gleichbleibender Geschwindigkeit und geradlinig ab.
Wir haben damit einen einfachen und grundlegenden Begriff gefunden, den der idealisierten Bewegung. Damit ist gleichzeitig eine Abtrennung und Einordnung der anderen Größen, die eine wirkliche Bewegung außerdem beeinflussen, gelungen. Sie werden als äußere Ursache für sich gesehen und können

in einer weiteren Untersuchung unter die Lupe genommen werden.
Diese Art des Vorgehens ist für die Physik typisch. Ein Vorgang wird analysiert, das heißt in möglichst viele Einzelvorgänge aufgelöst und auch in der Untersuchung jedes Einzelvorgangs behält man dieses Verfahren des Analysierens bei. Zunächst will es als Nachteil erscheinen, daß hier auf künstliche Art getrennt wird, was eigentlich zuammengehört, wie hier die idealisierte Bewegung und die bei jeder wirklichen Bewegung hemmend auftretenden Hindernisse. Der Begriff der idealisierten Bewegung selbst erscheint sehr künstlich. Wir hatten schon den Vorwurf erwähnt, eine solche Definition aufstellen, hieße den Bereich der Tatsachen verlassen.
Wie steht es nun damit? Gewiß kann man von einer gewissen Künstlichkeit oder Einseitigkeit sprechen. Aber was ist diese Einseitigkeit anders als die Konsequenz, mit der die Frage, was allen zum Stillstand kommenden Bewegungen gemeinsam ist, bis zu ihrem Kern verfolgt wird? Wir waren gezwungen, alle wirklichen Bewegungen hinter uns zu lassen und zu idealisierten Bedingungen überzuspringen. Dennoch aber achteten wir darauf, gerade ein solches Merkmal der Bewegung in den Griff zu bekommen, das jederzeit in einer wirklich ablaufenden Bewegung wiedergefunden werden kann. Wenn wir uns das klarmachen, müssen wir einsehen, daß die Idealisierung der Bewegung nicht von der Wirklichkeit wegführt, sondern uns im Gegenteil eine Handhabe gibt, einen Bereich der Wirklichkeit sicherer zu überschauen als vorher.
Der Mathematiker verfährt in diesem Punkt ganz ähnlich, wenn er die Eigenschaften aller möglichen kreisähnlichen Formen, wie sie z. B. bei Rädern, Schrauben usw. auftreten, dadurch untersucht, daß er die Eigenschaften eines idealen Kreises feststellt. Und auch der Mathematiker beherrscht durch die an dem idealisierten Kreis abgelesenen Lehrsätze alle in der Wirklichkeit auftretenden kreisähnlichen Formen.
Das Verfahren der Idealisierung hat, wie man sich denken kann, vielfältige Anwendung gefunden. Man spricht in der Mechanik vom Massenpunkt, in der Wärmelehre vom idealen Gas oder vom absolut schwarzen Körper usw. Überall hat das Bedürfnis, einen verwickelten Vorgang zu analysieren, zunächst einfache Begriffe geschaffen. Die wirklichen Vorgänge beherrscht man dadurch, daß man in die Gesetze, die man an den idealisierten Vorgängen abliest, Korrekturfaktoren einbringt, die dann die Anwendung auf die Wirklichkeit ermöglichen.

2.5 Das Trägheitsgesetz und der Satz von der Kraft als Ursache der Beschleunigung kennzeichnen den Beginn der Mechanik NEWTONS.

Bis zu dem Kern des alten Irrtums von ARISTOTELES konnten wir vordringen, als wir die Bewegungen bis zu ihrem Stillstand verfolgten. Nicht die Kraft ist es, die eine einmal in Gang gesetzte Bewegung mit gleichbleibender Geschwindigkeit andauern läßt, sondern eine andere, dem Körper enger verbundene Ursache. Wir nennen sie heute die träge Masse des Körpers. Der Satz, daß jeder Körper, der sich mit gleichbleibender Geschwindigkeit bewegt, diese beibehält, solange keine Kräfte, das heißt auch Reibungskräfte, auf ihn einwirken, ist als Trägheitsgesetz bekannt.
Wie neuartig dieses Gesetz damals war, geht aus dem Umstand hervor, daß selbst GALILEI noch nicht zu einer völlig klaren Vorstellung vorgedrungen war. Zwar lesen wir bei ihm, daß jede Geschwindigkeit, die einem

»in Bewegung befindlichen Körper einmal verliehen wurde, absolut unverändert bleibt, solange die äußeren Ursachen für eine Beschleunigung oder Verzögerung fehlen«; das Musterbeispiel für eine solche Bewegung aber ist nicht die unbeschleunigte, geradlinige Bewegung, sondern die ewige Kreisbewegung der Gestirne. Hier ist GALILEI noch ganz der Vorstellungswelt seines großen Gegenspielers ARISTOTELES verhaftet. Die gleichförmige, geradlinige Bewegung, von der seit DEMOKRITs Zeiten die Atomisten immer vorzugsweise ausgegangen waren, hatte für ihn nichts Einfaches und Natürliches. Sie findet sich erst in der endgültigen Formulierung des Trägheitsgesetzes. Das Trägheitsgesetz ist das erste Axiom in der Mechanik NEWTONs. Es lautet:

»Jeder Körper beharrt in seinem Zustand der Ruhe oder der gleichförmigen geradlinigen Bewegung, wenn er nicht durch einwirkende Kräfte gezwungen wird, seinen Zustand zu ändern.« [10]

Das Trägheitsgesetz hängt mit einer Reihe weiterer Fragen zusammen, von denen wir hier zwei noch kurz erwähnen. Erstens wird bei NEWTON der Ruhezustand eines Körpers in der gleichen Weise behandelt wie der der gleichförmigen geradlinigen Bewegung. Das ist ein Punkt, über den später die Relativitätstheorie Genaueres sagen wird. Man kann nämlich nicht sinnvoll über Ruhe und Bewegung sprechen, wenn man nicht die Objekte angibt, in bezug auf welche man Ruhe oder Bewegung feststellen will.

Zweitens hat man durch die Bemerkung, daß ein Körper nur durch Kräfte gezwungen werden kann, seinen Zustand zu ändern, auch schon festgelegt, was man unter Kraft im einzelnen zu verstehen haben wird. Fährt ein Wagen mit gleichbleibender Geschwindigkeit gegen eine Wand, so muß man, soll das erste Newtonsche Axiom aufrechterhalten werden, sagen, daß eine Kraft die Bewegung beendigt habe. Die Mauer muß in diesem Fall dasjenige sein, was die Kraft aufbringt. Man ist gezwungen, den Kraftbegriff auf diesen Fall zu erweitern und nennt eine solche, nur auf einen äußeren Anlaß hin wirksam werdende Kraft, eine Zwangskraft.

Zusammenfassend stellen wir fest, daß ARISTOTELES und seine Nachfolger die Kraft als Ursache der Geschwindigkeit gesehen haben. Erst bei GALILEI bahnte sich die Erkenntnis an, daß nur eine Geschwindigkeitsänderung auf das Einwirken einer Kraft schließen läßt, und erst NEWTON sah den ursächlichen Zusammenhang zwischen Kraft und Beschleunigung.

ARISTOTELES und Mittelalter	GALILEI, NEWTON und Neuzeit:
Kraft als Ursache für die Erhaltung der Geschwindigkeit	Träge Masse als Ursache für die Erhaltung der Geschwindigkeit. Kraft als Ursache für die Änderung der Geschwindigkeit

Aufgrund der oben angestellten Überlegungen müssen wir das Fahren auf glatter, ebener Straße mit gleichbleibender Geschwindigkeit also so verstehen, daß die Kraft des Motors nur dazu dient, Reibungskräfte auf der Straße und in den Achsenlagern der Räder sowie den Luftwiderstand auszugleichen. Nur in den Augenblicken des Anfahrens, Beschleunigens oder Bremsens bringen Motor bzw. Bremse Kräfte auf, die nicht durch gleich große Kräfte kompensiert werden.

2.6 *Im Mittelalter wurden verschiedene Versuche unternommen, die Fallbewegung aus Alltagserfahrungen heraus zu verstehen.*

In unserer Gegenüberstellung ist eine Frage noch offen geblieben. Wie stellte sich ARISTOTELES das Einsetzen oder Aufhören einer Bewegung vor, wenn die Wirkung einer Kraft schon dafür in Anspruch genommen wurde, eine bereits vorhandene Bewegung aufrechtzuerhalten? Mit anderen Worten, was ist für ihn die Ursache einer Beschleunigung? Der Bewegungsantrieb wird von ARISTOTELES in eine *qualitas occulta* verlegt. Was damit gemeint ist, wird besonders deutlich, wenn wir seine Lehre vom Fallen und Steigen betrachten. Sie nimmt ihren Ausgang von der Vorstellung des natürlichen Orts.

Von den vier Elementen gilt die Erde als das schwerste, dann folgen Wasser, Luft und als das leichteste Feuer. Steine und ähnliche Gegenstände hatten auf der Erde, die für die Alten das Weltzentrum war, ihren natürlichen Ort. Rauch und die Flammen des Feuers steigen dagegen zur feurigen Sphäre der Gestirne auf. Ein Stein fällt also deshalb, weil sein natürlicher Ort das Weltzentrum, die Erde, ist. Wasser und Luft nehmen eine mittlere Stellung ein und können je nach dem umgebenden Medium entweder fallen oder steigen. Das Feuer schließlich steigt in jedem Falle nach oben.

Diese Lehre vom natürlichen Ort löste genaugenommen die Frage nach der Ursache der Bewegung noch nicht. Man wußte nicht, was es denn eigentlich war, das den fallenden Körper in Bewegung brachte.

Grundlegendes Axiom für die Bewegungslehre des ARISTOTELES ist der Satz, daß jede Bewegung einen Beweger erfordert: »*Alles, was in Bewegung ist, wird von etwas anderem bewegt.*« Der Beweger muß entweder selbst dem Bewegten innewohnen oder in unmittelbarem Kontakt mit ihm stehen. Man unterschied also Körper, die sich selbst bewegten, von solchen Körpern, die passiv von einem anderen bewegt wurden. Bei fallenden Körpern hatte man es im allgemeinen mit unbeseelten Gegenständen zu tun, für die ein ihnen innewohnender Beweger, wie er für Lebewesen angenommen wurde, nicht in Frage kam. Also mußte nach ARISTOTELES' Axiom, daß jede Bewegung einen Beweger erfordere, ein äußerer Beweger angenommen werden. Dieser äußere Beweger mußte weiter in unmittelbarem Kontakt mit dem fallenden Körper stehen. Für ARISTOTELES war es nicht denkbar, daß ein Stein über jede erreichbare Entfernung hin von der Erde zu sich gezogen werde, ohne daß irgend etwas den Stein in unmittelbarer Berührung stieß oder zog. Ähnlich unverständlich war es auch, daß ein Magnet ein Stück Eisen zu sich zog, weil man keinen das Eisen unmittelbar berührenden Beweger beobachten konnte. Im Grunde blieb also die Frage nach der Ursache der Fallbewegung bei ARISTOTELES unbeantwortet.

In der mittelalterlichen Philosophie des Abendlandes, der Scholastik, erdachte man für die von ARISTOTELES offengelassene Frage eine Reihe von Antworten, von denen vier ohne längere Erklärungen verständlich sind. Sie eignen sich gut dazu, die Autorität, die ARISTOTELES in dieser Zeit in allen Fragen der Bewegungslehre genoß, zu unterstreichen. Nirgends war man in der Lage, die Grundgedanken von ARISTOTELES zu überwinden; sie wurden beibehalten und erfuhren nur hier und da eine andere Ausgestaltung:

a) Als erste Ansicht von der Ursache der Fallbewegung nennen wir eine These, die auch schon im Altertum bekannt war, von ARISTOTELES selbst aber verworfen wurde. Das ist um so erstaunlicher, als sie seine Lehre vom natürlichen Ort hätte ergänzen können. Das Streben zu dem natürlichen Ort wurde nämlich von N. VON ORESME (ca. 1325 bis 1382) durch das Streben nach dem Gleichartigen erklärt. Demnach würde ein Stein deshalb zur Erde fallen, weil sein natürlicher Ort der Platz unter seinesgleichen war. Es wäre voreilig, hierin schon die klare Erkenntnis des Satzes von der allgemeinen Massenanziehung sehen zu wollen.

b) Eine andere Meinung war die, daß das Medium, in dem der Fall verläuft, den Körper durch die Bewegung, in die es selbst gerät, mit sich oder durch sich hindurch nach unten führt.

c) Als weitere Möglichkeit wurde angenommen, daß die Ursache des Falles in einer Abstoßung des Körpers durch die Himmelssphären zu suchen sei. Man müßte hierbei freilich folgern, daß der Körper wegen seiner wachsenden Entfernung von den Himmelssphären nach und nach immer langsamer fallen müsse.
Man wird vielleicht verwundert sein, daß diese Erklärung sich halten konnte, wo doch ihr Gegenstück – die Anziehung durch die Erde –, die gleich als vierte Ansicht zu nennen sein wird, daneben diskutiert wurde. Und doch hat das einen einleuchtenden Grund. Alle naturwissenschaftlichen Erfahrungen waren für ARISTOTELES und seine Nachfolger Alltagserfahrungen, das heißt solche, die ein jeder ohne große Mühe überall machen konnte. Weder gab es eine entwickelte Beobachtungstechnik noch die Möglichkeit, den Bereich des Beobachtbaren durch Experimente zu erweitern. Eine Alltagserfahrung war es, daß beim Schließen einer Tür in Richtung auf ein Fenster an der gegenüberliegenden Wand dieses Fenster von dem Luftdruck aufgestoßen werden kann. So konnte man als Ursache des Fallens annehmen, daß durch einen Impuls, der von den Himmelssphären ausging, unter der Vermittlung der Luft ein Stein zur Erde hinabgestoßen wurde.
Eine Wirkung durch den Raum hindurch, die nicht durch ein Medium weitergegeben wird, war aus der Alltagserfahrung nicht bekannt. Und vor der Hand schien man ja auch in der Luft ein solches Medium gefunden zu haben. Daß der Raum zwischen den Himmelskörpern fast durchweg luftleer ist, wußte man noch nicht. Als es aber einmal bekannt war, begann von neuem die Suche nach einem die Wirkung übertragenden Medium. Es blieb unerklärlich, wie eine Wirkung sich durch den Raum hindurch fortpflanzen kann, ohne daß Körper an Körper oder Körper an Medium und Medium an Körper stößt. In diesem Punkt wissen wir heute ebensowenig eine Antwort wie die Wissenschaftler früherer Jahrhunderte.

d) Bei Roger BACON (ca. 1214 bis ca. 1294) schließlich findet sich die Vorstellung, der Stein falle aufgrund einer anziehenden Wirkung der Erde zu dieser hin. Obwohl auch hier die Frage nach der Übertragung der Wirkung durch den Raum hindurch unbeantwortet blieb, hatte diese Vorstellung doch einen Vorteil. Sie erklärte, wieso die Geschwindigkeit eines fallenden Steines mit der Zeit immer größer wird. Man sah nämlich als selbstverständlich an, daß der Einfluß der anziehenden Erde mit wachsender Annäherung des Steines an sie zunehmen müsse. Da aber die Frage nach dem Übertragungsmechanismus hier offenblieb, wurde diese Vorstellung im Mittelalter für weniger einleuchtend gehalten als die übrigen.

Es mußten noch viele Irrtümer überwunden werden, bis man den richtigen Kern in dieser

Ansicht sah und zur Formulierung des Gravitationsgesetzes vordringen konnte. Um hierin weiterzukommen, war vor allen Dingen ein genaueres Bestimmen der zunehmenden Fallgeschwindigkeit notwendig, das heißt in unserer Ausdrucksweise, die Beschleunigung mußte gemessen werden. Derartige Untersuchungen lagen dem Mittelalter jedoch genauso fern wie ARISTOTELES selbst. Sie verlangten nach der Entscheidung durch das Experiment, und das war das ausschlaggebende. Wir sahen, daß die Alltagserfahrungen für ARISTOTELES die einzigen Befunde waren, die als Material für seine Theorie verwendet wurden. Sie waren gleichzeitig die allgemeinen Gesetze, aus denen er die gesamten Vorgänge unserer Welt zu erklären suchte. Auf diesem Wege mußte er sehr bald an die seiner Methode gesetzten Grenzen gelangen. Entscheidend war, daß er nicht die Möglichkeit sah, seine Alltagserfahrungen durch Experimente zu ergänzen, fortzuführen und andererseits neuen Gegebenheiten und Fragen anzupassen.

Das aber war ein Fehler, der als Symptom einer allgemeineren Schwäche der griechischen Naturerkenntnis zu werten ist. Bei allem Respekt vor den Leistungen griechischer Philosophen erkennen wir vom heutigen Standpunkt aus ihre Eigenart in der Neigung zu spekulativen Naturerklärungen. Wir meinen heute durch ein genaueres Aufarbeiten des Erfahrungsmaterials weiter zu kommen.

2.7 *Die experimentelle Methode beantwortete nicht die Frage nach dem Warum, erweiterte aber trotzdem unsere Kenntnisse.*

Wir können uns heute nicht immer ohne Mühe vorstellen, welche Anstrengungen es in der Zeit der Renaissance kostete, die altgewohnte Frage nach den Ursachen der Vorgänge zurückzunehmen, und sie vielmehr in einer geduldigeren und zugleich bescheideneren Art zu stellen. GALILEI hat diese Notwendigkeit klar erkannt:

»*Es scheint mir nicht der passende Zeitpunkt, jetzt auf die Untersuchung über die Ursache der Fallbeschleunigung einzugehen, über die von verschiedenen Philosophen verschiedene Ansichten vorgebracht worden sind [...] Für jetzt genügt es unserem Autor, daß er uns einige Eigenschaften einer Bewegung erforschen und beweisen will, die (was immer die Ursache der Bewegung sei) in der Weise beschleunigt ist, daß in gleichen Zeiten die Geschwindigkeitszunahmen gleiche sind.*« [11]

GALILEIs Entscheidung bedeutet eine neue Art der Naturerklärung. Die Bewegung eines fallenden Steines erklären, heißt von nun an in der Physik nicht mehr, diese Bewegung auf eine geheiminsvolle Kraft, eine *qualitas occulta*, zurückzuführen. Vielmehr wird zum Hauptgegenstand der Untersuchung das Gesetz, das den genauen raum-zeitlichen Verlauf des Falles beschreibt. Bei allem Erfolg jener exakt beschreibenden Methode kann man nicht leugnen, daß hier der Frage nach der Ursache ausgewichen wird. Zu sagen, der Stein falle, weil die Erde ihn anzieht, ist keine endgültige Antwort auf die Frage »Warum?«. Herauszubringen, daß es die gleiche Ursache ist, die den Stein fallen und die Erde um die Sonne kreisen läßt, ist zwar ein Schritt vorwärts. Aber es ist keine Antwort auf die Frage, was denn diese Ursache ist.

Will man der Frage nach den Ursachen weiter nachgehen, so wird man angeben müssen, welche Art Antwort man denn erwartet. Das Mittelalter war fasziniert von dem Gedanken, in dem Wirken der Natur göttliche Absichten zu erkennen. War es nicht möglich, gewisse Sympathien und Antipathien in der Natur zu entdecken, kannten nicht die

Alchimisten einander freundliche und feindliche Elemente?
So willkommen auch die Erscheinung einer gefühlsmäßig zu erfassenden allgemeinen Sympathie in der materiellen Welt für ein christliches Weltbild sein mochte, man mußte aufgrund immer wiederkehrender Enttäuschungen lernen, daß man dabei wohl einem Trugbild nachjage. Wünsche und Absichten der Menschen in Natur hinein zu projizieren war ein letzten Endes in die Irre führender Anthropomorphismus, d. h. eine unzulässige Übertragung menschlicher Eigenschaften auf Außermenschliches. Die Natur kannte keine Sympathien und Antipathien, keine Gefühle, keine Absichten.
Einmal schien es freilich doch so, als habe man ein gefühlsmäßig faßbares Reagieren der Natur gefunden. Beim Leeren von Gefäßen hatte man gesehen, daß die vom Inhalt befreiten Hohlräume sich sogleich wieder mit Luft, mit Wasser oder dem sonst Verfügbaren füllten. Dagegen war ein Vakuum, ein von jedem Stoff entleerter Raum, nicht zu beobachten. Es entstand die Vorstellung des *horror vacui*. Es hieß auch: *natura abhorret vacuum*, die Natur scheut das Vakuum. Bald entstand ein Streit, ob ein Vakuum grundsätzlich existieren könne oder nicht. In diesem Streit wurde philosophisch argumentiert. Die eine Seite »bewies«, warum die Natur kein Vakuum zulassen könne, die andere »zeigte« ebenso überzeugend, daß es ein Vakuum geben müsse.
Niemand kam auf den Gedanken, daß der Streit nur durch Experimente, und zwar durch quantitative Experimente, entschieden werden könne. Aber genau hier lag der Schlüssel zu dem Problem. Hätte man quantitativ gearbeitet, so wäre klar geworden, daß jene »*Scheu der Natur vor dem Vakuum*« eine Grenze hat. E. TORRICELLI (1608 bis 1647) und Otto v. GUERICKE (1602 bis 1686) zeigten experimentell, daß man aus einem luftgefüllten Gefäß die Luft entfernen konnte, sobald man den Saugdruck über den äußeren Luftdruck zu steigern vermochte. Jenseits dieses Druckes, der einer Wassersäule von 10 m Höhe entspricht, existiert also das Vakuum. Der *horror vacui* entpuppte sich als eine sehr spezielle mit dem Gewicht der irdischen Lufthülle verbundene Größe. Die Hoffnung, einer Absicht der Natur auf die Spur gekommen zu sein, konnte nicht aufrechterhalten werden.
An dem Problem von der Existenz des Vakuums und seiner Auflösung wird zweierlei deutlich.
Erstens kam man in dieser Frage nicht weiter, solange man philosophisch argumentierte und nach der mutmaßlichen Ursache jenes *horror vacui* forschte. Das experimentelle Verfahren hingegen, das gewiß manchem als ein unnötiger Umweg oder sogar Irrweg erschien, führte zum Ziel. Es demonstrierte die Existenz des Vakuums, das man durch theoretische Argumentationen nicht hatte nachweisen können.
Zweitens war das experimentelle Verfahren ein quantitatives Verfahren. Man wird wohl kaum bestreiten können, daß es vor TORRICELLI und GUERICKE auch schon anderen Physikern gelungen sein mußte, ein Vakuum herzustellen. Da man aber nicht quantitativ arbeitete, waren die Berichte von solchen Versuchen notwendigerweise ungenau. Angaben, die einem anderen Physiker die Möglichkeit hätten geben können, einen gelungenen Versuch zur Herstellung eines Vakuums zu wiederholen, hätten quantitative Angaben sein müssen. Ohne sie verlief alles im Ungefähren, und es gab keinen Versuch zur Herstellung eines Vakuums, der das Prädikat »reproduzierbar« verdient hätte. An quantitativen Angaben hing die Reproduzierbarkeit des Experiments, an der Reproduzierbarkeit aber seine Überzeugungskraft.

Die philosophische Argumentation um die Ursachen der Vorgänge in der Natur war im ausgehenden Mittelalter immer öfter ins Stocken gekommen. Argumente für und wider waren bis zum Überdruß wiederholt worden, neue Argumente waren kaum noch zu finden gewesen.
Die experimentelle Methode konnte zwar ebensowenig die Frage nach den Ursachen beantworten. Da sie aber die Naturerkenntnis um eine Fülle neuer Erfahrungen bereicherte, trat sie immer mehr in den Vordergrund.

2.8 Zusammenfassung

Die Überzeugung der Antike, daß man alle Erscheinungen der physikalischen Welt aus den Qualitäten der beteiligten Objekte erklären könne, mußte korrigiert werden. Der Versuch, aus einigen wenigen Grundvorstellungen über den »Kosmos« die ganze Physik zu deduzieren, erwies sich als Überforderung des menschlichen Verstandes.
Das Verfahren versagte schon beim freien Fall. Die Frage, warum der Stein falle, wurde durch den Hinweis auf eine *qualitas occulta* eher verdunkelt als geklärt. Erst als man die Frage neu zu stellen lernte und weniger anspruchsvoll statt des »Warum« das »Wie« zum Gegenstand der Untersuchung machte, ging es wieder vorwärts. Es wurde nicht mehr gefragt »Warum fällt der Stein?«, sondern »Wie fällt der Stein?«, nicht mehr »Warum gibt es kein Vakuum?«, sondern »Wie weit (bis zu welchem Saugdruck) gibt es kein Vakuum?«.
Dem Verstand war es nicht gelungen, durch Gedankenreihen, die er aus sich selbst heraus entwickelte, die Natur zu erklären. Er bedurfte des Rückgriffes auf die Erfahrung. Neue Informationen mußten auf einem neuen Weg gewonnen werden.
Hiermit war ein entscheidender Schritt getan. Die Fähigkeit des Verstandes, die Welt zu erkennen, hatte sich im ersten Anlauf als unzureichend erwiesen. Solange man rein deduktiv zu arbeiten versuchte, verlor man sich in dunklen Begriffen. Die Unzulänglichkeit des Verstandes erwies sich aber als überwindbar. Und zwar gelang das durch die Entwicklung einer neuen Methode, der Methode des quantitativen Experiments.

Aufgaben

1. Erläutern Sie den Bewegungsbegriff bei ARISTOTELES unter den Stichworten »Wachstum« und »Kraft als Ursache der Geschwindigkeit«.
2. Wie ist ARISTOTELES' Satz von der Kraft als Ursache der Geschwindigkeit bei GALILEI abgeändert worden? Welche Idealisierung ist dafür Voraussetzung?
3. Wie beurteilen Sie die Möglichkeit, aus wenigen Grundvoraussetzungen den Ablauf der Vorgänge in der Natur herleiten zu können?
4. Was bedeutet die Ablösung der Frage nach dem »Warum« durch die Frage nach dem »Wie« in der Physik?

3 Das Experiment – Herausforderung der Theorie

3.1 *Das Experiment gleicht einem Verhör, in dem der Mensch die Natur befragt.*

Durch nichts wird die Eigenart der Physik so stark betont wie durch die Aussage, daß sie eine experimentelle Wissenschaft ist. Die Gewißheit ihrer Gesetze läßt sich nicht anders als durch Experimente erweisen. Experimente erschließen den Weg zu neuen Entdeckungen. Auch das Weitergeben physikalischen Wissens gelingt auf keine andere Weise so überzeugend und einprägsam wie mit Hilfe von Experimenten. Das Experiment ist das zentrale Ereignis der Physik. Wer einem Experiment beiwohnt, erlebt das Wirken der Natur. Oft scheint die Natur hinter einer Fülle von Apparaten eher verborgen, ja verdrängt, als unmittelbar greifbar. Nur dem, der einzudringen und mitzudenken bereit ist, erschließt sich das Ereignis in seiner ganzen Tragweite.

Ein interessanter Versuch, den eine größere Zuhörerschaft erlebt, wirkt auf die verschiedenste Weise anregend. Der eine freut sich über sein gutes Gelingen, ein anderer wird nachdenklich, für einen dritten bleibt, obwohl ihm der Ausgang bekannt ist, der Reiz des Überraschenden, etwa weil das Ergebnis der Alltagserfahrung zu widersprechen scheint. Was ist aber das Experiment? Das Experiment, so hört man oft, ist eine Frage an die Natur. Was ist damit gemeint? Ist die Natur eine Person? Spricht sie eine dem Menschen verständliche Sprache? Sicherlich nicht im buchstäblichen Sinn. Was ist dann aber die Antwort, wenn sich die Frage an jemanden richtet, den man nicht kennt, und in einer Sprache abgefaßt ist, die keine Ähnlichkeiten mit einer der üblichen Sprachen hat? Was bedeuten die Begriffe »Natur« und »Sprache der Natur«?

Diese Fragen stellen heißt einsehen, daß die Redewendung von der Frage an die Natur nur symbolisch verstanden werden kann. Selbst für einen Menschen, der sich der lebendigen Natur zuwendet, indem er etwa in der Verhaltensforschung die Lebensgewohnheiten eines Tieres untersucht, kann die »Frage an die Natur« nicht wortwörtlich genommen werden. Gewiß, dieser Forscher, der ein Tier beobachtet, hat ein beseeltes Gegenüber. Das Eindringen in seine Lebensgewohnheiten könnte man mit einem dichterisch gemeinten Ausdruck als Zwiesprache mit der Natur bezeichnen. Aber sicher handelt es sich nicht um ein Gespräch zum Zwecke gegenseitiger Verständigung. Die Fragen bleiben immer Fragen des Menschen. Das Tier ist nicht eigentlich Partner, das Tier antwortet nicht. Die Antworten, die der Mensch gewinnt, verdankt er einem geduldigen Warten, einem Lauschen und Beobachten.

Um wieviel weniger kann im Falle eines physikalischen Experiments von einem Gespräch die Rede sein! Nicht nur fehlt ein beseeltes Gegenüber, auch wird die »Natur« oft genug in Form von Apparaten und Meßgeräten überhaupt erst hergestellt, ehe man seine Untersuchungen beginnt. Die Sprache, in der wir in der Physik mit der Natur reden, ist also keins der üblichen Mittel gegenseitiger Verständigung. Sie zeigt eine von den Menschen erzeugte Einseitigkeit, die die Natur nicht »unverstellt« läßt. Wenn wir überhaupt noch an dem Ausdruck einer sprachlichen Auseinandersetzung festhalten wollen, so gleicht diese am ersten noch dem Verhör: »*Die Vernunft [...]*«, sagt Immanuel KANT, »*muß mit dem Experiment [...] an die Natur gehen, zwar um von ihr belehrt zu werden, aber nicht in der Qualität eines Schülers, der sich alles vorsagen läßt, was der Lehrer will, sondern eines bestellten Richters, der die Zeugen nötigt, auf die Fragen zu antworten, die er ihnen vorlegt.*«[12]

Der Vergleich mit einem Verhör ist auch insofern treffend, als er darauf hinweist, daß die Natur gar nicht die Absicht hat, uns in allen Fällen bereitwillig Auskunft zu geben. Hier mußte zuerst eine Technik des Verhörs entwickelt werden. Daß es damit seine Schwierigkeiten hatte, lehren uns die Anfänge der Physik. Die Griechen, in so vielen Fällen Begründer wissenschaftlicher Verfahren, kannten das methodisch eingesetzte Experiment nicht.

3.2 *Irgendwann stellt sich dem experimentierenden Physiker die Frage nach seiner Verantwortung.*

Für die Tatsache, daß die Griechen das Experiment nicht kannten, gibt es eine ganze Reihe von Erklärungen. Einige Historiker sehen den Grund in einer gewissen Abneigung gegenüber der Verbindung von geistiger und handwerklicher Arbeit. Auch heute noch gibt es Menschen, die jeder Wissenschaft, die über den Gebrauch von Büchern hinausgeht, Mißtrauen entgegenbringen. Entweder sind diese Menschen von Natur aus ungeschickt, oder sie haben nie jemanden gefunden, der ihnen zeigte, wie man ein Paket packt oder eine Sicherung auswechselt, oder aber sie könnten es wohl, halten es aber für unter ihrer Würde.

Es wird oft angeführt, die Griechen hätten die handwerkliche Arbeit verachtet, und daher sei die Experimentalphysik unter ihrer Würde gewesen. Nur der erste Teil des Satzes ist richtig. Wenn sie die eigenen Hände nicht brauchen wollten, konnten sie ja Sklaven die Ausführung von Experimenten übertragen. Die Scheu vor handwerklicher Arbeit kann für die Griechen also nicht der entscheidende Grund gewesen sein, auf Experimente zu verzichten. Auch die Akropolis wäre kaum entstanden, wenn die athenischen Stadtväter nicht Sklaven mit der Ausführung der Arbeiten beauftragt hätten. Viel entscheidender war, daß sie noch gar keine Vorstellung davon haben konnten, welche Möglichkeiten die experimentelle Naturforschung bietet. Weder gab es irgendwo das Beispiel einer leistungsfähigen, auf experimenteller Basis entstandenen Wissenschaft, noch natürlich deren Auswirkungen in Gestalt einer die Lebensgewohnheiten verändernden Technik.

Einer anderen Art der Abneigung gegen das Experiment begegnen wir weniger in der Physik als in anderen experimentellen Wissenschaften. Insofern der Mensch in der Lage ist, im Experiment handelnd in den Ablauf von Naturvorgängen einzugreifen, ist ihm eine gewisse Macht über die Natur gegeben. In diesem Sinne nennt der Physiker und Philosoph Carl-Friedrich VON WEIZSÄCKER (geb. 1912) das Experiment »Ausübung von Macht im Dienste der Erkenntnis«. Wo aber Macht ausgeübt wird, ist auch immer die Möglichkeit zum Mißbrauch der Macht gegeben. In der Biologie und in der Medizin heißt Macht in diesem Zusammenhang oft genug auch Macht über Leben und Tod.

Hat der Mensch das Recht, ein Tier zu töten,

um die Einzelheiten seines Körperbaus besser studieren zu können? Hat er das Recht, ein Tier mit einer tödlichen Krankheit zu infizieren, um die Wirksamkeit eines in der Entwicklung befindlichen Heilmittels zu prüfen? Es sind dies Fragen, die nicht mit dem Hinweis abgetan werden können, solche Experimente dienten letzten Endes dazu, kranken Menschen zu helfen.

Aber dennoch, so wird man fragen, was geht das den Physiker an? Tiere haben Empfindungen, die Gegenstände, mit denen der Physiker experimentiert, haben das nicht. Nur wer gar kein Verständnis für philosophische Fragen hat, wird mit dieser Feststellung die Diskussion ein für allemal abbrechen. Ganz gleich, ob man mit Tieren oder mit Atomen experimentiert, die Haltung gegenüber dem Objekt ist in jedem Falle die Haltung eines Menschen, der Macht ausübt.

Ist die Ausübung von Macht, wie die Physik sie uns ermöglicht, dem Menschen als eine im Fortgang seiner Entwicklung zu lösende Aufgabe gestellt? Oder ist es der Natur gleichgültig, ob sie nach menschlichem Gutdünken verändert wird? Gibt sich die Natur überhaupt einem an Hand gewisser Eingriffe an sie herantretenden Experimentator zu erkennen, oder wird sie durch diese Eingriffe denaturiert?

In der Quantentheorie ist die Frage der Veränderung des experimentellen Ergebnisses durch die Messung in diesem Experiment aufgetaucht. Die Messung schafft Verhältnisse, wie sie ohne ihre Durchführung nicht zustande gekommen wären. Dies ist eine prinzipielle Schwierigkeit, die nicht durch geschicktere Anordnung der Versuchsparameter oder durch nachträgliche Korrekturen vermieden werden kann (s. Kapitel 10.5).

Wir greifen die Frage wieder auf, inwiefern Machtausübung mit Hilfe der Physik die Natur verändert. Angesichts der Gefahr der teilweisen oder völligen Vernichtung der Menschheit durch Kernwaffen gewinnt die altertümlich anmutende Frage, ob ein Eingriff in den natürlichen Ablauf der Dinge entschuldbar ist, an Aktualität.

Die griechische Vorstellung vom Kosmos, dem nach eigenen Gesetzen geordneten Weltganzen, ist schwerlich mit der Vorstellung einer Veränderung des Kosmos durch Menschenhand zu vereinbaren. Ähnliche Bedenken meldete Johann Wolfgang VON GOETHE (1749 bis 1832) in einer sehr eigenwilligen Auffassung von den Wegen der Naturerkenntnis an. So vermißte er in NEWTONs Experimenten zur Optik die Ehrfurcht gegenüber dem Licht. Das Licht ist für GOETHE ein Urphänomen, ebenso Ausdruck des Waltens der Natur wie Pflanze und Tier. An die Natur mit allerlei Instrumenten und Geräten heranzugehen, erweckt immer wieder seinen Unmut, insbesondere freilich dann, wenn diese Apparate Ergebnisse liefern, die eher die Newtonsche Optik als seine eigene »Farbenlehre« zu bestätigen scheinen. So wurde ihm ein teures Polarisationsgerät geschenkt; er verleibte es seiner Sammlung physikalischer Geräte ein, ohne es je zu benutzen.

Die Scheu gegenüber dem experimentellen Umgang mit der Natur findet sich in der Eingangsszene zum Faust wieder:

»*Geheimnisvoll am lichten Tag*
Läßt sich Natur des Schleiers nicht berauben.
Und was sie deinem Geist nicht offenbaren mag,
Das zwingst du ihr nicht ab mit Hebeln und mit Schrauben.«

Ja es ist nicht nur Scheu, Faust spricht von der Aussichtslosigkeit jedes Versuchs, gewisse Züge der Natur zu erkennen. »Am lichten Tag« und doch »geheimnisvoll« verborgen liegen sie vor uns.

Ist das denn aber eine zutreffende Darstellung unseres in der Physik erfahrenen Naturverhältnisses? Hat man nicht mit »Hebeln und Schrauben« die Monde des Jupiter ebenso wie den Erreger der Tuberkulose entdeckt? Machen uns moderne physikalische Geräte nicht die verborgenen Züge der Natur sichtbar? Was wüßten wir denn von Erscheinungen wie Magnetismus, Elektrizität, Ultraschall, infraroten, ultravioletten und radioaktiven Strahlen usw., wenn sich der Horizont der unseren Sinnen wahrnehmbaren Natur nicht durch diese Instrumente und Sonden in entscheidender Weise geweitet hätte?

Es wäre freilich nicht gerecht, wenn wir die Verse, die Faust spricht, als das endgültige Wort GOETHEs in dieser Sache interpretieren wollten. Ist doch Faust im Weltbild der mittelalterlichen Magie befangen, sein Umgang mit der Natur ist eher Geisterbeschwörung als Wissenschaft. Seine Experimente gelingen nicht ohne feierlich gemurmelte Zaubersprüche. In unserer Wissenschaft haben sie keinen Platz. Die Objektivität der Physik beruht auf der Überzeugungskraft von Experimenten, die von einem beliebigen Experimentator zu jeder Zeit wiederholt werden können.

3.3 *Ein Experiment gewinnt Bedeutung erst durch den theoretischen Kontext.*

Nach der Darstellung gewisser Bedenken gegen den experimentierenden Umgang mit der Natur wollen wir nun die Hauptsache ins Auge fassen. Wir wollen die einzelnen Komponenten, aus denen ein Experiment besteht, analysieren. Experimente sind dadurch möglich, daß wir handelnd in den Ablauf der Natur eingreifen und die Folgen solchen Eingriffs wahrnehmend beobachten können, und zwar geschieht der Eingriff auf solche Art, daß die Natur gleichsam aus ihrer Rolle als Hauptdarsteller verdrängt wird. Sie wird genötigt, einen vom Menschen ausgewählten und ausgelösten Vorgang nach den Gesetzen, die ihre eigenen sind, nunmehr wie auf einer Bühne abrollen zu lassen. Der Experimentator andererseits erscheint hier in der Rolle des Regisseurs, der zwar die Bedingungen für das Schauspiel schaffen kann, aber in den natürlichen Grenzen der Akteure auch seine eigene Beschränkung erfährt.

Der Beobachtung des Versuchsablaufs kommen heute natürlich alle die technischen Hilfsmittel zugute, die auch bei anderen Beobachtungsverfahren Verwendung finden. Die leistungsfähigen Meßgeräte, Sonden, Zählwerke usw. sind im Grunde nur systematische Erweiterungen und Ergänzungen unserer Sinnesorgane. Da sich das Auge bei Beobachtungen – insbesondere bei der Registrierung von Zeigerstellungen – als den anderen Sinnesorganen überlegen erwiesen hat, benutzt man fast durchweg die optische Anzeige. In Ausnahmefällen ist die akustische Anzeige, etwa durch einen Lautsprecher, von Vorteil.

Neben dem handelnden Eingreifen und dem wahrnehmenden Beobachten ist eine dritte Komponente des Experiments von ausschlaggebender Bedeutung. Ohne GOETHE zu einer Autorität in Sachen der Physik erheben zu wollen – er wird dort immer ein interessanter Gesprächspartner bleiben – zitieren wir aus seinem Aufsatz »Der Versuch als Vermittler von Objekt und Subjekt«:

»Der Wert eines Versuchs besteht vorzüglich darin, daß er, er sei nun einfach oder zusammengesetzt, unter gewissen Bedingungen mit einem bekannten Apparat und mit erforderlicher Geschicklichkeit jederzeit wieder hervorgebracht werden könne [...] So schätzbar aber auch ein jeder Versuch einzeln betrachtet sein mag, so erhält er doch nur seinen Wert durch Vereinigung und Verbindung mit andern. Aber eben zwei Versuche, die miteinander einige Ähnlichkeit haben, zu vereinigen

und zu verbinden, gehört mehr Strenge und Aufmerksamkeit, als selbst scharfe Beobachter oft von sich gefordert haben. Es können zwei Phänomene miteinander verwandt sein, aber doch noch lange nicht so nah als wir glauben. Zwei Versuche können scheinen auseinander zu folgen, wenn zwischen ihnen noch eine große Reihe stehen müßte, um sie in eine recht natürliche Verbindung zu bringen.«
Für den methodisch vorgehenden Forscher weist jeder Versuch über sich selbst hinaus. Er erhält seinen eigentlichen Wert dadurch, daß andere Versuche aus ihm folgen, bzw. daß er selbst Fortsetzung früherer ist. Ein Kind, das spielerisch die anziehende Kraft eines Magneten handhabt, probiert, aber es experimentiert nicht, weil es sein Tun nicht in Zusammenhang mit anderen Versuchen stellt. GOETHEs Gedankengang führt noch weiter. Irrtümer in der Auswertung von Versuchsergebnissen entstehen leicht, wenn es nicht gelingt, sie »zu vereinen«, »zu verbinden«, »in eine recht natürliche Verbindung zu bringen«. Der Forscher unterscheidet sich von dem ziel- und absichtslos spielenden Kind dadurch, daß ihn der Vorgang des Experiments über die dabei auszuführenden Handgriffe hinaus interessiert. Der Satz, daß nur derjenige in Wahrheit experimentiert, der mit einer theoretischen Einstellung an die Dinge herangeht, klingt paradox. Und doch sagt er etwas Entscheidendes. Ein Versuch wird erst dadurch zum Experiment, daß derjenige, der ihn ausführt, ihn mit anderen Versuchen in eine Linie zu stellen weiß. Hierdurch wird die dritte Komponente des Experiments deutlich: Es ist das Denken, insofern es einen theoretischen Zusammenhang herstellt. Die Warnung GOETHEs gilt demjenigen, der sich hierbei voreilig unbegründeten Spekulationen über die Deutung der Versuchsergebnisse überläßt.
Experimentieren heißt in der Physik also ganz entschieden über das bloß Handwerkliche hinausgehen. Experimente, die nicht in einen theoretischen Zusammenhang gestellt werden, führen nicht weit und haben nur geringen Wert.

3.4 *Experimente können zwischen widerstreitenden Theorien eine Entscheidung fällen.*

Es ist klar, daß sich das Denken in seinem Bemühen, verschiedene Versuchsergebnisse miteinander zu verbinden, vor Schwierigkeiten mannigfaltiger Art gestellt sieht. In der Geschichte der Physik wiederholen sich die Fälle, wo z.B. ein und derselbe Versuch durch miteinander konkurrierende Theorien erklärt wird. So genoß lange Zeit die sogenannte Phlogiston- oder Wärmestofftheorie großes Ansehen. Ihrer Grundvorstellung nach war die Wärme ein unerschaffbarer und unzerstörbarer Stoff. Er konnte in die Körper durch ihre Poren genauso eindringen und aus ihnen entweichen, wie Wasser etwa in einem Schwamm ein- und wieder aus ihm austreten kann.
Jemand, der die Anfangsgründe der Phlogistontheorie demonstrieren möchte, könnte demnach etwa folgendermaßen vorgehen. Er erläutert zunächst die Fähigkeit gewisser Stoffe, durch ihr Eindringen in einen festen Körper dessen Volumen zu vergrößern. Er zeigt, z.B. wie ein trockenes Stück Holz durch Wasseraufnahme quillt, also sein Volumen vergrößert. Zweitens wird er eine Eisenkugel über einer Flamme erhitzen und ihr damit nach den Vorstellungen der Theorie Wärmestoff zuführen, ihre Volumenvergrößerung beobachten und diese durch den Hinweis auf den ersten Versuch erklären. In diesem Falle hätte er – nach unserem Stand der Erkenntnis – zwei Versuche in Verbindung miteinander gebracht, *»zwischen denen noch eine große Reihe stehen müßte, um*

sie in eine recht natürliche Verbindung zu bringen«. Mit anderen Worten: Die beiden Versuche haben so gut wie gar nichts miteinander zu tun; jede Bemühung, sie in Verbindung miteinander zu bringen, muß äußerst gewollt erscheinen.

Vergleichen wir die Phlogistontheorie mit der heute allgemein anerkannten kinetischen Gas- und Wärmetheorie, so wird noch ein zweites deutlich. Angenommen, wir hätten eine Reihe von Versuchen A, B, C . . . W aus der Wärmelehre gemacht. Alle haben sich sowohl mit der kinetischen Gas- und Wärmetheorie wie mit der Phlogistontheorie erklären lassen. Nun machen wir einen weiteren Versuch X. In unserem Beispiel wäre das der Versuch, mechanische Energie in Wärmeenergie umzuwandeln. Er läßt sich nicht mehr durch die eine, wohl aber durch die andere Theorie erfassen. Der Versuch X hat also eine hervorragende Bedeutung, er ist in der Lage, zwischen zwei widerstreitenden Theorien eine Entscheidung herbeizuführen. Man nennt einen solchen Versuch ein *experimentum crucis.*

Ein anderes Beispiel für ein *experimentum crucis* stellt die Bestimmung der Lichtgeschwindigkeit in einem anderen Medium als in Luft bzw. im Vakuum dar. Die sich in diesem Falle gegenüberstehenden Theorien sind die Huygenssche Wellentheorie und die Newtonsche Korpuskeltheorie des Lichtes. In jedem Physikbuch ist nachzulesen, daß nach der Wellentheorie von HUYGENS die Lichtgeschwindigkeit im optisch dichteren Medium kleiner als im optisch dünneren sein muß. Das Verhältnis der Sinus der auftretenden Winkel ist gleich dem Verhältnis der Lichtgeschwindigkeiten. Während nach HUYGENS also der Übergang in ein dichteres Medium zu einer Herabsetzung der Lichtgeschwindigkeit führen mußte, ergab die theoretische Untersuchung aufgrund der Newtonschen Korpuskeltheorie genau das Entgegengesetzte, nämlich eine Erhöhung der Lichtgeschwindigkeit. Die Entscheidung zwischen beiden Theorien war nur auf experimentelle Weise möglich. Sie fiel zugunsten der Huygensschen Wellentheorie aus.

Wichtig für uns ist dabei folgendes: Die Bestimmung der Lichtgeschwindigkeit in einem anderen Medium als Luft scheint für sich genommen eine Belanglosigkeit zu sein. Jedenfalls interessiert es denjenigen, der bei Experimenten eher zuzuschauen als mitzudenken bereit ist, wenig, ob die Lichtgeschwindigkeit in Wasser z. B. 200 000 km/s oder 400 000 km/s beträgt. Erst die Einordnung des Experimentes in einen theoretischen Zusammenhang erklärt seine Bedeutung in vollem Umfang. Wiederum spielt das Denken eine entscheidende Rolle.

3.5 *Das quantitative Experiment übertrifft das qualitative durch die Präzision seiner Aussagen.*

Es ist noch über den Vorzug des Experimentes gegenüber anderen Beobachtungsverfahren zu sprechen. Das Beobachten von Vorgängen wie Gewittern, Erdbeben, Sternentstehungen usw. ist kein Experimentieren, obwohl die dabei gewonnenen Erkenntnisse natürlich ebenfalls zur Physik gehören. Das Experiment ist dadurch vor anderen Beobachtungsverfahren ausgezeichnet, daß durch die freie Wahl der Anfangsbedingungen und seine beliebige Wiederholbarkeit die Zahl der zu gewinnenden Informationen vervielfacht wird. Ferner wird die Sicherheit der auf experimentellem Wege gefundenen Aussagen durch diese Umstände erhöht.

Eine weitere Erhöhung der Zahl der Einzelinformationen wird durch die Weiterentwicklung des qualitativen Experiments zum quantitativen ermöglicht. Der Satz »ein Stein fällt nach und nach immer schneller«

enthält zweifellos eine richtige Aussage. Der Satz jedoch »ein Stein fällt nach der ersten Sekunde mit einer Geschwindigkeit von 10 m/s, nach der zweiten mit 20 m/s, nach der dritten mit 30 m/s« besagt wesentlich mehr, da er weitere nachprüfbare Informationen enthält. Manche Erscheinungen fordern geradezu die Anwendung quantitativer Methoden. Daß man um eine Hausecke herum hören, aber nicht sehen kann, dürfte ohne quantitative Bestimmung der Wellenlängen des Schalls und des Lichts schwerlich zu erklären sein. Ebenso läßt sich ohne quantitative Überlegungen nicht erklären, warum man mit einer elektrischen Schwingkreisschaltung nicht Licht, das ja auch eine elektromagnetische Strahlung ist, erzeugen kann. Ferner ist die Frage, ob zwei Elektronen, die sich aufgrund ihrer gleichnamigen Ladung abstoßen, ihrer Gravitation wegen aber anziehen, nicht in einer gewissen Entfernung voneinander in einem Gleichgewichtszustand verharren könnten, nur auf quantitativem Wege zu beantworten.

Kehren wir noch einmal zur Phlogistontheorie zurück, um die Frage aufzuwerfen, ob nicht schon der quantitative Versuch einer Wägung des Wärmestoffs bereits die Unhaltbarkeit der Theorie hätte erweisen können. In der Tat hat man solche Versuche angestellt und gefunden, daß der sogenannte Wärmestoff jedenfalls ein sehr viel geringeres spezifisches Gewicht als alle sonst bekannten Stoffe haben müsse. Das mußte natürlich schon einigen Zweifel erwecken.

Die Verwerfung der Phlogistontheorie und andere ähnliche Erfahrungen gaben dem quantitativen Experimentieren gewaltigen Auftrieb. Das Messen wurde für die Physik allmählich die wichtigste Tätigkeit. Die entscheidenden Begriffe der Physik wurden Maßgrößen, das heißt Größen, die in Zahlenwerten ausgedrückt werden können. Im Zusammenhang damit steht die Tatsache, daß die quantitative Methode eine Entwicklung neuer, immer feinerer Meßgeräte und Meßmethoden förderte. Aber nicht nur das. Auch die Methoden der Auswertung nahmen immer festere Formen an. Hiervon wird in dem Kapitel über die logische Struktur der Physik ausführlich zu reden sein.

Es mag befremden, daß von der Auswertung von Versuchsergebnissen und ihrer Einordnung in einen übergreifenden Zusammenhang schon soviel gesagt wurde, noch nichts aber von der Planung, die ja der Anfang allen Experimentierens ist. Sicher ist die Planung von Versuchen eins der schwierigsten Kapitel der Experimentierkunst. Es muß jemand schon über eine gewisse Praxis verfügen, wenn er daran gehen will, selbst einen Versuch in allen Einzelheiten zu planen.

Wie wird ein Versuch geplant? Zunächst muß klar sein, was man untersuchen will. Wenn es sich darum handelt, ein Gesetz, dessen man schon durch Überlegungen aus bereits bekannten Erfahrungen habhaft geworden ist, endgültig zu bestätigen, wird die Planung sehr ins einzelne gehen können. Wir haben gesehen (2.2), daß GALILEI den Sinn eines Experimentes lediglich in der Bestätigung eines schon anderweitig gesicherten Ergebnisses sieht, nicht aber in der Entdeckung von bisher unbekannten Zusammenhängen.

Setzt man sich andererseits das vage Ziel, irgend etwas Unbekanntes zu entdecken, so wird man zumindest das Teilgebiet, in dem man experimentieren will, abstecken müssen, im übrigen allerdings nicht viel planen können. Das Arbeiten wird mehr ein Herumtappen im Dunklen sein als die Ausführung eines wohlüberlegten Programms.

Zur Planung gehört natürlich, daß man sich der materiellen Voraussetzungen an Experimentier- und Meßgeräten versichert. Dann wird man gegebenenfalls darauf zu achten haben, wie man die idealisierenden Annah-

men, auf die man sich geeinigt hat, verwirklicht. Ferner wird man überlegen, wie man die Anfangsbedingungen variieren kann. Darauf wird man unter anderem dann angewiesen sein, wenn der zu beobachtende Effekt so gering ist, daß das vorhandene Meßgerät keine Reaktion zeigt.
Führt man das Experiment unter Beachtung aller Vorsichtsmaßregeln durch, so werden sich möglicherweise immer noch Fehlerquellen ergeben, die man nicht hatte voraussehen können. Sind die Fehler beträchtlich, so muß das Experiment unter Umständen neu geplant werden. In einigen Fällen wird man den Fehler aus den vorhandenen Meßergebnissen durch einen rechnerischen Ansatz nachträglich eliminieren können. Quantitative Überlegungen werden oft über das Gelingen eines Versuches entscheiden. Wir brauchen nicht zu erwähnen, daß dem Bau von z. B. Teilchenbeschleunigern oft eine jahrelange rechnerische Planung vorausgeht. Viele der einfachsten Experimente gelingen nicht ohne quantitative Vorüberlegung. Wollen wir z. B. Fallversuche im Zimmer durchführen, so ist es nicht sehr sinnvoll, zur Zeitmessung eine Handstoppuhr bereitzuhalten, soll der Hall-Effekt gezeigt werden, so kann man nicht damit rechnen, daß ein normales Voltmeter einen wahrnehmbaren Ausschlag zeigt.

3.6 *Im Gedankenexperiment wird die Verbindung von Experiment und Theorie besonders deutlich. – Verifikation und Falsifikation*

Wir sehen, daß der Anteil des Denkens in der experimentellen Methode nicht zu übersehen ist. Es leitet den Versuch ein, unterbricht ihn wenn nötig, um neu zu disponieren, und schließt ihn, die Ergebnisse in Form von Protokollaussagen niederlegend ab. In einzelnen Fällen kann das Denken einen noch breiteren Raum einnehmen, dann nämlich, wenn es die Information, die ein Versuch X liefern würde, auf theoretischem Wege durch eine Deduktion herleitet. Eine solche Deduktion hätte von Informationen auszugehen, die irgendwann aus anderen Versuchen S, T ... W gewonnen wurden. Sie werden im allgemeinen keine unmittelbare Antwort auf die im Versuch X gestellte Frage geben, sie lassen aber darauf schließen. In einem solchen Falle wird der Versuch X fingiert, es wird ein Gedankenexperiment ausgeführt. Ein Gedankenexperiment ist überall da angebracht, wo aus irgendwelchen Gründen auf die Ausführung des tatsächlichen Versuchs verzichtet wird oder verzichtet werden muß. Ein Beispiel ist etwa die Herleitung des 1. Hauptsatzes der Wärmelehre durch J. Robert MAYER. [13] Obwohl nun die Deduktion im Gedankenexperiment eine unanfechtbare Beweisführung zu garantieren scheint, enthält sie in Gestalt der auf den Fall X hin extrapolierten Ergebnisse der Versuche S, T ... W einen Unsicherheitsfaktor. In keinem Falle ist daher die experimentelle Nachprüfung des im Gedankenexperiment gewonnenen Ergebnisses eine unnötige Arbeit.
Ein berühmtes Beispiel für ein Gedankenexperiment geht auf NEWTON zurück. Um die Bewegung des Mondes um die Erde zu verstehen, nahm er an, daß ein Mann, der von einer Bergspitze Steine in horizontaler Richtung fortschleuderte, die Wucht seiner Würfe beliebig steigern könnte. Dann müßte allmählich aus einer Wurfbewegung eine die Erde umkreisende Bewegung werden.
Man erinnert sich ferner der Gedankenexperimente, die Albert EINSTEIN zur Veranschaulichung der Relativitätstheorie erdacht hat (vgl. besonders Abschnitt 9.4). Als die Verfechter der Kopenhagener Deutung der Quantentheorie behaupteten (s. Bild 5), die Natur verlaufe indeterministisch, versuchte

er, die Position seiner Gegner, darunter Niels BOHR (1885–1962), durch Gedankenexperimente zu erschüttern. Er erreichte sein Ziel nicht; seine Gegner mußten ihm gleichwohl zugestehen, daß er durch seine Kritik Wesentliches zur Klärung der Situation beigetragen habe. [14]

Die Rolle des Gedankenexperimentes darf aber auch nicht mißverstanden werden. Es ist nicht in der Lage, ein reales Experiment zu ersetzen. Dieses bleibt nach wie vor der Prüfstein der Theorie. Die physikalischen Theorien sind entsprechend ihrem Vordringen auf immer entferntere Gebiete zunehmend abstrakter geworden. Der Weg von ihren Grundaxiomen zu den im Experiment prüfbaren Konsequenzen hat an Länge und Schwierigkeit zugenommen. Aber auch eine noch so abstrakte Theorie muß den weiten Raum zwischen den Grundaxiomen und den prüfbaren Konsequenzen überbrücken. Denn, so sagt EDDINGTON (s. Bild 6): »*Jeder einzelne Satz physikalischen Wissens muß [...] eine Aussage darüber sein, was die Durchführung eines bestimmten Beobachtungsverfahrens ergeben hat oder ergeben hätte.*« [15]

Ein Experiment, das den Folgerungen aus den Axiomen widerspricht, ist ein ernstzunehmender Einwand. Logisch gesehen ist ein einziges der Theorie widersprechendes Experiment ein schwerwiegenderes Argument als eine noch so große Zahl bestätigender Experimente.

Die Logik dieses Sachverhalts hat Karl POPPER (geb. 1902) besonders betont. Ein einziger negativ ausgefallener experimenteller Test falsifiziert eine Theorie, während noch so viele positiv verlaufene Tests sie nicht verifizieren können. In diesem Sinne gibt es gar keine stringente Verifikation, es gibt nur eine stringente Falsifikation. Alle gültigen Theorien leben nur von einer vorläufigen Richtigkeit; sie leben davon, daß sie bislang noch nicht durch Gegenbeispiele falsifiziert wurden. [16].

Wir haben gesehen, wie Experimente zwischen zwei widerstreitenden Theorien eine

A. Piccard L. Brillouin
E. Henriot P. Ehrenfest Ed. Herzen Th. De Donder E. Schroedinger E. Verschaffelt W. Pauli W. Heisenberg R. H. Fowler
P. Debye M. Knudsen W. L. Bragg H. A. Kramers P. A. M. Dirac A. H. Compton L. V. De Broglie M. Born N. Bohr
I. Langmuir M. Planck Madame Curie H. A. Lorentz A. Einstein P. Langevin Ch. E. Guye C. T. R. Wilson O. W. Richardson

5: Teilnehmer der 5. Solvay-Konferenz

6: Sir Arthur Stanley EDDINGTON, *geb. am 28. 12. 1882 in Kendal, gest. am 22. 11. 1944 im Cambridge, ab 1914 Direktor der Sternwarte Cambridge*

Entscheidung fällten (3.4). Nun sagt POPPER, ein einziges widersprechendes Experiment müßte eine Theorie zu Fall bringen. So schnell kommt es allerdings meist nicht dahin, weil es auch in der Weiterentwicklung der Physik so streng logisch nicht zugeht. Ehe man eine bewährte Theorie aufgibt, versucht man sie durch Zusatzannahmen zu retten oder ihren Kern dadurch zu bewahren, daß man sie als Spezialfall einer verallgemeinerten Theorie versteht. Thomas S. KUHN (geb. 1922) hat gezeigt, daß im Wissenschaftsbetrieb der Physik auch sehr menschliche Motive die Fortentwicklung bestimmen. Theorien bestehen auch dann noch fort, wenn ein sich häufendes Tatsachenmaterial sie schon längst widerlegt haben müßte, und sie gehen oft erst mit dem Tod ihrer Verfechter dahin. [17]

3.7 *Zusammenfassung*

In der experimentellen Methode GALILEIs zeigte sich, daß die Physik gelernt hatte, der Natur Fragen vorzulegen. Mit der Fähigkeit des Menschen, Experimente fast jeder Größenordnung auszuführen, wird heute deutlicher als früher die Verantwortung der Wissenschaftler sichtbar. Theorie und Experiment stehen in gegenseitiger Abhängigkeit. Eine Theorie ohne Experimente bleibt Spekulation, Experimente ohne Theorie sind bloßes Herumprobieren. Logisch gesehen sind Verifikationen durch bestätigende Experimente nie endgültig, wohl aber Falsifikationen durch ein widersprechendes Experiment.

Aufgaben

1. In welchen Fällen stellt sich dem Experimentator die Frage nach seiner Verantwortung?
2. Welches *experimentum crucis* führte die Entscheidung zwischen der Korpuskeltheorie NEWTONs und der Wellentheorie von HUYGENS herbei?
3. Vergleichen Sie die physikalischen Möglichkeiten von Verifikation und Falsifikation mit denen in der Mathematik.

4 Die Gegenstandserfassung in der Physik

4.1 *Je nach seinem Interesse erfaßt der Mensch einen Gegenstand auf verschiedene Weise.*

In diesem Kapitel soll die Gegenstandserfassung der Physik untersucht und gegen andere Möglichkeiten der Gegenstandserfassung abgegrenzt werden. Ein Physiker, der den Flug eines Bussards untersucht, um die Luftströmung an seinen Flügeln zu studieren, erfaßt den Bussard auf eine andere Weise als etwa ein Zoologe, der die Art seines Beutemachens kennenlernen will, oder ein Jäger, der den Bussard erlegen möchte. Im ersten Falle sehen wir den Bussard als Flugobjekt, im zweiten Fall als beutemachendes Tier, im dritten Fall als Jagdbeute. Man könnte nun den Eindruck gewinnen, die ganze Verschiedenartigkeit dieser drei Möglichkeiten erkläre sich daraus, daß der Gegenstand drei – evtl. auch noch mehr – Aspekte zeige. Eine vollständige Beschreibung des Gegenstandes »Bussard« hätte die unter den verschiedenen Aspekten gefundenen Erkenntnisse zu sammeln und zu einem Gesamtbild zusammenzufügen. Allein, wenn wir so vorgehen wollten, hätten wir mit einer Reihe uns in Verlegenheit bringender Fragen zu rechnen. Wie kommt es, daß dasselbe Objekt einmal diesen und einmal jenen Aspekt hervorkehrt? Wo liegen die Grenzen zwischen den Aspekten, und wodurch sind sie gegeben? Wie lassen sich verschiedene Aspekte zu einem Gesamtbild vereinen? Wir stoßen hier auf Fragen, die nicht mehr physikalisch genannt werden können. Sie sind aber für uns deshalb von Interesse, weil sie das, was wir in der Physik tun, auf eine tiefere Weise verständlich machen. Es ist eine Hilfe beim Suchen nach Wissen, wenn wir die Natur des Wissens verstehen, nach welchem wir suchen. Es ist gut, wenn wir von dem Problem der verschiedenen Aspekte eines Gegenstandes gleichsam einen Augenblick zurücktreten, um die Dinge in ihrer Umgebung zu sehen. Je mehr Abstand wir gewinnen, desto größer wird die Chance, die Zusammenhänge zu erkennen.

Der Gegenstand – denken wir an das Beispiel des Bussards – entwickelt gewiß nicht aus sich heraus verschiedene Aspekte. Vielmehr werden diese Aspekte von uns an den Gegenstand herangetragen. Das heißt, wir, die wir den Gegenstand ins Auge fassen, tun das von Mal zu Mal auf ganz verschiedene Weise. Daran ändert auch der Umstand nichts, daß die drei im Beispiel genannten Möglichkeiten sogar in einer Person vereinigt sein können. Ein und derselbe Mensch kann Jäger, Zoologe und Physiker sein. Was er dann im Augenblick, wenn er den Bussard vor sich hat, gerade tut, ist Sache seiner persönlichen Entscheidung. Daß hier eine Willensentscheidung den Ausschlag gibt, ist eine nicht unwichtige Bemerkung am Rande.

Wir haben im letzten Abschnitt den Blick vom Gegenstand zurück auf uns gewendet, also auf denjenigen, der Erkenntnis oder Befriedigung seiner Jagdlust oder was sonst immer sucht. Wir haben durch ein Zurücktreten vom Gegenstand erreicht, daß neben dem Objekt das Subjekt in unser Blickfeld getreten ist. Die Beziehungen, in die Mensch und Bussard zueinander treten können, nennen wir Subjekt-Objekt-Relationen. Es ist wichtig, daß wir die Relation, die Beziehung zwischen den Kontrahenten ausdrücklich noch neben dem Subjekt und dem Objekt als drittes aufführen. Wir haben ja doch erkannt, daß, ohne daß Subjekt oder Objekt wechseln müssen, die Relationen ganz verschiedene sein können.

Wir können demnach folgendes sagen: Die Gegenstandserfassung ist eine zweistellige Relation. Subjekt und Objekt sind in ihr verbunden. Ein Beispiel dieser Relation ist die Erkenntnis, das heißt Erkennen für das Subjekt, Erkanntwerden für das Objekt. Die Erkenntnis ist aber nicht die einzige Möglichkeit einer Subjekt-Objekt-Relation. Das Beispiel des Mannes, der auf den Bussard Jagd macht, zeigt es.

Dadurch wird ein weiterer Punkt klar: Werden die beiden Kontrahenten, Subjekt und Objekt, durch den Erkenntnisvorgang miteinander verbunden, so gehen sie nicht in diesem Vorgang auf. Sie sind auch noch in anderen Relationen etwas, nicht nur etwas in der Erkenntnis. Wir sehen, daß die Physik nicht die einzige Möglichkeit der Gegenstandserfassung darstellt. Auch andere Wissenschaften, auch Künste und Religionen haben eine ihnen eigene Art der Gegenstandserfassung. Wenn HOMER die Rüstung des ACHILL beschreibt, wenn DÜRER »den Hasen« oder »das große Rasenstück« malt, so erfassen sie den Gegenstand auf ihre Weise. Es gibt vielleicht Physiker, die einwenden, ganz »richtig« würden die Dinge doch wohl nur in der Physik erfaßt. Was würde aber dieses »richtig« bedeuten?

4.2 *In der Erkenntnistheorie sind gerade die interessantesten Fragen nicht eindeutig zu beantworten.*

Wir verengen nun unser Blickfeld und fragen nach den genaueren Merkmalen derjenigen Gegenstandserfassung, die wir Erkenntnis nennen. Gemeint ist hier Erkenntnis, insoweit sie Wahrheit auf wissenschaftliche, das heißt auf allgemein nachprüfbare Weise zu gewinnen in der Lage ist. Eine übernatürliche Art der Wahrheitsfindung, von der z. B. in der Mystik die Rede ist, soll von unserer Betrachtung ausgeschlossen bleiben. Diese wissenschaftliche Erkenntnis ist Gegenstand einer besonderen philosophischen Disziplin, der Erkenntnistheorie. Es wird gut sein, wenn wir uns mit einigen Fragen dieser Theorie auseinandersetzen. Da wir uns dabei innerhalb des Bereiches der Philosophie bewegen, sei noch einmal an KANTs Ausspruch erinnert: *»Die menschliche Vernunft hat das besondere Schicksal in einer Gattung ihrer Erkenntnisse: daß sie durch Fragen belästigt wird, die sie nicht abweisen kann, [...] die sie aber auch nicht beantworten kann.«*

Wir müssen damit rechnen, daß wir in der Philosophie auf unsere Fragen mitunter keine eindeutigen Antworten erhalten können. In der Regel gibt es über einen Punkt mehrere Lehrmeinungen, zwischen denen eine Entscheidung nicht ohne weiteres möglich ist. Das hat für den Anfänger viel Verwirrendes. Angenommen, er liest nach, was ein Philosoph über den Erkenntnisvorgang zu sagen hat. Nachdem er sich mit der Ausdrucksweise des Philosophen vertraut gemacht hat, wird er sich mit seinen Thesen auseinandersetzen und – nehmen wir das einmal an – sich mit den dargestellten Ansichten einverstanden erklären. Nun schlägt er das Buch eines anderen Philosophen auf, gibt auch den hier vertretenen Ansichten seine Zustimmung und muß zum Schluß zu seiner Bestürzung feststellen, daß er sich mit zwei einander widersprechenden Meinungen einverstanden erklärt hat.

Um in dieser Situation Klarheit zu gewinnen, wird er beide Meinungen erneut prüfen und weitere Argumente, die zur Klärung beitragen können, suchen. Das Ergebnis seiner Überlegungen ist möglicherweise die Anerkennung der einen Ansicht bei Verwerfung der anderen; allerdings kann sich für ihn auch die Unhaltbarkeit beider Ansichten erwiesen haben. Als dritte Lösung ist schließlich die Versöhnung beider Ansichten unter einem neuen Gesichtspunkt denkbar. Sind aber nicht auch Situationen möglich, in denen er sich gezwungen sieht, die einzelnen Standpunkte als verschiedene Möglichkeiten unvereinbar nebeneinander stehen zu lassen? Ist eine Entscheidung in jeder Streitfrage möglich?

Es ist der eigentliche Anspruch einer jeden Philosophie, die Probleme, welche es auch immer sein mögen, zur Entscheidung bringen zu können. Das ist eine gerade für den Naturwissenschaftler nicht leicht zu verstehende Auffassung. Die Art, wie die Probleme in der Philosophie entschieden werden, weicht grundsätzlich von der Art, wie das in den Naturwissenschaften geschieht, ab. Es ist das ein Unterschied in der Methode. Eine wissenschaftliche Frage unter allen Umständen, und ohne daß die notwendigen Voraussetzungen gegeben sind, entscheiden zu wollen, muß in manchen Fällen geradezu unredlich erscheinen. Bietet man angesichts einer bislang unbeantworteten wissenschaftlichen Frage eine Lösung an, die einer genaueren Nachprüfung nicht standhält, so ist niemandem damit gedient.

Anders aber in der Philosophie. Hier gibt es außer dem theoretischen Interesse auch ein praktisches. Wer der Philosophie überhaupt einen bedeutungsvollen Einfluß auf sein Denken und Handeln einräumt, wird sich in einer kritischen Situation seines Lebens nicht mit der Antwort zufrieden geben können, daß das anstehende Problem bereits seit Jahrtausenden der Lösung harrt. In solchem Falle ist es unzumutbar, die Entscheidung eines die persönliche Existenz bedrängenden Problems der Forschung künftiger Jahrhunderte überlassen zu sollen.

In diesem Zusammenhang ist der Positivismus, wie er im »Wiener Kreis« um 1930 seine deutlichste Ausprägung fand, auch Neopositivismus genannt, von besonderem Interesse. Ein Kreis von Wissenschaftlern um Moritz SCHLICK (1882 bis 1926) versuchte die philosophischen Grundlagen der Einzelwissenschaften mit den Mitteln der formalen Logik, die vor allem von Gottlob FREGE (1848 bis 1925) und Bertrand RUSSEL (1872 bis 1970) geschaffen wurde, zu klären. In der Physik griff man auf Ideen von Ernst MACH (1838 bis 1916) zurück und entwickelte das Programm eines logischen Empirismus. Darüber hinausgehend erweiterte man die radikale Sprachanalyse Ludwig WITTGENSTEINs (1889 bis 1957) zu einer grundsätzlichen Kritik der traditionellen Metaphysik. Die bisherigen philosophischen Systeme hatten, so glaubte man, nur auf Grund des Einfließens spekulativer Ideen zu einem Abschluß bezüglich der Beantwortung der letzten Fragen gebracht werden können. Deshalb wollte man lieber auf einen derartigen Abschluß verzichten und nur so weit gehen, wie die Methoden der Einzelwissenschaften führen würden. Diese selbstverordnete Nüchternheit brachte den »Wiener Kreis« dahin, viele überlieferte philosophische Probleme als »Scheinprobleme« zu bezeichnen. Der Positivismus hat auf viele Einzelwissenschaften und die Wissenschaftstheorie anregend gewirkt. Sein Einfluß auf die Philosophie ist umstritten. Kritische Stimmen auch seitens der Physik werden in Abschnitt 11.4 zitiert.

Was sind nun die Fragen der Erkenntnistheorie? Ist es ein besonderes Problem, zu untersuchen, ob überhaupt Erkenntnis möglich ist? Ein ganzer Katalog von Wissenschaften, deren jede auf eine Fülle gesicherter Befunde hinweisen kann, scheint auf diese erste Frage Antwort genug zu sein.

Nun aber weiter! Wie ist Erkenntnis möglich? Wir fragen insbesondere: Wie ist Naturerkenntnis möglich? Wieso »antwortet die Natur« auf die Fragen »jenes Verhörs, das wir Experiment nennen?« Wäre nicht auch das Gegenteil denkbar? Wäre nicht eine Natur vorstellbar, die so gut wie gar keine Regelmäßigkeit, geschweige denn ein Gesetzmäßigkeit in ihren Äußerungen verriete? Ist es selbstverständlich, daß ein Experiment zweimal, dreimal und beliebig oft denselben Verlauf nimmt und dasselbe Ergebnis hervorbringt? Wir stellen diese Frage vorläufig zurück und versuchen zunächst eine genauere Vorstellung von den in der Erkenntnistheorie behandelten Fragen zu geben.

Wie kommt Erkenntnis, insbesondere Naturerkenntnis zustande? Welche geistige Fähigkeit wird zur Erkenntnisgewinnung eingesetzt? Oder gibt es mehrere einander in dieser Aufgabe ergänzende Fähigkeiten?

4.3 *Sensualismus und Rationalismus zeigen jeweils charakteristische Einseitigkeiten.* KANT *versuchte eine Synthese herbeizuführen.*

Zur Beantwortung dieser Frage vergegenwärtigen wir uns die im Experiment gegebene Situation. Die für die Erkenntnisgewinnung entscheidende Phase des Experiments ist die Beobachtung bzw. die Messung. Hier wird die eigentliche Information gewonnen. Das Organ der Erkenntnisgewinnung in dieser Phase des Experimentes ist das Auge bzw. ein anderes Sinnesorgan. Wir sprechen von der sinnlichen Wahrnehmung. Sie ermöglicht die Beobachtung und die Messung. Die sinnliche Wahrnehmung scheint also, soweit wir jetzt sehen, die eigentliche Erkenntnisquelle für unser Wissen von der Natur darzustellen.

Die Ansicht, daß den Sinnen bei der Erkenntnisgewinnung der Vorrang vor anderen geistigen Fähigkeiten zukommt, wird von einer erkenntnistheoretischen Richtung, dem Sensualismus, besonders betont. CICERO (106 bis 43 v. Chr.) charakterisiert den Sensualismus EPIKURs (341 bis 270 v. Chr.) mit einem Zitat aus dessen Schriften: »*Quidquid animo cernitur, id omne oritur a sensibus.*« [18]

Was vom Geist erkannt wird, hat alles seinen Ursprung von den Sinnen. Bekannter noch ist die Formulierung: »*Nihil est in intellectu, quod non prius fuerit in sensu.*« Gottfried Wilhelm LEIBNIZ (1646 bis 1716) wandelte den Sinn dieses Satzes in seinem Sinne um, als er einschränkend hinzufügte: »*Nisi intellectus ipse.*« Hier kündigt sich die entgegengesetzte erkenntnistheoretische Richtung an: der Rationalismus. Zwar »*ist nichts im Verstande, was nicht vorher in den Sinnen war*«, jedoch mit einer Einschränkung: »*Ausgenommen der Verstand selbst.*« Der Rationalismus ließ es sich angelegen sein, den Einfluß des Verstandes in der Erkenntnisgewinnung herauszuarbeiten.

Solange die Hauptquelle der Erkenntnis die sinnliche Wahrnehmung ist, verharrt der Erkennende in einer eigentümlichen Passivität. Er wartet offenen Auges und offenen Ohres auf die Eindrücke, die sich ihm aus seiner Umwelt an ihn herantretend darbieten. Der Sensualismus vergleicht den menschlichen Geist mit einer Wachstafel, einer zunächst leeren *tabula rasa,* in die sich die von außen aufgenommenen Eindrücke eingraben.

Diese Vorstellung muß für jeden unbefriedigend und unvollständig bleiben, der die

Aktivität des Geistes in seiner schöpferischen Kraft als eigenständige Fähigkeit erfahren hat. Im Gegensatz zum Sensualismus entwickelt der Rationalismus die Vorstellung, daß die *ratio* alles Wissen nach dem Vorbild der Mathematik aus sich selbst zu schöpfen imstande sei. Die *ratio*, der Verstand, ist demnach in der Lage, den Inhalt der Wissenschaften aus gewissen obersten Grundsätzen oder einem obersten Grundsatz herzuleiten.

Nun liegt freilich die Gefahr nahe, daß der Rationalismus in seinem Bemühen, den Sensualismus zu korrigieren, über das Ziel hinausschießt und selbst Thesen von bedenklicher Einseitigkeit aufstellt. Unsere Kritik wird sofort herausgefordert, wenn wir uns klarmachen, was diese These des Rationalismus für die Physik bedeutete. Unter Vernachlässigung aller aus Experimenten gewonnenen Informationen würde man sich bemühen, das gesamte physikalische Wissen aus einem obersten Grundsatz, etwa aus einer »Weltformel« herzuleiten. Selbst wenn wir annehmen, daß eine solche Weltformel gefunden werden könnte, so würde doch der Weg von ihr bis zu einem einzelnen physikalischen Gesetz, etwa dem Fallgesetz, ein durch das Dickicht mathematischer Herleitung führender Weg sein. Mancher wird einer einfachen Messung solchen theoretischen Betrachtungen gegenüber den Vorzug geben. Das Verfahren, wie man durch Messung das Fallgesetz gewinnt, ist einfach und anschaulich, sozusagen mit Händen zu greifen.

Es wird also wahrscheinlich so sein, daß wir weder dem Sensualismus einerseits, noch dem Rationalismus andererseits völlig Recht zu geben bereit sind. Ein Philosoph, der durch seinen Versuch, diese beiden einander widerstreitenden Theorien zu versöhnen, großen Einfluß auf die Erkenntnistheorie genommen hat, ist KANT. Die einander ergänzenden Fähigkeiten von sinnlicher Wahrnehmung und Verstand werden von ihm folgendermaßen näher erklärt:

»Unsere Natur bringt es so mit sich, daß die Anschauung niemals anders als sinnlich sein kann, d. i. nur die Art enthält, wie wir von Gegenständen affiziert werden. Dagegen ist das Vermögen, den Gegenstand sinnlicher Anschauung zu denken, der Verstand. Keine dieser Eigenschaften ist der anderen vorzuziehen. Ohne Sinnlichkeit würde uns kein Gegenstand gegeben, und ohne Verstand keiner gedacht werden. Gedanken ohne Inhalt sind leer, Anschauungen ohne Begriff sind blind [...] Der Verstand vermag nichts anzuschauen und die Sinne nichts zu denken. Nur daraus, daß sie sich vereinigen, kann Erkenntnis entspringen.« [19]

KANT schildert im weiteren sehr ausführlich die genaueren Eigenschaften dieser beiden Erkenntnisfähigkeiten. Die sinnliche Wahrnehmung ist uns gegeben vermittelst der Anschauungsformen Raum und Zeit. Dagegen wird die Verstandestätigkeit als der Gebrauch gewisser Fundamentalbegriffe, der Kategorien, definiert. Solche Kategorien sind: Einheit und Vielheit, Realität, Kausalität, Möglichkeit, Notwendigkeit usw. Die in allen Einzelheiten lesenswerten, hier aber verständlicherweise nicht ausführlich darstellbaren Untersuchungen beziehen sich auf jede Art von Erkenntnis überhaupt, soweit diese nur von sinnlich wahrnehmbaren Gegenständen ihren Ausgang nimmt.

4.4 *Das Denken ist der sinnlichen Wahrnehmung gegenüber betreffs unbeobachtbarer Größen überlegen.*

Wir wenden uns nun wiederum der Physik zu. Wenn die Überlegungen KANTs für uns eine Bedeutung haben sollen, so müssen sie auch hier zutreffen. Wir haben das Experiment als eine wichtige Quelle physikalischer Erkenntnis kennengelernt. Ist sie aber die einzige? Der Hinweis auf die zur sinnlichen Wahrnehmung hinzutretende Verstandestätigkeit läßt erwarten, daß sich die Physik nicht in einem Katalog von protokollierten Wahrnehmungen erschöpft, sondern darüber hinausgeht. In der Tat hat schon die genauere Beschreibung des Experiments gezeigt, daß das Experiment seine eigentliche Bedeutung oft genug erst durch den theoretischen Zusammenhang, in den es gestellt wird, erhält. Dem Denken als der eigentlichen Verstandestätigkeit fiel Planung und Auswertung des Experimentes zu (3.5).

Trotzdem wird man leicht den Eindruck gewinnen, daß man in der Physik der sinnlichen Wahrnehmung solange ein entscheidendes Übergewicht einräumt, als man beim Experiment stehenbleibt. Mancher aber wird gerade in einem anderen, in der Auffindung von Begründungszusammenhängen oder Theorien das Hauptanliegen der Physik als Wissenschaft sehen. Für eine Theorie liefert die sinnliche Wahrnehmung freilich nicht mehr als nur das Material; sie scheint die eigentliche Domäne des Denkens zu sein.

Daß das Denken schon in verhältnismäßig einfachen Tatbeständen der sinnlichen Wahrnehmung überlegen ist, lehrt folgendes Beispiel: Es gibt verschiedene Fälle, in denen sich physikalische Größen der Beobachtung, also der sinnlichen Wahrnehmung, entziehen. Wir nennen solche Größen unbeobachtbare Größen. Wir meinen dabei nicht solche Größen, deren man aufgrund einer noch unvollkommenen Versuchtstechnik bisher noch nicht habhaft werden konnte, sondern grundsätzlich unbeobachtbare Größen. In diesem Sinne unbeobachtbar ist z. B. eine absolute Geschwindigkeit. Wie bekannt, gehört zur Bestimmung einer Geschwindigkeit immer ein Koordinatensystem, auf das die gemessenen Strecken und Zeitabschnitte bezogen werden können. Man kann daher nur von einer Geschwindigkeit gegenüber einem bestimmten Koordinatensystem sprechen. Eine absolute Geschwindigkeit ist ein sinnloser Begriff. Diese Erkenntnis verdanken wir aber sicher nicht einer Beobachtung. Sie kann also nicht aus der sinnlichen Wahrnehmung stammen.

Unser endgültiges Wissen davon, daß eine absolute Geschwindigkeit unbeobachtbar ist, rührt nicht vom Fehlschlagen der Versuche, sie zu beobachten, her. Das endgültige Wissen ist lediglich aus der Analyse des Begriffes »absolute Geschwindigkeit« zu gewinnen, also durch das Denken. Nur eine solche Analyse vermag zu zeigen, daß nicht nur die bisher ausgeführten Experimente, eine solche Geschwindigkeit zu messen, fehlschlugen, sondern daß alle noch in Zukunft auszuführenden Versuche fehlschlagen werden und fehlschlagen müssen. Wir werden hier mit aller Deutlichkeit auf die Unentbehrlichkeit sorgfältigen begrifflichen Denkens bei der Gewinnung physikalischer Erkenntnis hingewiesen.

Es sind also Sinne und Verstand, Beobachten und Denken, jene beiden Erkenntnisvermögen, aus denen wir unser Wissen erhalten. Das gilt zunächst für alle empirischen Wissenschaften. Es gibt andere Bereiche geistiger Bemühungen wie die Religion, wie Kunst und Dichtung, die sich nicht auf systematische Beobachtung gründen. Sie gehorchen anderen, eigenen Gesetzlichkeiten.

Wir werden in den folgenden Kapiteln zeigen, wie in der Physik das Beobachten und das Denken durch die Entwicklung eigener Beobachtungsverfahren und Denkmethoden ihren spezifischen Zuschnitt erhalten. Wer die daraus resultierende Methode der Physik in ihrer Eigenart erkannt hat, wird verstehen, daß Religion und Kunst, daß Naturwissenschaften und Geisteswissenschaften ihre eigenen, spezifischen Methoden haben. Eine genaue Unterscheidung der verschiedenen methodischen Ansätze dieser Disziplinen wird ihm eine Hilfe bei der Orientierung über Grenzfragen zwischen den Wissenschaften sein. Die Schwierigkeiten in vielen Grenzfragen zwischen Naturwissenschaften und Religion erklären sich aus der Verschiedenartigkeit ihrer methodischen Ansätze.

Wir runden unsere Überlegungen zu den verschiedenen Erkenntnisvermögen durch eine Erinnerung an die *qualitas occulta* des ARISTOTELES ab. Jene *qualitas occulta,* die den Schlüssel zum Wesen der Dinge enthalten sollte, scheint sich nun als jenen oben genannten »unbeobachtbaren Größen« verwandt zu erweisen. KANT bezieht sich auf ähnliche Gedankengänge, wenn er vor einem unkritischen Gebrauch unserer Sinne und unseres Verstandes in den Naturwissenschaften warnt:

»*Naturwissenschaft wird uns niemals das Innere der Dinge [...] entdecken; aber sie braucht dieses auch nicht zu ihren physikalischen Erklärungen; ja wenn ihr auch dergleichen anderweitig angeboten würde (z. B. Einfluß immaterieller Wesen), so soll sie es doch ausschlagen und gar nicht in den Fortgang ihrer Erklärungen bringen, sondern diese jederzeit nur auf das gründen, was als Gegenstand der Sinne zur Erfahrung gehört und mit unseren wirklichen Wahrnehmungen nach Erfahrungsgesetzen in Zusammenhang gebracht werden kann.*« [20]

Mit einem Wort: Sinne und Verstand können uns von Übernatürlichem keine Kenntnis geben. Eine Einsicht in jene *qualitas occulta* hätte keinen Platz im heutigen System der Physik. Wie ein erratischer Block würde diese Erkenntnis ohne Beziehung und ohne Anknüpfungsmöglichkeit im Bereich unseres übrigen Wissens liegen.

4.5 Die Physik hat es aufgegeben, das Wesen der Dinge zu ergründen. Sie erfaßt bestenfalls die Struktur eines Gegenstandsbereichs.

Für ARISTOTELES wie auch noch für viele Physiker des 17. und 18. Jahrhunderts sind Größen wie Geschwindigkeit oder Schwere den Körpern innewohnende Eigenschaften. Auch heute wird mancher, der unbefangen über physikalische Größen nachdenkt, geneigt sein, diese Begriffsbildungen als Abstraktionen gewisser Eigenschaften der Körper zu verstehen.

Eine lange Entwicklung hat jedoch klar gemacht, daß dies eine irreführende Vereinfachung ist. Nicht das tiefere Eindringen in die Eigenschaften von Körpern hat in der Physik weitergeholfen. Vielmehr führte nur eine entschiedene Absage an diese Forschungsrichtung und eine Hinwendung zu den Beziehungen zwischen den Körpern zu dauerndem Erfolg. Nicht ein wenig faßbares Wesen der Dinge ist Gegenstand physikalischer Forschung, sondern die quantitativ bestimmbaren Beziehungen zwischen ihnen. Die oben genannten Begriffe der Schwere und der Geschwindigkeit werden heute nicht als Eigenschaften von für sich betrachteten Körpern aufgefunden, sondern sie sind Ausdruck eines meßbaren Zusammenhangs in einem System mehrerer Körper.

Diese Überlegungen erhalten ihr besonderes Gewicht in einer Untersuchung der die Physik begründenden Erkenntnisfähigkeiten. Wenn wir den Blick auf uns selbst als beobachtendes und messendes Subjekt zurücklenken, treten zu den Beziehungen der physikalischen Gegenstände untereinander ihre Beziehungen auf unsere Sinnesorgane hinzu. Wir zitieren zu der besonderen Art der Gegenstandserfassung in der Physik Heinrich VON HELMHOLTZ (1821 bis 1894):

»*Was die Eigenschaften der Objekte der Au-*

ßenwelt betrifft, so zeigt eine leichte Überlegung, daß alle Eigenschaften, die wir ihnen zuschreiben können, nur Wirkungen bezeichnen, welche sie entweder auf unsere Sinne oder auf andere Naturobjekte ausüben. Farbe, Klang, Geschmack, Geruch, Temperatur, Glätte, Festigkeit gehören der ersteren Klasse an, sie bezeichnen Wirkungen auf unsere Sinnesorgane. Die chemischen Eigenschaften beziehen sich ebenfalls auf Reaktionen, das heißt Wirkungen, welche der betrachtete Naturkörper auf andere ausübt. Ebenso ist es mit den anderen physikalischen Eigenschaften der Körper, den optischen, elektrischen, magnetischen. Überall haben wir es mit Wechselbeziehungen verschiedener Körper aufeinander zu tun, mit Wirkungen aufeinander, welche von den Kräften abhängen, die verschiedene Körper aufeinander ausüben [...] Daraus geht nun hervor, daß in Wahrheit die Eigenschaften der Naturobjekte trotz dieses Namens gar nichts den einzelnen Objekten an und für sich Eigenes bezeichnen, sondern immer eine Beziehung zu einem zweiten Objekte (einschließlich unserer Sinnesorgane) bezeichnen. Die Art der Wirkung muß natürlich immer von den Eigentümlichkeiten sowohl des wirkenden Körpers abhängen, als von denen des Körpers, auf welchen gewirkt wird [...]Die Frage zu stellen, ob der Zinnober wirklich rot sei, wie wir ihn sehen, oder ob dies nur eine sinnliche Täuschung ist, ist deshalb sinnlos. Die Empfindung von Rot ist die normale Reaktion normal gebildeter Augen für das von Zinnober reflektierte Licht. Ein Rotblinder wird den Zinnober schwarz oder dunkelgraugelb sehen; auch dies ist die richtige Reaktion für sein besonders geartetes Auge [...] An sich ist die eine Empfindung nicht richtiger und nicht falscher als die andere«. [21]

Zusammenfassend müssen wir sagen, daß wir uns bei einer genaueren Untersuchung darüber, was in der Physik Gegenstandserfassung genannt werden kann, sehr weit weggeführt sehen von einer naiven Auffassung der Dinge. Die Gegenstände äußern sich in Reaktionen gegenüber anderen Gegenständen. Diese Reaktionen oder Relationen sind das für uns Erkennbare. Sie nehmen einen so breiten Raum ein, daß man sich zu fragen geneigt sieht: Was sind denn die Gegenstände der Physik über die Summe aller ihrer tatsächlichen und möglichen Reaktionen hinaus? Der Begriff des Gegenstandes wird dadurch merkwürdig leer. Die Reaktionen treten so stark in den Vordergrund, daß er gleichsam in sie aufgelöst erscheint. Damit ist der Gegenstand nurmehr der Kreuzungspunkt aller möglichen Reaktionen, an denen er aktiv oder passiv teilhat.

Diese die alte Erkenntnishaltung ablösende Auffassung wird treffend wiedergegeben durch den Begriff der »Struktur«. Unter der Struktur eines Gegenstandsbereichs verstehen wir nicht die Eigenschaften einer Reihe von Gegenständen, sondern die Gesamtheit der Gesetze, die den erkennbaren Beziehungen der Gegenstände untereinander zugrunde liegen. Eine Struktur kann in Gedanken von den Trägern der Struktur, d. h. von den Gegenständen, abgetrennt werden. In dieser Abtrennung kann die Struktur für sich untersucht werden.

Ein Beispiel soll das deutlicher machen: Frage ich einen Chemiker, was für ein Stoff Pottasche sei, so erhalte ich vermutlich folgende Antwort: Pottasche heißt genauer Kaliumkarbonat und hat die chemische Formel K_2CO_3. Der Aufbau des Kaliumkarbonatmoleküls entspricht dem des Natriumkarbonatmoleküls. – Was mir damit mitgeteilt wird, ist ein Wissen von Strukturen. Dazu gehört der Aufbau der Moleküle dieses Stoffes aus den Atomen verschiedener chemischer Elemente und die dabei auftretende Analogie zu chemisch verwandten Stoffen. Der Strukturcharakter dieses Wissens zeigt sich etwa

darin, daß die Bildung von Karbonaten losgelöst vom speziellen Beispiel Pottasche allgemein beschrieben werden kann.
Sollte ich möglicherweise noch weitere Fragen stellen, z. B. wissen wollen, wie Pottasche schmeckt, so würde ich erfahren, daß Pottasche einen »seifigen« Geschmack hat. Nun ist das leider eine ziemlich ungenaue Auskunft. »Seifig« ist ein weiter Begriff, unsere Geschmacksempfindungen auf diesem Gebiet lassen sich nicht ohne Schwierigkeit gegeneinander abgrenzen. Auf unsere Geschmacksempfindungen müssen wir uns aber andererseits beziehen. Es gibt kein Meßverfahren, mit dessen Hilfe wir unter allen Geschmacksempfindungen, denen wir das Prädikat »seifig« gäben, eine bestimmte, z. B. die der Pottasche, fixieren könnten. Wie jemand die unmittelbare Wirkung von Pottasche auf seine Geschmacksnerven beurteilt, das ist zu wenig faßbar, weil es nicht quantitativ faßbar ist. Das Wissen von der Geschmacksempfindung, die der Genuß von Pottasche vermittelt, kann ich daher nicht als ein Wissen von Strukturen bezeichnen, so lebhaft meine subjektive Erinnerung daran auch sein mag. Es braucht nicht besonders betont zu werden, daß mit der Unterscheidung von strukturellem und nicht strukturellem Wissen keine Wertung verbunden werden soll.
In den Naturwissenschaften steht die Charakterisierung der Beziehungen zwischen den Objekten gegenüber der Beschreibung der Reaktionen unserer Sinnesorgane auf diese Objekte im Vordergrund. Und das soweit und in dem Maße, als zur Beurteilung der erstgnannten Beziehungen eher quantitative Maßstäbe angebbar sind als für die Reaktionen unserer Sinnesorgane.
Die Bedeutung des Quantitativen und das Stichwort »algebraische Struktur« läßt an die Mathematik denken. Sie ist besonders geeignet, Strukturen herauszuarbeiten. So ist die algebraische Struktur der Gruppe ein naheliegendes Beispiel. Was z. B. die Lehre von den ganzen Zahlen beinhaltet, wird am treffendsten durch den Satz »Die ganzen Zahlen bilden bezüglich der Addition eine Gruppe« wiedergegeben. Dieser Satz sagt dem Mathematiker viel mehr als noch so eingehende Erörterungen zum Wesen der ganzen Zahl Null, Eins, Minus Eins usw.
Wir können aber auch – zur Physik zurückkehrend – die Struktur der chemischen Verbindung Pottasche noch weiter in ihre Unterstrukturen zerlegen. Es ist nach der Struktur der an der Verbindung K_2CO_3 beteiligten Atome zu fragen. In den Anfängen seiner Atomtheorie hoffte BOHR, die Struktur aller Atome auf die längst bekannte Struktur unseres Planetensystems zurückführen zu können. Das Atom wurde gedacht als ein Planetensystem im kleinen. Erst allmählich lernte man den Bau des Atoms besser kennen. Elektronen einerseits und Protonen und Neutronen andererseits gleichen keinen uns bekannten Gegenständen und gehorchen ganz anderen Gesetzen. Eine Ähnlichkeit zwischen den Strukturen Planetensystem und Atom war nur ganz entfernt vorhanden.

4.6 Zusammenfassung

Der Mensch hat bei dem Versuch, einen Gegenstand zu verstehen, im allgemeinen ein besonderes Interesse. Das bewirkt, daß ein Aspekt des Gegenstands auch in besonderer Weise hervortritt. Die Physik verfolgt weniger ein spezielles Interesse; jedoch ihre besondere Methode läßt auch bestimmte Seiten eines Gegenstandes in heller Beleuchtung erscheinen, während andere im Dunkeln bleiben. Diese Methode hat sich im Streit zwischen Sensualismus und Rationalismus herauskristallisiert und ist vom Positivismus als vorbildlich für eine empirische

Wissenschaft beschrieben worden. Sie ist nicht geeignet, das Wesen der Dinge zu bestimmen und wird darauf verzichten müssen, philosophische Fragen dieser Art zu beantworten. Die Physik untersucht die Strukturen der materiellen Welt.

Aufgaben

1. Nennen Sie die charakteristischen Thesen des Sensualismus und des Rationalismus.
2. »*Die physikalische Methode ist geeignet, die bisher ungelösten Fragen der Philosophie anzugehen.*« Wie steht Ihrer Meinung nach der Positivismus zu dieser These?
3. Suchen Sie im Feldbegriff eine Struktur, die der elektrischen Wechselwirkung ebenso zu Grunde liegt wie der Gravitationswechselwirkung! Bestehen Beziehungen zur Struktur des Raumes?

5 Die Begriffsbildung, Grundgrößen und abgeleitete Größen

5.1 *Die Systematisierung des Wissens beginnt mit der Einführung geeigneter Begriffe.*

Wahrnehmung und Denken erwiesen sich als die Ursprünge unserer physikalischen Erkenntnis. Wir fragen nun, auf welche Weise der Ertrag dieser Erkenntnis geordnet und formuliert wird. Sicher ist das System der Physik kein bloßer Katalog von einzelnen Protokollaussagen, die chronologisch nach dem Datum ihrer ersten Formulierung oder lexikalisch oder sonstwie geordnet wären. In einer solchen Aufzählung stünden die einzelnen Protokollaussagen in einer mehr oder weniger sinnlosen Reihenfolge, die durch ihre Unübersichtlichkeit eine Orientierung in dem aufgehäuften Wissen so gut wie unmöglich machte.

Logisch gesehen ist das System der Physik eine Menge von Urteilen oder, wie man kürzer sagt, von Sätzen, deren Beziehungen untereinander einen Begründungszusammenhang herstellen. So kann ein Satz zu einem anderen in dem Verhältnis der Erklärung zu einer Aussage stehen. In einem zweiten Fall kann ein Satz eine Analogie zu einem anderen darstellen. Ein Satz kann ein Sonderfall eines anderen sein usw. Wir sehen, daß die Protokollaussagen nicht die einzigen Sätze der Physik sind. Das Bedürfnis, Erklärungen zu geben, führt zur Systematisierung des Wissens. So treten neben die Protokollaussagen physikalische Gesetze, Axiome oder Prinzipien, Modellvorstellungen usw.

Die Sätze lassen sich in kleinere logische Einheiten zerlegen: die Begriffe. Sätze und Begriffe sollen einer leichteren Verbindung unserer Gedanken dienen. Sie können diese Aufgaben um so besser erfüllen, je klarer sie selber im Denken erfaßt werden. Sätze und Begriffe sind Fixierungen unseres Denkens, an denen wir uns beim Eindringen in für uns neue Zusammenhänge orientieren. Ein bisher unbekannter Name prägt sich am besten dadurch ein, daß man ihn buchstabiert. Ähnlich macht man sich mit einer neuen Vorstellung am leichtesten dadurch vertraut, daß man in einem Begriff die einzelnen Merkmale der Sache aufzählt. Eine genaue Aufzählung aller einen Begriff ausmachenden Einzelheiten kann zur Definition des Begriffes dienen. Welchen formalen Regeln, wie z. B. der der Widerspruchslosigkeit, die Definition eines Begriffes zu gehorchen hat, werden wir unten sehen.

Die Begriffe müssen aber nicht nur in ihrer Definition gewissen formalen Regeln genügen; sie müssen auch mitteilbar sein. Um unsere Begriffe anderen mitzuteilen, gebrauchen wir Zeichen. Solche Zeichen können Handbewegungen oder andere Gesten sein. In fast allen Fällen bedienen wir uns aber der Zeichen einer gesprochenen oder geschriebenen Sprache. Die Bestandteile dieser Sprache sind Wörter. In mathematisch formulierten Sätzen stehen anstelle der geschriebenen Wörter Symbole, das sind Buchstaben und Rechenzeichen.

Die Beziehung zwischen den Begriffen und den sie darstellenden Zeichen sollte nach Möglichkeit eineindeutig sein, d. h. jedem

Begriff sollte ein und nur ein Zeichen entsprechen und jedem Zeichen ein und nur ein Begriff. Das läßt sich nicht immer erreichen. In der Umgangssprache bedeutet das Wort »Hahn« z. B. einen Vogel, aber auch eine Zapfstelle. Das physikalische Formelzeichen »*p*« bezeichnet den Druck einerseits und den Impuls andererseits. Hier wurden einem Zeichen verschiedene Begriffe zugeordnet. Auch das Umgekehrte kann vorkommen. So bezeichnen die verschiedenen Wörter »Verschiebungsdichte« und »dielektrische Verschiebung« ein und denselben physikalischen Begriff.

Man könnte meinen, daß die sprachliche Bezeichnung eines Begriffes etwas ihm nur äußerlich Anhängendes oder gar Überflüssiges sei. Es wäre zu überlegen, ob Begriffe ohne sprachliche Formulierung oder eine gleichwertige Kenntlichmachung durch ein Zeichen gedacht werden können. Diese Möglichkeit ist wahrscheinlich nicht auszuschließen. Im Prozeß des Findens wird ein Begriff unter Umständen zunächst dunkel geahnt, ohne schon präzise gefaßt und formuliert werden zu können. Und doch will uns scheinen, daß in der allmählichen Aufhellung eines zunächst dunklen Begriffs Momente der sprachlichen Formulierung oder einer gleichwertigen Fixierung wenn nicht unentbehrlich so doch nützlich sein können.

Abgesehen von dieser schwierigen Frage ist aber folgendes festzuhalten. Erstens ist ein Begriff, der nicht anderen mitgeteilt wird, nur der Begriff eines einzelnen, nicht aber ein wissenschaftlicher Begriff. Ein Wissen, das nicht allen denkenden Menschen zugänglich gemacht wird, kann kaum als Wissenschaft bezeichnet werden. Zweitens ist die sprachliche Formulierung eines Begriffs für den einzelnen auch dann eine Erleichterung, wenn er noch nicht an eine Mitteilung seiner Gedanken an andere denkt. Will etwa ein Forscher nach einer Unterbrechung seiner Arbeit seine Untersuchungen wieder aufnehmen, so kann ihm nichts die Wiederaufnahme seiner Arbeit so sehr erleichtern wie eine genaue Beschreibung des Standes seiner Untersuchungen vor der Unterbrechung. Daß eine solche Beschreibung ohne die Hilfe einer gesprochenen oder geschriebenen Sprache möglich sei, ist kaum denkbar.

Ähnlich wie wir Begriffen, die nicht in Worte gefaßt sind, keine große Bedeutung beimessen können, scheinen uns auch Worte ohne Begriffe von keinem großen Werte zu sein. In der Schülerszene des Faust meint der Schüler:

»*Doch ein Begriff muß bei dem Worte sein.*«

Ironisch antwortete MEPHISTO:

»*Schon gut! Nur muß man sich nicht allzu ängstlich quälen;*
Denn eben wo Begriffe fehlen,
Da stellt ein Wort zur rechten Zeit sich ein.«

Derjenige, der auf eine Frage keine Antwort weiß, sein Unvermögen aber zu verbergen sucht, kommt in Gefahr, sich im Hersagen bloßer Worte zu erschöpfen. Die unzureichende gedankliche Durchdringung eines Sachverhalts verrät sich gewöhnlich durch schlechte Formulierungen.

Wenn wir nun genauer angeben, was wir unter einem Begriff verstehen, werden wir uns auf wissenschaftliche Begriffe beschränken. Jeder Begriff im Rahmen einer Wissenschaft hat etwas Gedachtes zum Gegenstand. Wir können Gegenständliches und Ungegenständliches, Besonderes und Allgemeines, Wirkliches und Unwirkliches denken, und entsprechend groß ist die Menge möglicher Begriffe. Alles nur Denkbare kann in Begriffe gefaßt werden. Gäbe jemand etwas an, was nicht gedacht werden könnte, so hätte er es gerade dadurch schon gedacht; aber dadurch wäre auch in diesem Fall der Begriff jenes angeblich Undenkbaren entstanden.

Man bildet Begriffe, um etwas Gedachtes zu fixieren, ähnlich wie ein Zeichen dazu dient, um einen Begriff festzuhalten.

5.2 *Wissenschaftliche Begriffe sollen widerspruchsfrei und zweckmäßig definiert werden.*

Man unterscheidet Allgemeinbegriffe und Individualbegriffe. Allgemeinbegriffe sind solche Begriffe, für die es mehr als nur ein Beispiel gibt. Individualbegriffe betreffen dagegen nur einen einzigen Gegenstand, eine einzige Person, ein einmaliges Ereignis, wie z. B. die Sonne unseres Planetensystems, die Person GALILEI oder den Westfälischen Frieden. Die Individualbegriffe treten in den Naturwissenschaften gegenüber den Allgemeinbegriffen zurück. Sie haben, wo sie genannt werden, fast immer nur eine beiläufige Beziehung zum Thema. Im zweiten Kapitel wurde z. B. der Individualbegriff »Galilei« genannt. GALILEI wurde aber weniger um seiner Person willen erwähnt als vielmehr wegen der naturwissenschaftlichen Ideen, die von ihm ausgingen.

Die wissenschaftlichen Begriffe sollen das Denken erleichtern. Wir erwähnten schon, daß sie, um diese Aufgabe erfüllen zu können, in sich widerspruchsfrei sein müssen. Ob ein Begriff in sich widerspruchsfrei ist, läßt sich in vielen Fällen aus der Definition des Begriffes erkennen. Allerdings ist das nicht immer so. Oft treten Widersprüche auch erst dann auf, wenn der Begriff im Zusammenhang mit anderen Begriffen verwendet wird. Die Definition einer absoluten Geschwindigkeit z. B. scheint auf den ersten Blick keine Widersprüche zu enthalten. Erst eine genauere begriffliche Analyse (4.4) konnte die Widersprüchlichkeit aufdecken. Der Begriff der Gleichzeitigkeit entfernter Ereignisse galt bis in unser Jahrhundert hinein als widerspruchsfrei. Erst EINSTEIN hat diesen Irrtum aufgeklärt.

Über die Widerspruchsfreiheit hinaus fordern wir von einem Begriff Zweckmäßigkeit. Wir wollen das, was damit gemeint ist, am Beispiel des geozentrischen Weltbildes erläutern. Das geozentrische Weltbild benutzt ein Koordinatensystem, dessen Mittelpunkt unsere Erde ist. In diesem mit der Erde mitbewegten Koordinatensystem ließen sich alle Planetenbahnen vollständig und widerspruchsfrei beschreiben. Also war auch der Begriff dieses Koordinatensystems vollständig und widerspruchsfrei. Aber er war nicht zweckmäßig. Das heliozentrische Weltbild ist dadurch, daß es alle Planetenbahnen in einem auf die Sonne bezogenen Koordinatensystem untersucht, viel einfacher. Die komplizierte Epizyklentheorie, die zur Erklärung der zeitweilig rückläufigen Bewegung der Planeten notwendig war, wurde überflüssig. Der Begriff des heliozentrischen Koordinatensystems ist zweckmäßiger als der des älteren geozentrischen, weil er dem Denken einen einfacheren Ausgangspunkt bietet. Man sieht, daß Zweckmäßigkeit der Begriffe auf Einfachheit hinausläuft. Wir tun gut daran, unsere Begriffe so einzurichten, daß – soweit sie selbst nicht einfach sein können – wenigstens die mit ihrer Hilfe entwickelten Theorien zur Erklärung von Vorgängen so einfach wie möglich ausfallen.

Die Definition von Begriffen dient ihrer ganzen Beschreibung. Man unterscheidet eine Fülle von Möglichkeiten, Definitionen zu geben. Ihnen allen ist gemeinsam, daß ein neuer Begriff durch die Definition auf andere als bekannt vorausgesetzte Begriffe zurückgeführt wird. Auf die Logik des ARISTOTELES geht folgendes Definitionsschema zurück. Jede Definition muß in einem ersten Definitionsschritt die nächsthöhere Gattung, das *genus proximum,* und in einem zweiten den artbildenden Unterschied, die *differentia specifica*, angeben. Ein Quadrat ist demnach erstens ein Viereck und hat zweitens z.B. vier Symmetrieachsen.

In einigen Fällen ist es möglich, die Entstehung eines Begriffs oder der durch den Begriff bezeichneten Sache so genau zu beschreiben, daß sich daraus eine Definition ergibt. Definitionen dieser Art nennt man genetische oder operative Definitionen. Der Kreis ist z.B. definiert durch die Vorschrift, wie man ihn mit Hilfe des Zirkels konstruiert. Der Zirkel garantiert den festen Abstand jedes Punktes der Kurve von einem vorgegebenen Mittelpunkt. EINSTEIN hat zum erstenmal eine operative Definition des Begriffes »Gleichzeitigkeit« gegeben. Dabei stellte sich heraus, daß alle früheren Definitionen unvollständig waren. In der Chemie geben Strukturformeln genetische Definitionen. Sie erläutern, wie ein bestimmter Stoff aus den chemischen Elementen aufgebaut ist, bzw. wie er hergestellt werden kann. Die chemische Formel für Kochsalz, NaCl, zeigt, daß dieser Stoff aus Natrium und Chlor gebildet wird.

Da der Begriff »Entstehung« mehrdeutig ist, kann der Begriff »genetische Definition« mißverstanden werden. Betrachten wir etwa den Begriff »Beschleunigung«. Wir können unter seiner Entstehung das erste Auftreten des Begriffes in der Geschichte der Physik verstehen. Wir hätten dann davon zu sprechen, daß GALILEI zunächst davon ausging, daß die Geschwindigkeit eines fallenden Steins dem bereits zurückgelegten Fallweg proportional sein müsse. Er betrachtete also die unzutreffende Gleichung $v = cs$ bzw. den Quotienten $v/s = c$. Erst später sah GALILEI ein, daß die Geschwindigkeit proportional zur Zeit ist, d.h. daß man, für den freien Fall, $v = at$ bzw. $v/t = a$ zu setzen hat. a ist der Begriff der Beschleunigung. Die Betrachtung dieses Umweges führt zweifellos zu einem tieferen Verständnis des Begriffes der Beschleunigung. – Unter der eigentlichen genetischen Definition der Beschleunigung verstehen wir allerdings seine Entstehung durch die Ausführung verschiedener Rechenoperationen. Um die Ableitung der Geschwindigkeit nach der Zeit zu erhalten, hat man der Reihe nach Differenzen von Geschwindigkeiten und Zeiten, den zugehörigen Quotienten und einen Grenzwert zu bilden, nämlich

$$a = \lim_{\Delta t \to 0} \frac{\Delta v}{\Delta t}.$$

Die Leistungsfähigkeit der bisher genannten Definitionsschemata ist begrenzt. Es gibt in der Physik Situationen, wo sie gleichsam zu theoretisch sind. Wir nehmen etwa folgendes Beispiel an: Ein Quadratmeter sei definiert als der Flächeninhalt eines Quadrates mit 1 m Seitenlänge. Wir wollen annehmen, daß die genaue Definition der Begriffe Flächeninhalt, Quadrat und Seitenlänge bereits geschehen sei. Was übrig bleibt, ist eine Definition des Meters. Wie aber wird das Meter definiert? Ursprünglich ist das Meter als der zehnmillionste Teil eines Viertels vom Erdumfang definiert worden. Diese Definition ist aber für Längenmessungen im Laboratorium nicht brauchbar. Niemand wird, etwa um die Breite eines optischen Spaltes zu bestimmen, durch eine Landvermessung großen Maßstabes das Verhältnis der Breite dieses Spaltes zum Erdumfang messen. Vielmehr bedient sich jeder bei einer Längenmessung im Bereich von etwa 10^{-4} m bis zu 10^{2} m der Mikrometerschrauben, Schieblehren, Zentimetermaßstäbe, Meßlatten, Bandmaße usw. Alle diese Maßstäbe sind bekanntlich bei ihrer Anfertigung auf das Längennormal, also auf das in Paris aufbewahrte Urmeter oder Kopien des Urmeters bezogen worden. Nur durch das Vorweisen solcher wirklich existierender Maßstäbe kann für denjenigen, der sich nicht auf den Erdumfang direkt bezieht, das Meter genau defi-

niert werden. Eine Definition durch Vorweisen nennen wir eine Realdefinition. Die bisher von uns genannten Definitionen heißen demgegenüber Nominaldefinitionen.
Die Realdefinitionen spielen in der Physik eine große Rolle. In einer Wissenschaft, deren Objekte reale Gegenstände und Vorgänge sind, ist das nicht verwunderlich. Wir werden zeigen, daß z.B. in die Definitionen der Grundgrößen der Physik Realdefinitionen eingehen.
Als Beispiel einer fehlerhaften Definition erwähnen wir die Zirkeldefinition. Eine Zirkeldefinition enthält in ihrem Wortlaut den noch zu definierenden Begriff in mehr oder weniger versteckter Form. Damit verstößt sie gegen den genannten Grundsatz, daß eine Definition einen unbekannten Begriff nur mit Hilfe schon bekannter Begriffe zu erklären habe. Z. B. kann man den Kreis als diejenige Kurve definieren, deren Krümmung konstant ist. Auf die Frage, was man unter »konstanter Krümmung« zu verstehen habe, darf die Antwort nun nicht lauten: Mit konstanter Krümmung bezeichnen wir jene Art des Kurvenverlaufs, die wir vom Kreis kennen. Auf diese Weise würde ja das Verständnis dessen, was erklärt werden soll, bereits vorausgesetzt.

5.3 Physikalische Grundgrößen werden mit Hilfe eines festen Definitionsschemas eingeführt.

Wir wenden uns nun, nachdem wir allgemeine Bemerkungen über Begriffe und ihre Definitionen gemacht haben, den Begriffsbildungen der Physik zu. Welches sind die Grundbegriffe der Physik? Wie werden sie definiert? Sind es Begriffe, die auch außerhalb der Physik gebräuchlich sind und für den Gebrauch in der Physik durch eine präzisere Definition verwendbar gemacht werden? Oder handelt es sich jeweils um völlig neue Begriffe? Ferner: Gibt es besondere Anzeichen, durch die sich die physikalischen Begriffe von Begriffen anderer Wissenschaften unterscheiden?
Am deutlichsten wird diese Situation, wenn wir uns den Inhalt physikalischer Formeln vergegenwärtigen. In ihnen werden Begriffe genannt wie die räumlichen Abmessungen eines Gegenstandes, die zeitlichen Abmessungen eines Vorgangs, ferner Temperaturen, Kräfte, Massen, Energien, Feldstärken usw. In diesen physikalischen Größen wollen wir im folgenden die Grundbegriffe der Physik sehen.
Sind diese physikalischen Größen aber nicht Begriffe, die schon außerhalb der Physik gebräuchlich waren, ehe sie Eingang in sie fanden? Für die räumlichen Abmessungen von Gegenständen, für die zeitlichen Abmessungen von Vorgängen, kurz für die Größen Länge l und Zeit t ist das sicher richtig. Schon lange, ehe von einer Wissenschaft Physik die Rede sein konnte, hat man Längen gemessen und Zeitangaben gemacht. Hier haben also zweifellos außerwissenschaftliche Begriffe Eingang in die Physik gefunden. Es ist eine weiter unten zu behandelnde Frage, ob diese Begriffe nicht bei ihrer Übernahme in den Gebrauch der Physik in charakteristischer Weise umgeformt worden sind.
Für den Begriff der Kraft F ist die Situation ähnlich. Die außerwissenschaftliche Erfahrung, wie durch unsere Muskelkraft Körper bewegt oder verformt werden können, hat Anlaß zu der Bildung des physikalischen Kraftbegriffes gegeben. Freilich lassen sich in ihm schon deutlich eine Reihe von Aspekten erkennen, von denen der außerwissenschaftliche Kraftbegriff keine Vorstellung gibt. Man denke etwa an Trägheitskräfte wie die Zentrifugalkraft, an Zwangskräfte usw. Noch weiter rückt der physikalische Begriff

in anderen Beispielen von dem außerwissenschaftlichen Begriff gleichen Namens ab wie z.B. bei dem Energiebegriff. Schließlich kann ein entsprechender außerwissenschaftlicher Begriff auch völlig fehlen wie im Beispiel des magnetischen Kraftflusses Φ.

So interessant der Prozeß der Umwandlung eines außerwissenschaftlichen Begriffes in einen physikalischen sein mag, so umfangreich sind die von Fall zu Fall notwendigen physikgeschichtlichen Untersuchungen.

Wir beschränken uns auf den Rahmen der Physik und fragen: Wie werden in der Physik Grundgrößen und abgeleitete Größen definiert? Wir lassen damit sehr allgemeine Begriffe wie Kausalität oder Wechselwirkung, Stetigkeit, Unendlichkeit u.a. beiseite und wenden uns den in den physikalischen Formeln auftretenden Begriffen zu.

Die Grundgrößen der Physik sind: Länge l, Zeit t, Masse m, Temperatur ϑ, Lichtstärke J und Stromstärke I. Man kann zeigen, daß alle anderen physikalischen Größen, die in Formeln auftreten, sich aus diesen Grundgrößen ableiten lassen, weshalb letztere auch »abgeleitete Größen« heißen.

Bekanntlich wird den Definitionen der Grundgrößen wie z.B. Länge, Zeit, Temperatur, Masse neben der Angabe eines Meßverfahrens ein Definitionsschema zugrunde gelegt, demzufolge sie mit Hilfe der Definitionen der Maßgleichheit, der Maßvielfachheit und der Maßeinheit festzulegen sind. Mit diesem Definitionsschema haben wir uns zunächst zu beschäftigen; denn die Definitionen aller physikalischer Größen lassen sich entweder direkt durch dieses Definitionsschema geben oder auf derart definierte Größen zurückführen. Größen, die direkt mit Hilfe des genannten Schemas angegeben werden, sind physikalische Grundgrößen. Solche, deren Definitionen auf die Definition der Grundgrößen zurückgeführt werden, heißen abgeleitete Größen. Das Schema selbst lautet:

1. Eine Größe x heißt gleich einer Größe x', wenn ...
2. Die Größe x heißt zweimal, dreimal, ... n-mal so groß wie die Größe x', wenn ...
3. Die Einheit der Größe x ist gegeben durch ...

Unter x ist ein Einzelmerkmal zu verstehen, das an einem oder verschiedenen Gegenständen oder Vorgängen aufgefunden werden kann. Ferner muß das Einzelmerkmal in Abstufungen auftreten, ein Punkt, den wir weiter unten ausführlicher behandeln werden.

Aus dem obigen Schema wird nun die Definition einer speziellen Grundgröße, wenn erstens für x ein spezielles Einzelmerkmal eingesetzt wird und zweitens die Nachsätze, die durch » ... « markiert sind, die eigentliche Meßvorschrift angeben. Für den Begriff der Länge würde man also einzusetzen haben:

1′. ... wenn die Begrenzungen A und B der Länge l eines Gegenstandes mit den Begrenzungen A′ und B′ der Länge l' eines Gegenstandes gleichzeitig zur Deckung kommen.

2′. ... wenn beim Aneinanderreihen von zwei, drei, ... n gleichen Längen l von Gegenständen eine der Länge l' gleiche Länge entsteht.

3′. ... gegeben durch das Meter, d.h. den Abstand der beiden Endstriche auf einem Stab aus Platin-Iridium, der in Paris aufbewahrt wird.

Die Punkte 1., 2., 3. machen deutlich, daß es sich bei den so definierten Größen um Rechengrößen handelt. Die Punkte 1′., 2′., 3′. besagen, daß diese Rechengrößen sich überdies als Maßgrößen an gewissen Gegenständen oder Vorgängen auffinden und bestimmen lassen. Letztlich geht man in den definierenden Meßvorschriften auf Realdefinitionen zurück, d.h. man verweist auf Standardexperimente, die in jedem Laboratorium durchgeführt werden können. In 3′. verweist man entsprechend auf einen leicht zugänglichen Gegenstand oder Vorgang, der die zu definierende Größe in einer bestimmten Abstufung, dem Normal, aufweist. Da wir gesehen haben, daß die so definierten physikalischen Grundgrößen einerseits Rechengrößen und andererseits Maßgrößen sind, wird eine Zweiteilung unserer Überlegungen notwendig. In einem ersten Abschnitt sind die Grundgrößen als Rechengrößen zu betrachten. Wir können uns dabei zeitweise auf die Diskussion dieser Größen im Rahmen der Mathematik beschränken. Erst in einem zweiten Schritt müssen die so charakterisierten Größen überdies als Maßgrößen interpretiert werden. Zunächst also zur Beschreibung der Grundgrößen als Rechengrößen.

5.4 *Haben mathematische Kalküle widerspruchsfrei zu sein, so versucht die Physik, solche Kalküle der Wirklichkeit anzupassen.*

Die Mathematik ist zumindest in dem Teil, in dem sie reine Zahlenlehre ist, also in der Arithmetik, nur auf eine sehr äußerliche Art mit den Gegenständen unserer Umwelt verbunden. Ob z.B. Herr X am Einwohnermeldeamt der Stadt Z unter der laufenden Nummer 1001 oder 15 288 registriert ist, bleibt eine für seine Person völlig belanglose Tatsache. Die beiden Zahlen entsprechen lediglich verschiedenen Möglichkeiten, die Einwohner der Stadt Z durchzunumerieren. Über Herrn X ist damit so gut wie gar nichts gesagt.
Aus der sehr äußerlichen Beziehung zur Wirklichkeit folgt eine besonders einfache Begriffsbildung der mathematischen Größen. In der Arithmetik gehen wir von der schlichten Tätigkeit des Zählens aus. Die Addition definieren wir als Abkürzung des Weiterzählens, die Multiplikation als Abkürzung der Addition. Schwierigkeiten der Begriffsbildung mögen auch in diesem Falle bei den Anfangsgründen der Arithmetik auftreten. Aber es sind innere, immanente Schwierigkeiten, die durch den Blick auf die reale Umwelt nicht verringert oder behoben, aber auch nicht vergrößert werden können. Die Arithmetik ist ein Produkt unseres im wesentlichen von der Erfahrung unabhängig arbeitenden Verstandes. Die Beziehungen des Zählens und Rechnens zu den Gegenständen unserer Umwelt sind von so eindeutiger Art, daß wir vor Überraschungen sicher sind. Das soll heißen, daß neue, bisher unentdeckte Effekte unserer Umwelt kaum Anlaß geben können, die Arithmetik abzuändern. Die Neuentdeckungen in der Mathematik liegen in konsequenter Verfolgung von Gedankenreihen, die nur dem Gesetz der Widerspruchsfreiheit unterworfen sind und in nahezu jeder beliebigen Richtung vorangetrieben werden können. Die Gegebenheiten der realen Umwelt spielen dabei keine andere Rolle als die eines äußeren Anlasses.
Wir wollen das Gesagte an einem Beispiel verdeutlichen. Jeder, der eine geringe Anzahl, sagen wir zehn oder zwölf, gleichartige Gegenstände gesehen hat und über ein Minimum an geistigen Fähigkeiten verfügt, ist imstande, die Reihe der Zahlen 1, 2, 3 ... 12 im Geiste weiter fortzusetzen. Er kann das Zählen als eine kleine Wissenschaft für sich betreiben, ohne daß die zehn oder zwölf wirklichen Gegenstände für ihn mehr als nur ein Anstoß gewesen wären. Auch braucht er nicht zu befürchten, daß er, etwa bei der Zahl 1000 angekommen, nun einen Begriff konstruiert hätte, der in der Wirklichkeit kei-

ne Entsprechung fände. Er könnte, sollte er den Wunsch haben, seine gedankliche Konstruktion in der Wirklichkeit bestätigt zu sehen, tausend Kieselsteine sammeln und die Zahlenreihe von 1 bis 1000 an ihnen abzählen. Damit hätte er seiner Konstruktion nachträglich eine Interpretation in dem Bereich realer Gegenstände gegeben. Wir sehen also, daß in der Mathematik die Beziehungen zwischen gedanklichen Konstruktionen und einer Wirklichkeit, in der sie ihre Bestätigung finden, einfach sind.

Der Vollständigkeit halber fügen wir hinzu, daß in der Mathematik sehr wohl auch Begriffe konstruiert werden können, für die in der Wirklichkeit keine unmittelbare Entsprechung aufgewiesen werden kann. So haben denn auch z. B. die komplexen Zahlen zuerst den philosophisch interessierten Mathematikern große Schwierigkeiten gemacht. Heute hat man sich über Schwierigkeiten dieser Art hinweggesetzt. Es ist ein Charakteristikum gerade der modernen Mathematik, auf die Entsprechung ihrer Konstruktionen in der Wirklichkeit keinen Wert zu legen. Um so überraschender wirkt dann die oft beobachtete Erscheinung, daß diese Neuschöpfungen doch irgendwann einmal eine Anwendung finden. Die komplexen Zahlen ermöglichen z. B. eine besonders einfache Beschreibung des Wechselstroms.

Der Mathematik, die also der direkten Bemühung um Wirklichkeitsnähe eine Absage erteilt hat, ist nun die Physik gegenüberzustellen. Es wird sofort deutlich, daß in der Physik die realen Gegebenheiten einen weit größeren Einfluß auf die Begriffsbildung ausüben müssen. Ernst CASSIRER (1874 bis 1945), ein moderner Philosoph, der kantische Gedankengänge fortgesetzt hat, stellt diesen Zusammenhang folgendermaßen dar:

Die »*Art der gedanklichen Beherrschung scheint sofort gebrochen zu sein, wenn wir das Gebiet des Mathematischen überschreiten – wenn wir den Schritt vom ›Idealen‹ ins ›Reale‹ wagen. Denn hier beginnt das Reich der ›Materie‹, die sich der reinen ›Form‹ gegenüber- und entgegenstellt. An Stelle einer ursprünglichen Einheit, die sich gesetzmäßig in eine Vielheit entfaltet und auseinanderlegt, stehen wir nunmehr vor einer Mannigfaltigkeit, die lediglich als solche, als vorhandene Mehrheit vor uns ausgebreitet liegt. Diese Mannigfaltigkeit ist – zumindest in der Art, in der sie sich unmittelbar uns darbietet – nicht ›konstruierbar‹: Wir müssen sie als schlichte Gegebenheit hinnehmen. Eben diese Gegebenheit scheint der spezifische, der auszeichnende Charakter zu sein, durch welchen sich das ›Physische‹ vom bloß ›Mathematischen‹ unterscheidet. Hier baut sich nicht in der Konsequenz, in der inneren Folgerichtigkeit des reinen Denkens eine Gegenstandswelt für uns auf, sondern hier gibt sich uns ein äußeres ›Dasein‹, durch die Vermittlung der Empfindung und der sinnlichen Anschauung, zu eigen. Und diese Art der Aneignung kann nicht anders als fragmentarisch und stückhaft sein. Wir müssen – nicht nach voraus bestimmtem Plane, sondern wie es die an sich planlose, die zufällige ›Beobachtung‹ mit sich bringt – von einem Punkt dieses Daseins zum anderen schreiten, zufrieden damit, wenn wir am Ende des Weges alle diese Punkte durch eine Linie verbinden können, deren Form sich allgemein beschreiben und ausdrücken läßt.*« [22]

In diesem Problem ist der Ansatz zur Begriffsbildung in der Physik beschrieben. Gerade die Sprödigkeit der Gegenstände der Physik gegenüber mathematischen Konstruktionen, dieser so oft erfahrene Widerstand, weckt im Denken des Menschen eine neue Kraft. Das anscheinend Unmögliche soll geleistet werden. Die Konstruktionen, die in der Mathematik nichts weiter als widerspruchsfrei zu sein hatten, sollen sich nun überdies dem durch Beobachtung Gegebenen derart anschmiegen, daß sie die beobachtete Wirklichkeit in einer begrifflich faßbaren Folge von Gedanken einfangen. Welche Probleme hier verborgen sind, hat EINSTEIN eindrucksvoll formuliert: »*Insofern sich die Sätze der Mathematik auf die Wirklichkeit beziehen, sind sie nicht sicher, und insofern sie sicher sind, beziehen sie sich nicht auf die Wirklichkeit.*« [23]

Ein anderes wichtiges Problem ist das des Raumes. Ein Anlaß für den Mathematiker, das Raumproblem zu diskutieren, ist die Tatsache, daß es außer der euklidischen noch verschiedene nichteuklidische Geometrien gibt. Welche von den verschiedenen Möglichkeiten stellt die »eigentliche« Geometrie des Raumes dar? Der Physiker greift diese Frage auf und untersucht, ob mit diesen Geometrien nicht gleichberechtigte Möglichkeiten gegeben sind, das Weltall zu beschreiben.

Damit ist ein weiteres Problem verwandt. Soll etwa das Gravitationsfeld der Erde berechnet werden, so ist mit Recht zu fragen, ob man dabei Physik oder aber Mathematik treibe. Im Newtonschen Gravitationsgesetz $F = \gamma\, m_1 m_2 / r^2$, das den Ausgangspunkt für die Entwicklung des Feldbegriffs darstellt, weist die Abhängigkeit der Kraft F von der Entfernung r auf eine geometrische Eigenschaft des Raumes hin. Anders bei der Bestimmung der Gravitationskonstanten. Die dabei notwendigen Messungen scheinen die damit verbundenen Fragen eindeutig als physikalisches Problem auszuweisen.

Im Problem des Raumes kehrt jene Wesensverschiedenheit von Physik und Mathematik wieder, die wir oben an dem Beispiel des Zählens klarmachten. Nur liegen hier die Dinge verwickelter. Der Anspruch, der an die Physik gestellt wird, Wege der Gegenstandserfassung zu bahnen, verlangt von ihr eine ständige Revision ihrer Ergebnisse. So werden immer wieder physikalische Theorien durch andere umfassendere abgelöst werden. Die Aristotelische Raumvorstellung mußte der Raumvorstellung NEWTONs weichen und diese wiederum hatte ihren Platz an die Raum-Zeit-Welt EINSTEINs abzutreten. In der Mathematik ist die Gefahr, daß eine Theorie überholt und durch eine andere verdrängt wird, wesentlich geringer.

5.5 *Voraussetzung für die Definition physikalischer Größen sind Einzelmerkmale, die Abstufungen aufweisen.*

Kehren wir nun zu den Punkten 1'., 2'., 3'. des Definitionsschemas für physikalische Grundgrößen zurück. Sie besagen, daß diese Größen nicht nur Rechengrößen, sondern darüber hinaus Maßgrößen sind, die sich an realen Gegenständen oder Vorgängen auffinden und bestimmen lassen. Damit dies möglich ist, muß zunächst gewährleistet sein, daß das Einzelmerkmal, das zu der Definition der physikalischen Grundgröße Anlaß gibt, erstens in mehreren verschiedenen Fällen und zweitens in mehreren Abstufungen auftritt. Unter den Abstufungen eines Einzelmerkmals verstehen wir also etwa bezüglich des Temperaturbegriffs die Qualitäten kalt, lau, warm, heiß oder bezüglich des Begriffes der Windstärke die Qualitäten windstill, zugig, böig, stürmisch. In einem Nebeneinander von nur zwei derartigen Qualitäten wollen wir noch keine Abstufungen sehen. Zu einer Qualität »z« läßt sich sofort formal die Qualität »non z« bilden. Damit ist aber noch keine für unsere Zwecke brauchbare Abstufung gegeben. Man wird sehen, daß es im Rahmen dieser Festlegung nicht einfach ist, ein Einzelmerkmal anzugeben, das keine Abstufungen aufweist. Es gibt aber folgende Beispiele: Ein Vorgang, der einmalig ist, zeigt in seiner Einmaligkeit gewiß keine Abstufung. Das Einzelmerkmal einer Linie, gerade zu sein, ist ein anderes Beispiel. Der Einwand, daß man »gerade« als Grenzfall von »gekrümmt« auffassen kann, ist nicht stichhaltig. Grammatisch gesprochen kann das Eigenschaftswort »gerade« nicht gesteigert werden.

Wir nehmen nunmehr an, wir hätten an einer Reihe von Gegenständen und Vorgängen gewisse Einzelmerkmale, die eine Abstufung aufweisen, aufgefunden und zur weiteren Durchmusterung ausgesondert. Dann ist es aber noch nicht so, daß die so ausgesonderten Einzelmerkmale bereits ohne Ausnahme in das Definitionsschema 1., 2., 3. eingepaßt werden könnten. Nicht alle Einzelmerkmale, die Abstufungen zeigen, führen auf physikalische Größen. Betrachten wir etwa das Einzelmerkmal Aggregatzustand. Wir können die Abstufungen fest, flüssig, gasförmig und evtl. noch den Aggregatzustand des Plasmas an physikalischen Objekten auffinden. Auch können wir den genannten Abstufungen Zahlenwerte, etwa 1, 2, 3 und 4 zuordnen. Dadurch ist das Einzelmerkmal Aggregatzustand aber noch nicht Rechengröße geworden. Welcher Sinn sollte etwa der Rechnung $1+1 = 2$ mit diesen Zahlenwerten untergelegt werden? Welche Meßvorschrift sollte gegeben werden? Welcher Maßstab insbesondere sollte bei der Anwendung auf feste Körper den Wert 1, bei der Anwendung auf Gase den Wert 3 liefern? Ein Einzelmerkmal wird also, auch wenn es eine Reihe von Abstufungen zeigt, dadurch, daß man diese Abstufungen numeriert, noch nicht zur Rechengröße.

5.6 *Sind Längenmaßstäbe wirklich unveränderlich?*

Wir wenden uns noch einmal der Längenmessung zu. Einmal ist die Längenmessung in gewisser Hinsicht die wichtigste Messung überhaupt. Es beruhen fast alle Meßgeräte auf der Benutzung von Skalen. Die Benutzung von Skalen läuft aber auf den Vergleich von Längen hinaus. Aber noch aus einem anderen Grunde müssen wir auf die Längenmessung noch näher eingehen. Bei der Definition der Länge tritt eine für alle Definitionen dieser Art bezeichnende Schwierigkeit auf, nämlich die Gefahr einer Zirkeldefinition. Gemeint ist folgendes: Da Längen mit Maßstäben gemessen werden, muß man, um die Reproduzierbarkeit der Meßwerte zu garantieren, verlangen, daß diese Maßstäbe unveränderlich sind. Das soll heißen, daß ein Metermaß, mit dem ich gestern die Breite eines Tisches gemessen habe, nicht heute bei der Wiederholung der Messung einen anderen Zahlenwert für dieselbe Breite liefern darf. Die Möglichkeit, daß sich der Tisch in seinen Abmessungen verändert haben könnte, wollen wir in Gedanken ausschließen, wiewohl es im konkreten Fall schwierig sein dürfte, einen entsprechenden Nachweis zu führen. Für den Maßstab müssen wir jedenfalls die Forderung aufstellen: Ein Längenmaßstab muß unveränderlich hinsichtlich seiner Länge sein. Wie aber fertigt man einen solchen unveränderlichen Längenmaßstab an?

Der Rat, er müsse auf jeden Fall ein starrer Körper sein, auf dem die Meßmarken aufgetragen werden, hilft nicht viel weiter. Denn was heißt »starr«? »Starr« heißt nichts anderes als »unveränderlich hinsichtlich der Länge«. Daß ein Längenmaßstab bezüglich seiner Länge unveränderlich ist, kann seinerseits wiederum nur durch Längenmessungen kontrolliert werden. Diese Längenmessungen müßten mit einem wiederum unveränderlichen Längenmaßstab vorgenommen werden und für diesen Längenmaßstab wäre dieselbe Kontrolle durchzuführen.

Ein brauchbares Verfahren, um aus dieser

Schwierigkeit herauszukommen, ist folgendes. Es sei eine Reihe von Maßstäben A, B, C, D, E, F, G gegeben. Man vergleicht nun jeden Maßstab mit jedem. Wir sagen absichtlich »vergleichen« und nicht »kontrollieren«. Denn ob bei einem Nebeneinanderliegen der Maßstäbe A und B der Maßstab A mit Hilfe von B oder der Maßstab B mit Hilfe von A kontrolliert wird, ist nicht auszumachen. Der Ausdruck »kontrollieren« ist vorläufig noch sinnlos. Den genannten Vergleich jeden Maßstabes mit jedem nennen wir den Vergleich I. An einem anderen Tag, evtl. bei anderer Temperatur oder anderem Luftdruck stellt man einen Vergleich II nach demselben Verfahren an und genauso noch eine beliebige Zahl weiterer Vergleiche.

Stellt man in jedem Vergleich bei jedem Nebeneinander irgend zweier Maßstäbe immer nur Übereinstimmung fest, so kann man sagen, daß sich entweder alle Maßstäbe in gleicher Weise verändert haben oder aber tatsächlich unverändert geblieben sind. Findet man jedoch, daß beim Nebeneinanderlegen von zwei Maßstäben, wobei G der eine von beiden war, mehrfach Unstimmigkeiten aufgetreten sind, so sagt man, G habe sich als »unzuverlässig« erwiesen und sondert ihn aus. Mit den verbliebenen Maßstäben kann man das ganze Verfahren wiederholen. Stellt man weiter etwa fest, daß sich der Maßstab F bei Temperaturschwankungen als »unzuverlässig« erweist, so wird man F als »nicht temperaturbeständig« aussondern.

So gewinnt man mit der Zeit Erfahrung und kann mit relativer Sicherheit sagen, welche Maßstäbe unveränderlich sind und welche nicht. Eine absolute Sicherheit gibt es nicht. In der historischen Entwicklung des Meßverfahrens für Längen ist man nicht jederzeit so systematisch vorgegangen wie in dem hier konstruierten Beispiel. Oft lagen vermutlich Jahre oder Jahrzehnte zwischen kritischen Vergleichen der Maßstäbe. Eine Verbesserung der Experimentiertechnik wirkt sich hier in der Möglichkeit aus, Längenmaßstäbe von größerer Unveränderlichkeit angeben zu können. So hat man für Präzisionsmessungen in der Atomphysik 1960 ein neues Längennormal auf der Basis der Wellenlänge $\lambda = 605{,}78021$ nm des orangefarbenen Kryptonlichtes definiert. Das 1 650 763,73fache dieser Wellenlänge ist das Meter.

Der »starre Körper« erweist sich übrigens in der allgemeinen Relativitätstheorie als Fiktion. Im übrigen tritt die Schwierigkeit, die Unveränderlichkeit eines Maßstabes nachzuweisen, bei allen Meßgeräten auf, also auch bei Uhren, Amperemetern usw.

5.7 *Die Definition der abgeleiteten Größen setzen die der Grundgrößen voraus.*

Die Definitionen der abgeleiteten Größen können in einfacher Weise auf die Definition der Grundgrößen zurückgeführt werden. Da die Grundgrößen aufgrund ihrer Definition Rechengrößen sind, können sämtliche bekannte Rechenoperationen auf sie angewandt werden. Insbesondere können aus den Grundgrößen $G_1, G_2 \ldots G_n$ beliebige Potenzprodukte von der Form

$$G_1^{c_1} \cdot G_2^{c_2} \ldots \cdot G_n^{c_n}$$

gebildet werden. Dabei sind die c_i im allgemeinen ganze Zahlen. Es gelingt in vielen Fällen, einem neuen Einzelmerkmal ein solches Potenzprodukt zuzuordnen. Wir definieren dann das genannte Potenzprodukt als eine dieses Einzelmerkmal erfassende abgeleitete Größe. Natürlich ist auch die Definition mit Hilfe von Wurzel-, Exponential-, Logarithmus- und trigonometrischen Funktionen möglich. So wird z.B. die Entropie als $S = k \ln W$ definiert. In jedem dieser Fälle ist dafür gesorgt, daß die zu definierende Größe mit Hilfe bereits definierter – und in der Gleichung rechts vom Gleichheitszeichen stehender – Begriffe erklärt wird.

Als einfaches Beispiel einer abgeleiteten Größe, die als Potenzprodukt aus Länge und Zeit gebildet werden kann, nennen wir die Geschwindigkeit $v = st^{-1}$ einer gleichförmigen Bewegung. Da es sich um eine abgeleitete Größe handelt, erübrigt sich die Angabe einer Meßvorschrift zum Zwecke der Definition der Maßgleichheit, Maßvielfachheit und Maßeinheit. Will man feststellen, ob zwei Geschwindigkeiten gleich groß sind, eine Geschwindigkeit doppelt so groß ist wie eine andere usw., so hat man sich an die durch $v = st^{-1}$ gegebene Rechenvorschrift zu halten. Zwei Geschwindigkeiten sind demnach z. B. gleich, wenn die Quotientenbildung aus den Maßzahlen der Längen und Zeiten in beiden Fällen auf dieselbe Zahl führt.

Es kann hier nicht darum gehen, sämtliche Grundgrößen und abgeleiteten Größen zu erörtern. Wir greifen nur einige typische Beispiele heraus. In der Absicht, einen Überblick über weitere noch notwendige Definitionen zu gewinnen, wenden wir uns nun wieder den Grundgrößen zu. Es erhebt sich die Frage, wie man überhaupt dazu kommt, gewissen Größen die Rolle von Grundgrößen zuzuerteilen, anderen aber nicht. Grundsätzlich steht es einem frei, welchen Größen und wievielen man die Rolle von Grundgrößen zuerteilen will. In einem Begriffssystem ist die Rolle der Grundbegriffe in gewissen Schranken frei wählbar.

Natürlich gibt es trotzdem jeweils eine Reihe von Gründen für die Wahl einer speziellen Größe zur Grundgröße. Es wäre unpraktisch, z. B. in der Mechanik eine verhältnismäßig selten gebrauchte Größe wie den Drehimpuls zur Grundgröße zu machen und dafür die Zeit als abgeleitete Größe einzuführen.

Wie groß die Zahl der Grundgrößen sein soll, ist eine nicht leicht zu beantwortende Frage. Man hat z. B. lange darüber gestritten, ob nicht in Analogie zur Begründung der Elektrizitätslehre mit Hilfe der Grundgröße der elektrischen Stromstärke auch der Lehre vom Magnetismus eine Grundgröße, etwa der magnetische Fluß, zugestanden werden müßte.

Das Bedürfnis besteht für denjenigen, der die Lehre vom Magnetismus als selbständiges Fachgebiet neben dem der Elektrizitätslehre behandelt wissen will. Dem kann man aber entgegenhalten, daß weniger Grundgrößen besser sind als viele. Das Bedürfnis nach Einfachheit und Übersichtlichkeit im Aufbau der Physik spricht für eine Reduzierung des Systems der Grundgrößen auf ein möglichst kleines. Und man kann hinzufügen, daß die Ursache des Magnetismus in der Existenz der elementaren Kreisströme, also in elektrischen Erscheinungen zu suchen ist. Daher liegt es nahe, auch die magnetischen Größen auf elektrische Größen, das heißt letztlich aber auch auf die Grundgröße der Stromstärke zurückzuführen. Es gibt noch eine ganze Reihe von Argumenten, die für und wider die Einführung einer magnetischen Grundgröße vorgebracht worden sind. Wir wollen jedoch in diesem Punkte keine Entscheidung fällen.

5.8 *Im 19. Jahrhundert versuchte man, die gesamte Physik auf die Mechanik zurückzuführen.*

Eine noch weitergehende Frage ist natürlich die, ob man nicht auch auf die Grundgröße der elektrischen Stromstärke verzichten könnte. Bis ins vorige Jahrhundert hinein war man der Ansicht, daß es gelingen müsse, die elektrischen Erscheinungen aus den Gesetzen der Mechanik zu erklären. Noch VON

HELMHOLTZ forderte: »*Das letzte Ziel aller Naturwissenschaft ist, sich in Mechanik aufzulösen.*« Wäre dieses Ziel wirklich erreicht worden, so wäre die gesamte Physik aus den Grundbegriffen und Grundgrößen der Mechanik zu entwickeln gewesen.

Es war vor allem der Erfolg der Faraday-Maxwellschen Theorie der Elektrizität, der die Vormachtstellung der Mechanik erschütterte. Trotzdem werden auch heute noch die meisten physikalischen Größen wie z.B. Masse, Energie, Impuls an Beispielen aus der Mechanik eingeführt. Andere Begriffe, wie der der Feldstärke, erhalten zwar je nach dem speziellen Anwendungsgebiet – Elektrizitätslehre, Lehre vom Magnetismus, Kernphysik – eine neue Interpretation, gehen aber auf das Vorbild der Gravitationsfeldstärke aus der Mechanik zurück. Auch Modelle werden vorzugsweise dem Gebiet der Mechanik entnommen. Die Mechanik gilt als das einfachste Teilgebiet der Physik.

5.9 *Der dynamische Kraftbegriff setzt den der trägen Masse voraus.*

Die Mechanik gilt aus den genannten Gründen immer noch als das für eine Einführung in die Physik am besten geeignete Gebiet. Auch wir werden noch eine Frage, die die physikalische Begriffsbildung betrifft, an einem Beispiel aus der Mechanik erläutern. Die Gleichung $F = ma$ hat eine gewisse Berühmtheit erlangt, und zwar deswegen, weil man lange darüber gestritten hat, ob es sich hier um eine Definition oder aber um ein Gesetz handelt.

Wir machen uns die Situation klar. Die Mechanik sei so weit entwickelt, daß die Länge s, die Zeit t, die Geschwindigkeit v und die Beschleunigung a bekannte Begriffe sind. Nun sollen die Bewegungen von Körpern in Beziehung zu den sie verursachenden Kräften untersucht werden. Welche Bedeutung hat dann auf dieser Stufe das zweite Newtonsche Axiom $F = ma$, das den Zusammenhang zwischen Kraft und träger Masse angibt? Da weder F noch m bislang definiert sind, stellt die Formel für uns eine Beziehung zwischen zwei noch undefinierten Begriffen her. Eine solche Beziehung ist aber nach dem oben Gesagten als Definition weder für den einen noch für den anderen Begriff brauchbar.

In dieser Schwierigkeit bleibt nichts anderes zu tun übrig, als die Formel $F = ma$ vorerst zurückzustellen und entweder F oder m auf andere Weise zu definieren. Gelänge eine solche Definition, nehmen wir etwa an für m, so könnte dann die Gleichung $F = ma$ zur Definition von F benutzt werden. Wir wollen zunächst die oft realisierte Möglichkeit diskutieren, bei der m als neue Grundgröße eingeführt wird. Ein Vorschlag zur Definition der trägen Masse als Grundgröße geht auf GALILEI zurück. Wir definieren in Anknüpfung daran Maßgleichheit, Maßvielfachheit und Maßeinheit folgendermaßen:

1. Zwei Körper haben die gleiche träge Masse, wenn sie nach einem unelastischem Stoß mit entgegengesetzt gleichen Geschwindigkeiten sofort zur Ruhe kommen.
2. Eine Anzahl von n Körpern mit gleicher träger Masse hat insgesamt eine n-mal so große träge Masse wie ein einzelner Körper.
3. Die Maßeinheit der trägen Masse ist die Masse des Normkörpers.

Das in dieser Definition angegebene Meßverfahren macht keine experimentellen Schwierigkeiten. Geschwindigkeiten können nach der Staubfigurenmethode oder einem ähnlichen Verfahren gemessen werden. Wird in dieser Weise die träge Masse definiert, so kann die oben genannte Gleichung $F = ma$ herangezogen werden. Da die Aus-

drücke auf der rechten Seite definierte Begriffe darstellen, ist $F = ma$ eine brauchbare Definition für F. Hiermit ist F, da $a = \ddot{s}$, einwandfrei ein aus den Grundgrößen m, s, t durch zweimalige Differentiation und Multiplikation gebildete abgeleitete Größe.
Man könnte anders verfahren und anstelle der trägen Masse m die Kraft F als dritte Grundgröße nach s und t definieren. Dann könnte die nach m aufgelöste Gleichung $F = ma$ nun als Definitionsgleichung für m dienen. In diesem wie im vorigen Fall könnte man aber die Gleichung $F = ma$ nur als Definition und nicht als Gesetz lesen. Ein Gesetz stellt immer eine Beziehung zwischen bereits definierten Größen her.
Also lediglich dann, wenn wir sowohl m wie F als Grundgrößen, und das heißt ja voneinander unabhängig, definieren wollten, gäbe die Gleichung $F = ma$ ein Gesetz an. So zu verfahren, empfiehlt sich aber nicht, weil es unökonomisch ist. Der Begriffsapparat der Grundgrößen würde unnötig vergrößert.
Fragt man nun, wie man denn unter Außerachtlassung eines statischen Kraftbegriffes sofort einen dynamischen Kraftbegriff definieren könne, so findet man sich vor demselben Hindernis, das schon oben den Weg versperrte: Die Gleichung $F = ma$ kann nur dann als Definitionsgleichung für F aufgefaßt werden, wenn m und a bereits definierte Größen sind. Da a aus den Grundgrößen Länge und Zeit ableitbar ist, läuft die Aufgabe darauf hinaus, m unabhängig von anderen Größen und das heißt als Grundgröße zu definieren. Wie das möglich ist, zeigt aber die auf GALILEI zurückgehende Definition, die wir oben erwähnten.
Kann nun derjenige, der mit dem dynamischen Kraftbegriff beginnt, den statischen Kraftbegriff entbehren? Sicherlich nicht. Erstens ist der statische Kraftbegriff in einem vollständigen System der Physik unentbehrlich. Wie sollte man sonst z. B. sinnvoll vom Gleichgewicht der Kräfte reden? Zweitens ist die statische Kraftmessung sehr viel bequemer als die dynamische. Dynamische Kräfte messen heißt ja, die Beschleunigungen bestimmen, die sie irgendwelchen Körpern erteilen. Die Messung von Beschleunigungen ist aber in den meisten Fällen zu umständlich. Eine Federwaage, wie sie bei der statischen Kraftmessung verwandt wird, ermöglicht demgegenüber eine weit einfachere Handhabung.
Es läßt sich daher nicht die Notwendigkeit, beide Begriffe nebeneinander einzuführen und zu verwenden, umgehen. Welches ist dann aber der gedankliche Zusammenhang zwischen beiden? Kräfte, die sich kompensieren, scheinen nicht unmittelbar mit Kräften vergleichbar zu sein, die Körper beschleunigen. Kann ein System von Kräften zugleich statisch und dynamisch sein? Ganz so unmöglich, wie das auf den ersten Blick aussieht, ist das nicht. Ein Körper, der von einer Feder über dem Erdboden gehalten wird, spannt die Feder aufgrund seines Gewichtes. Das Gewicht ist die statische Kraft. Hat man für eine Haltevorrichtung gesorgt, die die Feder auf einfache Art den Körper freigeben läßt, so kann anschließend das Gewicht als die den Fall des Körpers verursachende dynamische Kraft betrachtet werden. Es liegt kein Grund vor, anzunehmen, jene statische und diese dynamische Kraft seien nicht gleich. Freilich läßt es sich umgekehrt auch nicht unwiderleglich erweisen, daß sie gleich sind. Wollte man hierin sehr genau sein, so müßte man außer der Grundgröße statische Kraft eine von ihr verschiedene Grundgröße dynamische Kraft definieren. Beide Arten von Kräften können ja nicht in einheitlicher Weise gemessen werden.
Wohl besteht die Möglichkeit, die zunächst als verschiedene Grundgrößen eingeführten Kraftbegriffe nachträglich zu identifizieren. Man nennt eine solche Identifizierung eine

Verjüngung des Systems der Grundgrößen. In vielen Fällen verfährt man so mit den beiden Massenbegriffen, der trägen und der schweren Masse. Experimentell kann man die Proportionalität zwischen träger und schwerer Masse zeigen. Durch geeignete Wahl des Proportionalitätsfaktors, was auf die geeignete Wahl der Maßeinheiten hinausläuft, kann man die Proportionalität zur Gleichheit vereinfachen. Das hat den Vorteil, daß man von nun an von einem einheitlichen Begriff der Masse reden kann.
Solche Unterscheidungen, wie die zwischen dynamischem und statischem Kraftbegriff bzw. zwischen träger und schwerer Masse sind um der begrifflichen Klarheit willen wünschenswert. Sie sind andererseits aber auch unhandlich für die Praxis. Fängt man einmal mit solchen Unterscheidungen an, so findet man bald kein Halten mehr. Die elektrische Stromstärke z. B. kann auf dreifach verschiedene Weise gemessen werden, je nachdem man nämlich von ihrem chemischen, ihren magnetischen oder ihren thermischen Wirkungen ausgeht. Demzufolge könnte man drei verschiedene Stromstärkebegriffe definieren. Man sieht, daß der Genauigkeit der Begriffsbildung zuliebe oft Forderungen erhoben werden, die die Praxis wiederum gern übergehen möchte, ja übergehen muß, um den Begriffsapparat nicht zu einem allzu schwerfälligen Instrument anwachsen zu lassen. Will man allen Ansprüchen gerecht werden, so wird man zunächst, wo es wünschenswert erscheint, verschiedene Begriffe einführen und sie nachträglich in der angegebenen Weise identifizieren.

5.10 *Ist das quantifizierende Verfahren der Physik auf den Menschen als Objekt anwendbar?*

Freilich gibt es auch außerhalb der Physik quantifizierte Größen. Die Chemie, die Astronomie, die Biologie, die Medizin und eine Reihe weiterer Wissenschaften benutzen quantifizierte Begriffe, die entweder selbst physikalische Begriffe sind oder auf ähnliche Weise definiert wurden. Auch außerhalb der Naturwissenschaften, z. B. in den Wirtschaftswissenschaften, arbeitet man mit quantifizierten Begriffen.
Gibt es Komponenten in den Denkleistungen des Menschen, die sich quantitativ erfassen lassen? Die experimentelle Psychologie hat gewisse messende Verfahren entwickelt, und wir stehen sicher noch am Anfang dieser Entwicklung. So wäre es z. B. denkbar, daß jemand ein Meßverfahren findet, um die Aufnahmefähigkeit des menschlichen Gedächtnisses genauer zu bestimmen. Die Vorteile lägen auf der Hand. Man könnte feststellen, ob die Merkfähigkeit grundsätzlich begrenzt ist oder nicht; ferner, ob ein bestimmter Mensch seine Fähigkeiten auf diesem Gebiet bereits ausgeschöpft hat oder noch nicht.
Viel weiter geht natürlich die Frage, ob sämtliche Komponenten menschlichen Denkens und Wollens je auf solche Art erfaßbar sein könnten. Wäre das jemals der Fall, so käme das allerdings der totalen Manipulierbarkeit des Menschen gleich. Von Willensfreiheit könnte dann nicht länger die Rede sein.
Die hier angeführten Bemerkungen zu einer Situation, in der der Mensch am Rande des Blickfeldes der Physik erscheint, sollen einer Orientierung auf einem Gebiet dienen, auf dem seit jeher vorschnelle Urteile den eigentlichen Zugang zu den Problemen verstellten. Es ist nicht möglich, die auf die Naturerkenntnis ausgerichtete Methode der

Physik zunächst in aller Breite zu entwickeln und anschließend den Geist des Menschen als Anwendungsproblem dieser selben Methode zu behandeln.
Wir müssen den Gedanken, daß sich die Berechenbarkeit der Natur zu einer Berechenbarkeit des Menschen fortentwickeln lasse, als abwegig bezeichnen. So willkommen z.B. einem skrupellosen Machthaber auch die Vorstellung des berechenbaren und manipulierbaren Untertanen sein mag, aus der Physik lassen sich keine Anhaltspunkte für die Realisierung dieser Idee gewinnen. Man müßte dann schon in der Physik und nur für die Physik entwickelte Begriffe bedenkenlos auf die völlig anders beschaffene Wirklichkeit des Menschen übertragen. Nach dem bisher Gesagten müßte klargeworden sein, daß eine solche Übertragung eine Grenzüberschreitung darstellt, bei der die physikalischen Begriffe notwendig gegenstandslos und damit unbrauchbar werden. In der irrigen Vorstellung von der Berechenbarkeit und Manipulierbarkeit des Menschen rükken Mensch und Sache in bedenkliche Nähe zueinander. In unserer gegenwärtigen Epoche, die man gerne als »sachlich« bezeichnet, liegt die Vorstellung nahe, daß Mensch und Sache wie gleichgeordnete Begriffe zu behandeln sind. Und immer wieder wird diese Vorstellung in mannigfachen Abwandlungen verhängnisvolle Folgen für das Menschenbild der Zeit nach sich ziehen. In Romanen wie »1984« von George ORWELL und »Brave New World« von A. HUXLEY haben die Einseitigkeiten einer über den Menschen triumphierenden Naturwissenschaft phantasievollen Ausdruck gefunden.
Wir kehren zum Ausgangspunkt unserer Überlegungen zurück, wenn wir uns noch einmal im einzelnen klarmachen, wie weit in der Physik tatsächlich Mensch und Sache auseinandertreten. Wir gehen von der grundlegenden Tätigkeit des Menschen auf dem Gebiet der physikalischen Naturerkenntnis, das heißt vom Messen aus (vgl. Bild 7). Durch eine Meßvorschrift werden physikalische Begriffe definiert. Dies ist eine Vorschrift, durch die der Experimentator angewiesen wird, durch Ausführung gewisser Handgriffe und Beobachtungen Zahlenwerte zu gewinnen. Es ist nun eine wesentliche Voraussetzung für den Erfolg einer solchen Tätigkeit, daß gerade die Eigenart des Experimentators, also sein Charakter, sein Temperament, seine Stimmung usw. völlig aus dem Spiele bleibt. Gerade das, was sonst die Subjektivität und die Originalität des Menschen ausmacht, muß in der durch die Messung hergestellten Subjekt-Objekt-Beziehung unbedingt ausgeschaltet werden. Die Quantentheorie hat gezeigt, daß dies auf erhebliche Schwierigkeiten stoßen kann. Wir zitieren hierzu Niels BOHR:

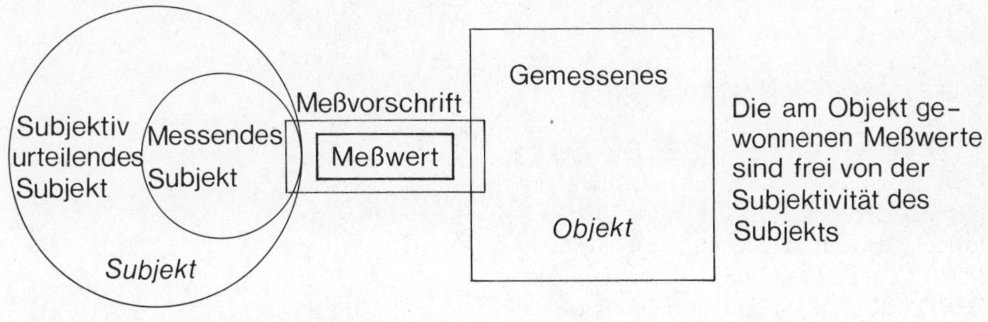

7: Physikalische Naturerkenntnis

»*Während wir in der Relativitätstheorie an den subjektiven, vom Standpunkt des Beobachters wesentlich abhängigen Charakter aller physikalischen Erscheinungen erinnert werden, zwingt uns die von der Quantentheorie klargelegte Zusammenkettung der Atomerscheinungen und ihrer Beobachtung, bei der Anwendung unserer Ausdrucksmittel eine ähnliche Vorsicht zu üben wie bei psychologischen Problemen, wo uns fortwährend die Schwierigkeit einer Abgrenzung des objektiven Inhalts entgegentritt.*« [24]

Wir sehen, daß die moderne Physik hier einschneidende Veränderungen mit sich gebracht hat. War es früher selbstverständliche Voraussetzung jeglicher objektiver Naturbeschreibung, daß der Forscher seine Subjektivität völlig abstreifen mußte und auch konnte, so ist eine so gewonnene Objektivität nun nicht mehr bis in die subtilsten Experimente der Quantentheorie hinein zu realisieren. Natürlich hängt der Anspruch der Physik, eine exakte Wissenschaft zu sein, an dem Nachweis, daß sie eine weitestgehende Objektivität garantiert. Daß diese aber nicht absolut ist, hat die Quantentheorie gelehrt. So ist auch das Schema (in Bild 7) nur für die klassische Physik wörtlich zu nehmen. In der modernen Physik ist die Trennung von messendem Subjekt und gemessenem Objekt nicht mehr in so übersichtlicher und einfacher Weise zu vollziehen (vgl. Kapitel 10).

5.11 *Zusammenfassung*

Physikalische Größen definieren heißt, Grundgrößen nach dem Schema von Maßgleichheit, Maßvielfachheit und Maßeinheit festzulegen und abgeleitete Größen durch Rechenterme aus Grundgrößen zu entwikkeln. Zur Definition von Grundgrößen eignen sich Einzelmerkmale, die Abstufungen zeigen. Lassen sich diese Abstufungen messen, so kann das obige Schema gefüllt werden. Voraussetzung für das Messen ist ein Maßstab. Der Nachweis der Unveränderlichkeit des Maßstabes ist ein Problem für sich.

Dieses quantifizierende Verfahren der Physik findet sich auch in anderen Wissenschaften. Ob es eine totale Wissenschaft im Sinne einer vollständigen Berechenbarkeit sämtlicher Regungen des Menschen je geben wird, ist zu bezweifeln. Sie würde allerdings die totale Manipulierbarkeit des Menschen bedeuten.

Die Physik sucht in der Naturbeschreibung weitestgehende Objektivität zu erreichen. Die Quantentheorie bezweifelt die Möglichkeit einer absoluten Objektivierbarkeit.

Aufgaben

1. Welche Forderungen werden an wissenschaftliche Definitionen gestellt?
2. Inwiefern gehen in die Definitionen physikalischer Grundgrößen Standardexperimente ein?
3. Beschreiben Sie Schwierigkeiten bei der Definition der »Kraft« als einer physikalischen Größe.
4. Wie denken Sie über die Möglichkeit einer totalen Manipulation des Menschen?

6 Die logische Struktur der Physik. Die induktive und die deduktive Methode

6.1 Wichtiger als die einfache induktive Verallgemeinerung ist die Reduktion.

In diesem Kapitel soll der Weg von dem einzelnen Versuchsergebnis zur umfassenden physikalischen Theorie behandelt werden, ein Weg, der manchmal mit den Schlagworten »induktive Methode« und »deduktive Methode« nur sehr ungenau bezeichnet wird. Vor allem der Begriff der »induktiven Methode« wird nämlich in recht verschiedenen Bedeutungen gebraucht.

Die Auswertung einer Versuchsreihe beginnt damit, daß Protokollaussagen über die ausgeführten Experimente gesammelt werden. Die Frage für uns ist nun: Wie können wir aus solchen Protokollaussagen physikalische Gesetze, Prinzipien und Theorien gewinnen? Zweifellos gelingt das nicht durch ein bloßes Katalogisieren der Protokollaussagen. Auf diesem Wege würde nur ein Durcheinander von Einzelbeobachtungen entstehen, aber keine systematische Wissenschaft.

Ein erster Schritt auf dem systematischen Wege ist die einfache Verallgemeinerung von Protokollaussagen. Eine solche einfache Verallgemeinerung liegt z. B. vor, wenn wir aus dem Satz »Diese Probe Gold hat die Dichte 19,3 g/cm³« auf den Satz »Jede Probe Gold hat die Dichte 19,3 g/cm³« schließen. Die Methode, nach der aus Protokollaussagen physikalische Gesetze, Prinzipien und Theorien entstehen, erfordert aber gerade in den entscheidenden Punkten mehr als das Verfahren dieser einfachen Verallgemeinerung. Das geht z. B. auch daraus hervor, daß die physikalischen Theorien Begriffe enthalten, die in den Protokollaussagen nicht vorkommen. Ein solcher Begriff ist das elektrische Feld in der Elektrizitätslehre, die kinetische Energie der Moleküle in der Wärmelehre, das Neutron in der Atomphysik.

Welcher Art sind nun jene komplizierteren Schlußverfahren? Wir geben zunächst zwei Beispiele:

I. Die Planeten unseres Sonnensystems bewegen sich um die Sonne auf Ellipsen. Wir schließen daraus: Die Planeten eines jeden beliebigen Sonnensystems bewegen sich um ihre Sonne auf Ellipsen.

II. Die Planeten unseres Sonnensystems bewegen sich um die Sonne auf Ellipsen. Wir schließen daraus: Zwischen ihnen und der Sonne herrschen Kräfte, die dem Newtonschen Gravitationsgesetz gehorchen.

Hier sind zwei Schlußverfahren geschildert, die von einer Erkenntnis KEPLERs bezüglich der Planeten unseres Sonnensystems zu bestimmten Folgerungen fortschreiten. Die Ergebnisse sind recht verschieden. Im ersten Fall handelt es sich um die schon erwähnte einfache Verallgemeinerung: Eine an bestimmten Objekten gemachte Beobachtung wird als gültig auch für andere Objekte erklärt. Dieses Verfahren wird das induktive Verfahren genannt und wir wollen diesen Namen auch nur für diesen Fall des Schlußverfahrens verwenden. Man trifft das induktive Verfahren überall in der Physik an. Jeder

Forscher, der seine Meßreihen veröffentlicht, muß, wenn er ernst genommen werden will, sicher sein, daß sie in jedem Laboratorium mit dem gleichen Ergebnis wiederholt werden können. Er schließt auf induktivem Wege, daß seine Ergebnisse allgemeingültig sind.

Im zweiten Falle liegen die Dinge ganz anders. Hier wird nicht verallgemeinert, sondern erklärt. Ein neuer Gesichtspunkt tritt hinzu. Ein neuer Begriff öffnet uns die Augen für etwas bisher Unverstandenes. Während im ersten Fall die Denkanstrengung, die aus dem Vordersatz den Nachsatz gewinnt, nicht sehr hoch eingeschätzt werden kann, bedurfte es der ingeniösen Arbeit eines NEWTON, um aus den Keplerschen Gesetzen das Gravitationsgesetz herauszulesen. Es ist klar, daß NEWTON auch noch andere Beobachtungen und Gesetze heranziehen mußte, um die Spur des Gravitationsgesetzes zu entdecken. Das bleibt jedoch in diesem Zusammenhang von untergeordneter Bedeutung.

Trotz der genannten Verschiedenheiten haben beide Schlußverfahren eines gemeinsam. Sie sind nicht streng logisch. Streng logisch ist nur das Verfahren der Deduktion. Wir kennen das deduktive Verfahren z. B. aus der Mathematik, in der fast alle Schlüsse nach den Regeln dieser Methode gezogen werden. Auf das einfachste Schema gebracht lautet der deduktive Schluß:

a) Wenn A, dann B;
b) nun aber A;
c) also B.

Vgl. auch das Beispiel weiter unten (in 6.2).

Das logische Schema der Sätze I und II ist aber, und zwar übereinstimmend für beide:

a) Wenn B, dann A;
b) nun aber A;
c) also B.

Dieses keine absolute Sicherheit verbürgende Schlußverfahren wird nach dem Vorschlag des polnischen Logikers Jan LUKASIEWICZ (1878 bis 1956) Reduktion genannt. Es ist das vorherrschende Schlußverfahren in den empirischen Wissenschaften. So ist es z. B. auch in den historischen Wissenschaften das am meisten verwandte. Dieses Schlußverfahren stellt die normale Form logischen Schließens auf den Kopf: Was deduziert werden soll, weiß man. Das, aus dem deduziert werden soll, ist zunächst unbekannt. Die Protokollaussagen sind in der Physik durch Experimente gegeben. Aus ihnen läßt sich aber nichts deduzieren. Vielmehr kann ein Begründungszusammenhang zwischen Protokollaussagen, eine physikalische Theorie also, nur dadurch gefunden werden, daß man die Protokollaussagen selbst deduziert. Da ist aber zunächst nichts, aus dem man deduzieren könnte. Das muß gerade erst gefunden werden. Der Physiker gleicht zwar nicht dem Münchhausen, der sich selbst am Haarschopf aus dem Sumpf zieht. Aber er gleicht einem, der nach Ästen über sich hangelt, von denen er nicht weiß, ob sie stark genug sind, ihn zu tragen. Ehe wir nun den reduktiven Schluß in seinen verschiedenen Anwendungsformen genau untersuchen, wollen wir noch die Sätze I und II auf das formale Schema: »Wenn B, dann A. Nun aber A. Also B.« bringen.

Satz I erhält die Form:

a) Wenn die Planeten eines jeden beliebigen Sonnensystems sich um ihre Sonne auf Ellipsen bewegen, so bewegen sich auch die Planeten unseres Sonnensystems um die Sonne auf Ellipsen.
b) Nun bewegen sich die Planeten unseres Sonnensystems um die Sonne auf Ellipsen.
c) Also bewegen sich die Planeten eines jeden beliebigen Sonnensystems um ihre Sonne auf Ellipsen.

Und weiter Satz II:

a) Wenn zwischen der Sonne und den Planeten Kräfte herrschen, die dem Newtonschen Gravitationsgesetz gehorchen, so umkreisen die Planeten unseres Sonnensystems die Sonne auf Ellipsen.

b) Nun umkreisen die Planeten unseres Sonnensystems die Sonne auf Ellipsen.

c) Also herrschen zwischen der Sonne und den Planeten Kräfte, die dem Newtonschen Gravitationsgesetz gehorchen.

6.2 *Eine Falsifikation ist logisch gesehen endgültig, eine Verifikation nicht.*

Wir deuteten schon an, daß wir mit Satz I in einem anderen Stadium der Theorienbildung stehen als mit Satz II. Das Schlußverfahren aber ist dasselbe.

Wir wollen nun zunächst jene einfachen Methoden der Verallgemeinerung behandeln, für die der erste Satz beispielhaft ist. Wie schon erwähnt, betrifft dies vor allem die ersten und im allgemeinen einfachen Schritte, die beim Aufbau einer physikalischen Theorie aus den Versuchsergebnissen getan werden müssen. Diese Schritte folgen in der Tat einem so einfachen Schema, daß sie ein jeder aufzählen kann, der schon einmal zwei oder drei Versuche quantitativ ausgewertet hat.

Am Anfang steht das Experiment. Damit wir quantitativ arbeiten können, muß die Möglichkeit zu messen gegeben sein. Um etwas Konkretes vor Augen zu haben, stellen wir uns etwa den Versuch vor, bei dem ein Wagen auf einer Fahrbahn durch ein Zuggewicht gleichmäßig beschleunigt wird. Aufgrund der Staubfigurenmethode möge der Wagen Marken schreiben, die die Unterlage zu einer vollständigen Ausmessung des Bewegungsablaufs liefern. Wenn wir nun danach fragen, in welcher Weise der Bewegungsablauf quantitativ beschrieben werden kann, so gibt es vier Möglichkeiten:

a) Man kann erstens die mit den Marken bedeckte Schiene selbst als exaktes Versuchsprotokoll benutzen.

b) Statt dessen kann man zweitens durch Ausmessen zusammengehöriger Wertepaare von Weg- und Zeit-Koordinaten eine Tabelle von Meßwerten erhalten.

c) Drittens können die Wertepaare in einem Weg-Zeit-Diagramm aufgetragen werden.

d) Viertens kann der im Diagramm gewonnene Graph durch eine mathematische Formel wiedergegeben werden. In unserem Fall wäre das ein quadratisches Weg-Zeit-Gesetz $s = ct^2$.

Nicht jedesmal wird wie hier im Versuch selbst eine den Ablauf in allen wesentlichen Punkten fixierende Niederschrift angefertigt. Oft wird erst durch die Notierung der Meßreihe, im zweiten Schritt also, eine Niederschrift geliefert, von der die weitere Analyse ihren Ausgang nehmen kann. Wesentlicher und charakteristischer Schritt aber ist die Auswertung der Meßreihe durch ein mathematisches Verfahren. Wir übergehen hier die Auseinandersetzung solcher rechnerischer Verfahren wie z. B. das Eintragen auf Millimeterpapier, auf verschiedene logarithmische Papiere usw. Das Wesentliche für unseren Zusammenhang ist, daß wieder und wieder jener Reduktion genannte Schluß verwandt wird. Von den vielen Gelegenheiten, bei denen dieser Schluß Anwendung findet, erwähnen wir nur das folgende charakteristische Beispiel: Unser erster Satz möge heißen:

»Wenn die Bewegung eines Wagens auf der Fahrbahn dem quadratischen Weg-Zeit-Gesetz $s = ct^2$ gehorcht, so muß ein Wagen, der zum Zeitpunkt 0 s den Weg 0 cm und zum Zeitpunkt 1 s den Weg 1 cm zurückgelegt hat, zum Zeitpunkt 2 s den Weg 4 cm zurückgelegt haben.«

Der reduktive Schluß gibt sich nun dadurch zu erkennen, daß wir hier auf die Richtigkeit des Konditionalsatzes auf keinem anderen Wege schließen können als über die Richtigkeit des Hauptsatzes. Unser zweiter Satz, das ist der Satz b) des Schemas, muß demnach heißen:

»Ein Wagen, der zum Zeitpunkt 0 s den Weg 0 cm und zum Zeitpunkt 1 s den Weg 1 cm zurückgelegt hat, hat zum Zeitpunkt 2 s den Weg 4 cm zurückgelegt.«

Dieser Satz stellt, wie wir wissen, die einzige Information dar, die wir aus dem Versuchsablauf unmittelbar ablesen können. Der Satz c) unseres Schemas lautet nunmehr:

»Also gehorcht die Bewegung des Wagens auf der Fahrbahn dem quadratischen Weg-Zeit-Gesetz $s = ct^2$.«

Daß dieser Schluß keine logische Sicherheit verbürgt, ist klar. Sollte sich bei einer Wiederholung der Messung ein Widerspruch ergeben, das heißt, sollten Wertepaare ermittelt werden, die der Gleichung $s = ct^2$ widersprechen, so müßte man das Gesetz fallen lassen. Das Gesetz wäre in einem solchen Fall »falsifiziert«. Noch so viele das Gesetz bestätigende Aussagen kommen also nicht gegen eine einzige Aussage auf, die nachweislich dem Gesetz zuwiderläuft.

Das formale Schema zeigt hier eine auffällige Asymmetrie. Die Falsifikation ist logisch gültig. Die Bestätigung durch noch so viele im Einklang mit dem Gesetz stehenden Aussagen dagegen nie endgültig. Mit anderen Worten: Der Schluß vom Nachsatz auf den Vordersatz gibt lediglich eine Wahrscheinlichkeit an, keine Sicherheit. Dagegen ist der Schluß von der Negation des Nachsatzes auf die Negation des Vordersatzes immer bindend.

Eine kurze Darstellung der logischen Struktur möge das Gesagte noch einmal zusammenfassen. Der einwandfreie deduktive Schluß lautet, wie oben schon erwähnt: »a) Wenn A, dann B; b) nun aber A; c) also B.« In der Form eines einfachen Beispiels:

a) Wenn es regnet, wird die Straße naß.
b) Nun regnet es aber.
c) Also wird die Straße naß.

Die Falsifikation verläuft nach dem aus dem obigen Schema herleitbaren, ebenfalls bündigen Schlußverfahren: »a) Wenn A, dann B; b) nun aber nicht B; c) also nicht A.« Im Beispiel:

a) Wenn es regnet, wird die Straße naß.
b) Nun ist die Straße aber nicht naß.
c) Also regnet es nicht.

Das Reduktion genannte Verfahren dagegen würde lauten: »a) Wenn A, dann B; b) nun aber B; c) also A.« Im Beispiel:

a) Wenn es regnet, wird die Straße naß.
b) Nun ist aber die Straße naß.
c) Also regnet es.

Daß dieser Schluß falsch sein kann, sagt uns das amüsante Gedicht von Christian MORGENSTERN:

»Palmström geht durch eine fremde Stadt . . .
Lieber Gott, so denkt er, welch ein Regen!
Und er spannt den Schirm auf, den er hat.
Doch am Himmel tut sich nichts bewegen,
Und kein Windhauch rührt ein Blatt.
Gleichwohl darf man diesen Argwohn hegen.
Denn das Pflaster, über das er wandelt,
Ist vom Magistrat voll List – gesprenkelt.
Bona fide hat der Gast gehandelt.«

Kehren wir noch einmal zur Frage der Falsifikation zurück. Bei näherem Zusehen erweist sich das Veto, das durch ein einziges vom Gesetz abweichendes Versuchsergebnis gesprochen wird, nicht ganz so einschneidend für den Gültigkeitsanspruch des Gesetzes, wie man das zunächst erwartet. Es bestehen mehrere Möglichkeiten, das Gesetz als solches aufrechtzuerhalten. Das kann einmal dadurch geschehen, daß man eine zusätzliche Voraussetzung formuliert und von deren Beobachtung die Gültigkeit des Gesetzes abhängig macht. Oder aber man beschränkt zweitens das Gesetz auf bestimmte Größenordnungen der in ihm auftretenden physikalischen Größen. (Vgl. zum Problem der Falsifikation Abschnitt 3.6)

Für das Weg-Zeit-Gesetz des auf der Fahrbahn bewegten Wagens muß eine Einschränkung von der zweiten Art gemacht werden. Andernfalls ergäbe sich ein Widerspruch zu dem Satz der Relativitätstheorie, daß die Lichtgeschwindigkeit die absolute größte Geschwindigkeit ist. Würden wir nämlich bei einer angenommenen Beschleunigung von 2 m/s^2 eine Versuchsdauer von 10^{10} s ansetzen, so müßte der Wagen 10^{20} m zurückgelegt haben. Dabei wäre er mit einer Durchschnittsgeschwindigkeit von 10^{10} m/s gefahren. Die Endgeschwindigkeit wäre bekanntlich doppelt so groß, also viel größer als die Lichtgeschwindigkeit $c = 3 \cdot 10^2$ m/s. Die Verallgemeinerung des Gesetzes auf beliebige Zeiten und Wege erweist sich damit als unzulässige Extrapolation.

Das Gesetz $s = ct^2$ kann also in diesen Größenordnungen gar nicht mehr richtig sein.Man hat die Schwierigkeit dadurch gelöst, daß man Gesetzmäßigkeiten fand, die für hohe Größenordnungen dem Ansatz der Relativitätstheorie nicht widersprechen, sondern sich ihm vielmehr einfügen. Für die im Laboratorium normalerweise meßbaren Längen- und Zeitwerten führen diese Gesetzmäßigkeiten wiederum auf das Gesetz $s = ct^2$.

Hier ist wiederum die Stelle bezeichnet, an der die einfache Verallgemeinerung, die wir allein mit dem Namen des induktiven Verfahrens bezeichnen, nicht mehr weiterführt. Der Übergang zur Relativitätstheorie bedeutet die Einführung neuer Gesichtspunkte in die Diskussion des Weg-Zeit-Gesetzes $s = ct^2$. Wir sehen hier die Grenze, über die hinaus die induktive Methode nicht mehr weiterführt. Die induktive Methode schließt von der Konstanz gewisser Protokollaussagen auf ihre Notwendigkeit, nicht mehr.

Die logische Anfechtbarkeit des induktiven Verfahrens stellt natürlich ein Problem dar. Daß dieses Verfahren nicht allein logisch begründet werden kann, hat schon ARISTOTELES mit großem Scharfsinn gezeigt. Sein Beweis wurde nie widerlegt, er ist für heutige Ansprüche aber auch nicht befriedigend. Woher wir aber anderweitig eine Begründung für den Gültigkeitsanspruch des induktiven Verfahrens herleiten können, ist eine bis heute ungelöste Frage.

6.3 *Es gibt keine allgemeine Methode, Entdeckungen zu machen.*

Wir wenden uns nun der weiterführenden Frage nach einem verschiedene Gesetze zusammenschließenden Begründungszusammenhang zu. Die Protokollaussagen seien mit Hilfe mathematischer Verfahren bereits zu Gesetzen zusammengefaßt. Eine vollständige Theorie verlangt nun aber darüber hinaus ein System, in dem die Gesetze in ihrer gegenseitigen logischen Abhängigkeit sichbar werden. Ein Begründungszusammenhang der gewünschten Art kann etwa dadurch gegeben werden, daß man mehrere Gesetze aus einem allgemeineren Satz herleitet. Sie würden also durch Deduktion aus ihm gewonnen. Einen solchen allgemeineren Satz wollen wir ein Prinzip nennen. Der Sprachgebrauch ist allerdings hier wechselnd und man spricht auch von einem Grundsatz, Axiom oder Postulat.

Vom Beispiel des Zusammenhangs zwischen dem Newtonschen Gravitationsgesetz und den Keplerschen Gesetzen her wissen wir, daß auch hier der grundlegende Schluß ein reduktiver Schluß ist. Doch handelt es sich nicht um eine Induktion; es wird ja nicht von einigen Fällen auf die Allgemeinheit aller möglichen Fälle verallgemeinert.

Wovon läßt sich also ein NEWTON leiten, wenn er die Gesamtheit der Keplerschen Gesetze aus einer gemeinsamen Wurzel zu deduzieren sucht? Gibt es auch hier ein einfach zu handhabendes Verfahren, so wie das, das von den Meßreihen über die graphische Darstellung zum physikalischen Gesetz führt? Die Jahrhunderte bisheriger physikalischer Forschungen haben gezeigt, daß es ein solches Verfahren bis heute nicht gibt. In diesem Stadium ist die Forschung in viel höherem Maße auf Vermutungen und glückliche Einfälle angewiesen. Das schöpferische Denken enthält neben rationalen auch immer irrationale Momente. Ein allgemeiner Leitfaden, das Richtige zu finden, läßt sich daher nicht angeben.

Der Gedanke einer Wissenschaft vom Erfinden, einer Lehre also, die den Menschen in die Lage versetzt, mit Methode von Erfindung zu Erfindung zu schreiten, ist wohl nur ein schöner Wunschtraum. Alle Bemühungen in dieser Richtung blieben bisher ohne durchschlagenden Erfolg. Die Arbeit des Forschers ist im allgemeinen mühsam und entsagungsvoll. KEPLER sagte, als er rückblickend die Entdeckung der nach ihm genannten Gesetze überdachte:

»*Ich habe der Geometrie aber an den Weltkörpern nachgespürt und bin dabei den Spuren des Schöpfers schwitzend und keuchend gefolgt.*« [25]

EINSTEIN beschreibt die mühevolle Arbeit des Physikers, indem er das Verfahren der Reduktion mit seinen Worten schildert:

»*Die Methode des Theoretikers bringt es mit sich, daß er als Fundament allgemeine Voraussetzungen, sogenannte Prinzipe, braucht, aus denen er Folgerungen deduzieren kann [...] Hier gibt es keine erlernbare, systematisch anwendbare Methode, die zum Ziele führt. Der Forscher muß vielmehr der Natur jene allgemeinen Prinzipe gleichsam ablauschen, indem er an größeren Komplexen gewisse allgemeine Züge erschaut, die sich scharf formulieren lassen.*« [26]

Die Erkenntnisfähigkeit des Menschen ist aufgrund der Organisation seines Geistes beschränkt. Es gibt nur einige Erfahrungsregeln, die bei der Erfindung von bisher Unbekannten einen gewissen Wert haben. Eine Garantie für den Erfolg können freilich auch sie nicht geben. Deutlich wird das am Begriff der intuitiven Erkenntnis. EINSTEIN spricht davon, wie wichtig es ist, »*an größeren Komplexen gewisse allgemeine Züge*« zu erschauen. Es handelt sich also um das blitzartige Innewerden eines verborgenen Zusammenhangs.

Nun gibt es auch unter den größten Naturforschern keinen, der sich rühmen könnte, eine ganze Theorie samt ihren Gesetzen auf diese Weise erschaut zu haben. Auch die intuitive Erkenntnis muß punktuell vorgehen. Mühsame Kleinarbeit ist ferner notwendig, um das einmal Geschaute zu prüfen, abzusichern und in das System der Wissenschaft einzuordnen. Es soll nicht bestritten werden, daß Momente der Intution bei großen Entdeckungen eine entscheidende Rolle spielen. Freilich aber wird die Intution auch nur demjenigen die Lösung des Problems bringen, der sich mit ihm durch eingehendes Studium gründlich vertraut gemacht hat. Genaue Vorarbeit ist notwendig. Man muß die Sache von möglichst vielen Zugängen her zu erreichen suchen, sie sich zugleich mit allen Umständen, die sie bestimmen, immer wieder vergegenwärtigen, bis man sicher ist, sie in allen Zusammenhängen, in denen sie auftreten kann, wiederzuerkennen.

Wenn wir fragen, wie man von physikalischen Gesetzen ausgehend zu einem Prinzip kommen kann, das – wenn es einmal gefunden ist – die Deduktion dieser Gesetze ermöglichen soll, so sehen wir, daß nichts an-

deres verlangt wird, als die Auffindung eines bisher unbekannten Begriffszusammenhangs bzw. die Auffindung eines neuen Begriffs selbst. Ein neuer Begriffszusammenhang ebenso wie ein neuer Begriff selbst liegt zunächst völlig verborgen. Der Begriff muß sich durch etwas gleichsam verraten, damit man ihn suchen und finden kann. Da diese Anzeichen oder Spuren nicht der Begriff selbst sein können, müssen diese in den Beziehungen des neuen Begriffes zu anderen bereits bekannten Begriffen bestehen.
Diese Überlegungen führen also auf Regeln, die bei der Entdeckung von bisher Unbekanntem eine gewisse Hilfe darstellen. Bei der Auffindung eines neuen Begriffs spielen die Grenzen der anderen, bereits bekannten Begriffe eine Rolle. Ein Verhältnis des unbekannten Begriffs zu einem bekannten Begriff vermag, wenn es näher bestimmt werden kann, das Denken in Analogien weiterzuführen. Modellvorstellungen dienen einem ähnlichen Zweck. Auch ein mathematischer Kalkül kann neue Denkanstöße geben.

6.4 *Ist die Zusammenfassung der Erkenntnis in Theorien sinnvoll?*

Vielleicht stellt sich dem einen oder anderen die Frage, ob denn ein Zusammenfassen der physikalischen Gesetze unter Prinzipien und in Theorien, die ja so schwer aufzufinden sind, überhaupt wünschenswert ist. Könnte denn nicht die Systematisierung des in den Gesetzen der Physik formulierten Wissens verengend oder gar verfälschend wirken? Nach dem oben über die Falsifikation Gesagten kann ein einziges Versuchsergebnis geeignet sein, eine ganze Theorie zu stürzen. Wäre es da nicht von Vorteil, man ließe den aus Prinzipien und Theorien bestehenden Überbau fort? Treten nicht viele Schwierigkeiten in dem späten Stadium der naturwissenschaftlichen Forschung auf, in dem man das Experiment und seine Auswertung bereits hinter sich gelassen hat? Und ist man nicht schon aus dem unmittelbaren Kontakt mit dem Gegenstand herausgetreten, wenn man die Ergebnisse experimenteller Arbeit zusammenfaßt und systematisiert? Es scheint doch unsinnig zu sein, in den Gegenständen und Vorgängen selbst Widersprüche zu suchen. Widersprüche, die im Zusammenhang unseres physikalischen Wissens auftreten, können sich nur im Verlauf des Ordnens und Systematisierens eingeschlichen haben. Sie sind zu erklären durch Irrwege, die das Denken genommen hat.
In Wirklichkeit aber liegen die Dinge anders. Übergeordnete Prinzipien und zusammenfassende Theorien geben so umfangreiche und weitreichende Hilfen bei der Lösung von Einzelproblemen, daß man töricht wäre, auf sie zu verzichten. So schwierig es nämlich ist, zu einem größeren Komplex das übergeordnete Prinzip zu finden, aus dem sich die Folgerungen deduzieren lassen, so unproblematisch ist das Deduzieren dieser Folgerungen selbst. Die Methode, richtige Folgerungen zu ziehen, wird schon auf der Schule gelernt. Und wer diese Methode systematisch anwendet, dem wird auch der Erfolg nicht fehlen.
Erinnert sei daran, daß auch ein Experimentieren, das sich seine Richtung nicht durch das Bezugnehmen auf eine Theorie vorgibt, ein bloßes Herumprobieren bleibt. Und schon bei der Definition der Grundgrößen haben wir erfahren, wie ein Verbinden von empirischen Daten durch Begründung der Festlegung einer Meßvorschrift vorausgeht. Bei den Grundbegriffen befinden wir uns also bereits auf einer Bahn, die auf das Knüpfen von Begründungszusammenhängen aus ist. Wo liegt aber die Aufgabe der Theorienbildung anders als in der konsequenten Fort-

führung dieser Linie? Um das zu sehen, muß man sich klar machen, daß man die Definition von Grundgrößen und abgeleiteten Größen einerseits und die Theorienbildung andererseits nicht als zwei unabhängig voneinander ausführbare Operationen vornehmen kann. Es ist ja nicht so, als ob die Physik mit der Ausarbeitung eines vollständigen Systems von Grundgrößen begonnen habe und auf diesem ein für allemal für gut befundenen Fundament ihre Theorien hätte errichten können. Oft haben erst ziemlich spät gewonnene Resultate eine Besinnung auf die Grundbegriffe und ihre eventuelle Korrektur nötig gemacht. Insofern erweisen sich die Grundbegriffe untrennbar von allen im Rahmen einer Theorie aus ihnen hergeleiteten Resultaten.

Damit aber nicht genug. Die Theorien haben nicht zuletzt den Sinn, die Orientierung in einer ohne sie unübersehbaren Wissensfülle zu ermöglichen. Werden die Gesetze unter Prinzipien zusammengefaßt, die Prinzipien aber wiederum in einem Begründungszusammenhang aneinandergeschlossen, so erhält damit der Aufbau des gesamten einschlägigen Wissens eine Übersichtlichkeit, die an die Klarheit mathematischer Deduktionen erinnert. Die Analogie zur Mathematik ist dabei, wie jeder weiß, nicht allein eine äußerliche. Bedient sich doch die Physik der mathematischen Methoden in weitem Umfange, und zwar nicht nur in der Auswertung von Meßreihen, sondern auch in der Herleitung von Gesetzen aus Prinzipien. Die Maxwellsche Theorie, in der aus vier Grundgleichungen alle Gesetze der Elektrizitätslehre deduziert werden, ist ein vielzitiertes Beispiel.

Schließlich ist die Systematisierung des Wissens auch deswegen von Vorteil, weil eine Theorie, dadurch daß sie das Wissen ordnet, oft genug Fingerzeige auf die noch vorhandenen Lücken in unserem Wissen gibt. So führte z. B. die Aufstellung des periodischen Systems der Elemente zur Entdeckung einer Reihe bis dahin unbekannter Elemente. Eine Parallele hierzu findet sich in der modernen Elementarteilchenphysik. Unter den Mesonen der Hyperladung 0 war lange nur das π-Meson, charakterisiert durch den Spin 0 und den Isospin 1, bekannt. Denkbar waren drei weitere Mesonenarten, bei denen die entsprechenden Merkmale 0 und 0 bzw. 1 und 1 lauten mußten. Tatsächlich entdeckte man auf diesem Wege η-, ω- und ϱ-Mesonen.

Die Vorteile, die eine Theorie mit sich bringt, machen die vielfältigen Schwierigkeiten, die Irrwege und Rückschläge, die ihrer Aufstellung entgegenstanden, wett. Gerade der aus Prinzipien und Theorien bestehende Überbau der Physik hat oft eine unmittelbare praktische Bedeutung. In diesem Sinne gibt es nichts Praktischeres als eine gute Theorie. Z. B. lernte man die Gasentladungen schon in der Mitte des vorigen Jahrhunderts durch die Geißlerschen Röhren kennen. Von den dabei auftretenden Vorgängen hatte man jedoch nur eine ungefähre qualitative Kenntnis. Dadurch kamen die Geißlerschen Röhren für eine technische Verwendung in größerem Umfange nicht in Frage. Wegen der Schwierigkeit, die Vorgänge quantitativ zu erfassen, schienen die Möglichkeiten für eine technische Anwendung begrenzt. Heute ist man im Besitz einer genauen Theorie der Gasentladungen. Erst mit Hilfe der quantitativen Beherrschung der Vorgänge wurde eine technische Nutzung in großem Umfang möglich. Die heutigen Leuchtstofflampen sind die Nachfolger der Geißlerschen Röhren.

6.5 *Zusammenfassung*

Das menschliche Erkenntnisvermögen ist begrenzt. Wir können die Vorgänge in unse-

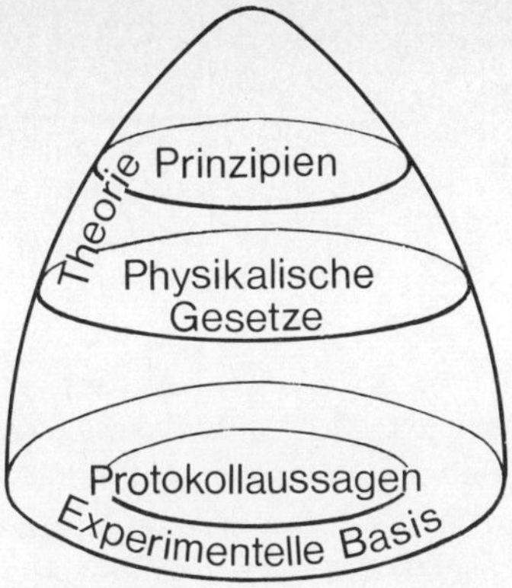

8: Ein möglicher Weg von den Protokollaussagen zur Theorie

rer Umwelt nur dadurch begreifen, daß wir Einzelbeobachtungen zusammentragen und daraus ein System von Sätzen entwickeln. Übergeordnete Prinzipien sind der erste Schritt zu einer Theorienbildung. Es gibt keine allgemeine, systematisch anwendbare Methode, um solche Prinzipien zu entdekken. Logisch gesehen ist ihr Auffinden eine Reduktion. Die Deduktion ist ein systematisch anwendbares Verfahren, aber erst einsetzbar, wenn die Prinzipien aufgefunden sind. Induktion sollte man nur die einfache Verallgemeinerung von einem Einzelfall auf den allgemeinen Fall nennen.
Wenn wir uns den in diesem Kapitel durchlaufenen Weg von den Protokollaussagen über Einzelbeobachtungen über die Auffindung von Gesetzen und Prinzipien bis hin zu einer Theorie noch einmal vergegenwärtigen wollen, so bietet sich ein räumliches Schema zur Veranschaulichung an (s. Bild 8). Die Basis der Experimente und Beobachtungen wird am besten durch eine Ebene dargestellt, in der wir die Protokollaussagen anordnen. Sie garantieren der Physik den Charakter einer Erfahrungswissenschaft und stellen die Verbindungen zwischen der Realität der Objekte und dem ideellen Überbau her. Die Verallgemeinerung der Protokollaussagen führt auf Gesetze. Die Auffindung von Prinzipien gestattet es, wenn sie gelingt, die Sätze aus ihnen zu deduzieren. Die Gesamtheit des Begründungszusammenhangs von Gesetzen und Prinzipien nennen wir Theorie.

Aufgaben

1. Beschreiben Sie die Verfahren der einfachen Verallgemeinerung, der Deduktion und der Reduktion.
2. Was versteht man unter intuitiver Erkenntnis? Wo hat sie ihren Platz in der physikalischen Forschung?
3. Welchen Sinn hat es, unser physikalisches Wissen in Theorien zusammenzufassen?

7 Modellvorstellungen, Anschauung und Abstraktion

7.1 Das wissenschaftliche Denken hat sich eher als das alltägliche von anthropomorphen Erklärungen getrennt.

Die Erörterung der Methode der Physik hat folgendes ergeben: Die experimentell gewonnenen Protokollaussagen müssen durch eine Reihe theoretischer Elemente ergänzt werden, wenn eine Theorie entstehen soll, die geeignet ist, die Protokollaussagen zu erklären. Erklären heißt, die Protokollaussagen auf allgemeine Sätze, d. h. auf Gesetze oder Prinzipien zurückzuführen. Bei EINSTEIN findet sich eine Bemerkung, die den genannten Sachverhalt einem allgemeineren Rahmen einordnet:

»Damit Denken nicht in ›Metaphysik‹ bzw. in leeres Gerede ausarte, ist nur notwendig, daß genügend viele Sätze des Begriffssystems mit Sinneserlebnissen hinreichend sicher verbunden seien und daß das Begriffssystem im Hinblick auf seine Aufgabe, das sinnlich Erlebte zu ordnen und übersehbar zu machen, möglichste Einheitlichkeit und Sparsamkeit zeige. Im übrigen ist das ›System‹ ein (logisch) freies Spiel mit Symbolen nach (logisch) willkürlich gegebenen Spielregeln. Dies alles gilt in gleicher Weise für das Denken des Alltags und für das mehr bewußt systematisch gestaltete Denken in den Wissenschaften.« [27]

Es geht EINSTEIN hier nicht darum – das soll vorweg bemerkt werden –, die Metaphysik verächtlich zu machen; im Gegenteil, er spricht im gleichen Zusammenhang von der Angst vor der Metaphysik, die eine Krankheit des gegenwärtigen Philosophierens sei. Echte Metaphysik erscheint ihm notwendig. Dort, wo er die Metaphysik in Anführungszeichen setzt, denkt er an jene wilden Spekulationen, die das Ende jeden um Exaktheit bemühten Denkens sind.

In unserem Zusammenhang interessiert uns jedoch insbesondere die Ansicht EINSTEINs, daß das Denken des Alltags, dort wo es Erklärungen sucht, sich nicht grundsätzlich vom wissenschaftlichen Denken unterscheidet. Hier wie dort wird das »sinnlich Erlebte« in einen möglichst sicheren Zusammenhang mit den »Sätzen des Begriffssystems« gebracht. Und hier wie dort ist man bei der Konstruktion eines solchen Systems frei, solange man nur die Gesetze der Logik berücksichtigt.

Interessant ist ferner der Hinweis EINSTEINs, daß das »System«, das der Ordnung und Erklärung des »sinnlich Erlebten« dient, als Spiel logisch frei und seine Spielregeln logisch willkürlich sind. Wenn das wirklich so ist, gibt es unter Umständen für ein und dasselbe »sinnlich Erlebte« mehrere »Systeme«. Als Beispiel nennen wir die Möglichkeit, die Reflexion eines Lichtstrahls an einem Spiegel entweder mit Hilfe des Wellenmodells des Lichtes oder aber durch das Korpuskelmodell des Lichtes zu beschreiben.

Verlassen wir für einen Augenblick das Gebiet der Physik, so treten noch weiter auseinanderliegende Standpunkte, von denen aus »Systeme« gegeben werden können, in unser Blickfeld. Wir lesen bei GOETHE:

»Die früheren Jahrhunderte hatten ihre Ideen

in Anschauungen der Phantasie; unseres bringt sie in Begriffe. Die großen Ansichten des Lebens waren damals in Gestalten, in Götter gebracht, heutzutage bringt man sie in Begriffe.« [28]

Wir kennen solche Gestalten etwa aus der Götterwelt der Antike. Götter und Heroen, Nymphen und Musen geben für Dinge Anschauungen, an deren Stelle heute abstrakte Begriffe getreten sind.

Warum, so fragen wir nun, lagen in früheren Zeiten Erklärungen durch »Anschauungen der Phantasie«, durch »Gestalten« näher? Warum geben wir heute Begriffen den Vorzug? Ist die zuerst genannte Erklärungsart ein Irrtum in der Geschichte menschlichen Erkenntnisstrebens, der, als er einmal entdeckt war, möglichst bald überwunden werden mußte?

Wollen wir Gründe angeben für die Neigung, Erklärungen in Bildern und Gestalten zu suchen, so haben wir ohne Frage deren Anschaulichkeit und leichte Eingängigkeit zu nennen. Griechen wie Germanen brachten ursprünglich ein Gewitter mit der Gestalt eines Blitze schleudernden Gottes in Zusammenhang. Ein über angetanes Unrecht erzürnter Gott übte Rache, indem er Schrecken und Verderben um sich verbreitete. Eine Erklärung dieser Art deutete die Erscheinung des Gewitters im Rahmen menschlicher Verhaltensweisen, die jeder aus eigener Anschauung kannte. Es waren jedermann vertraute Gefühle, auf die sich die Glaubwürdigkeit dieser Erklärungsart gründete. Es braucht nicht im einzelnen ausgeführt zu werden, daß ein Hinweis auf elektrische Erscheinungen zur Erklärung des Gewitters gar nicht hätte aufgefaßt werden können. Eine solche Erklärungsart lag so völlig außerhalb des Kreises gewohnter Vorstellungen, daß zu ihr gar kein Zugang möglich gewesen wäre.

Die im Laufe der Jahrhunderte entstandenen Begriffssysteme der Wissenschaften haben Erklärungsarten wie die genannte immer weiter zurückgedrängt. Sprechen wir wieder von der Physik, so hat hier die Erfahrung gelehrt, daß die Übertragung menschlicher Beweggründe auf meßbare Gegenstände und Vorgänge wenig Erfolg verspricht. Menschliche Regungen und Absichten lassen keine Gesetzmäßigkeiten erkennen, die eine Entsprechung in Naturgesetzen bis zu dem Maße fänden, daß sie zur Naturerklärung dienen könnten. Die Vorstellung vom *horror vacui* (vgl. 2.6) ist einer der letzten zum Zwecke der Naturerklärung dieser Art unternommenen Versuche.

7.2 *Die Physik ist dort, wo sie mit geometrischen Vorstellungen arbeiten kann, besonders anschaulich.*

Wenn nun der Bereich menschlicher Eigenschaften für physikalische Erklärungen nicht länger in Frage kommt, so hat man auf die Vorteile einer anschaulichen Erklärungsart doch nicht völlig verzichten wollen. Das erkennende Denken bedarf gerade da, wo es eine besonders strenge Begrifflichkeit entwickelt, auch wieder der Ergänzung und Hilfe durch die Anschauung. Die Möglichkeiten, einen abstrakten Gedankengang durch Momente der Anschaulichkeit zugänglich zu machen, sind ganz verschieden. Zunächst kann die Sprache selbst, die den Gedankengang wiedergibt, sich mehr oder weniger anschaulicher Ausdrücke bedienen. Ferner können Beispiele eine allgemeine Regel illustrieren. Durch Vergleiche ist man in der Lage, Unbekanntes auf Bekanntes zurückzuführen. Zeichnungen und schematische Darstellungen der verschiedensten Art geben auch da eine Anschauung, wo Unanschauliches Gegenstand der Untersuchung ist.

In der Mathematik nimmt die Geometrie, insbesondere die zwei- und dreidimensionale euklidische Geometrie, eine Sonderstellung ein. Sie verbindet ein hohes Maß begrifflicher Klarheit mit dem Vorzug weitgehender Anschaulichkeit. Dieser Vorzug ist so augenfällig, daß man die Anschaulichkeit geometrischer Figuren in Form von Graphen, Diagrammen und schematischen Skizzen auch da einzuführen sucht, wo sie dem Gegenstand der Untersuchung im Grunde fernliegen. Allerdings zeigt das menschliche Anschauungsvermögen Abstufungen. Z. B. bleibt das Anschauungsvermögen räumlicher Figuren hinter dem ebener Figuren zurück. Will man etwa die Tatsache erläutern, daß der Anstieg einer Schraubenlinie überall den gleichen Wert hat, so führt man den Verlauf dieser Raumkurve zweckmäßigerweise auf den einer ebenen Kurve zurück. Eine solche ebene Kurve, und zwar eine Gerade, erhält man, wenn man die Schraubenlinie in eine Ebene abrollt (s. Bild 9).

Dieses Beispiel lehrt, wie man das weniger Anschauliche durch das relativ Anschaulichere erklärt. Was in speziellen Fällen als das Anschaulichere zu gelten hat, ist nicht immer in einfacher Weise zu entscheiden.

Wir sehen das bestätigt, wenn wir uns nun der Physik zuwenden. Das, was in der Geschichte der Physik früher entdeckt wurde, gilt fast immer auch als das Einfachere und Anschaulichere. Wir haben von dem im 19. Jahrhundert lange aufrechterhaltenen Programm, alle Physik »in Mechanik aufzulösen«, gesprochen (vgl. 5.8). Damit folgte man der Regel, daß das Unbekannte auf das Bekannte – und das war in diesem Fall die Mechanik – zurückzuführen sei. Wenn sich nun auch herausgestellt hatte, daß man nicht die gesamte Physik mit mechanischen Vorstellungen und Erklärungen erfassen kann, so blieb man doch insoweit bei dem genannten Programm, als man auch in Zukunft die Vorstellungshilfen der Mechanik entnahm. Wir meinen die »Modellvorstellungen«, die für die Physik so große Bedeutung erlangt haben.

Modellvorstellungen sind also Vorstellungshilfen, die das Denken und Erkennen erleichtern sollen, und zwar dadurch, daß sie in einem unvertrauten oder unanschaulichen Bereich geeignete Vorstellungen und Erklärungen geben. Gerade die moderne Physik wendet sich in ihren Untersuchungen Gegenständen und Vorgängen zu, die weitab vom unmittelbar sinnlich Wahrnehmbaren in hohem Maße unanschaulich sind. Die Modellvorstellungen erhalten dadurch eine wachsende Bedeutung.

Modellvorstellungen sind einmal geeignet, dem Lernenden ein leichteres Eindringen in ein ihm unbekanntes Gebiet zu ermöglichen; zum anderen geben sie dem Forschenden Hinweise auf neue Zusammenhänge und unbeantwortete Fragen. Diese Eigenschaft der Modellvorstellungen, gewisse Denkschritte zu ermöglichen oder zu erleichtern, nennen wir ihr heuristisches Moment.

Wir erläutern das am Beispiel der »stehenden Lichtwellen«. Viele Eigenschaften des

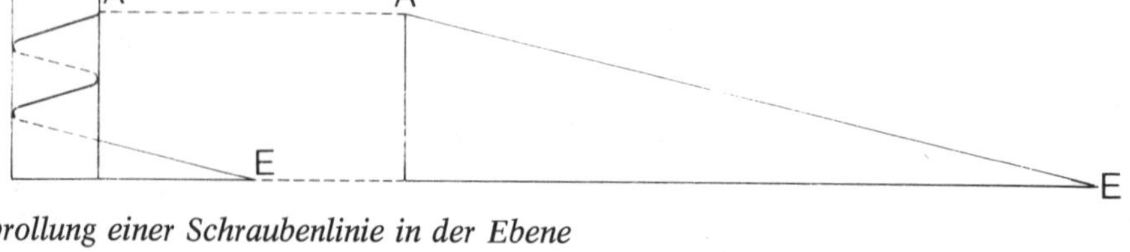

9: Abrollung einer Schraubenlinie in der Ebene

Lichts können mit Hilfe der Modellvorstellung »Welle« untersucht werden. In der Wellenlehre sind insbesondere »stehende Wellen« eine bekannte Erscheinung. Daher entstand die Frage, ob auch für das Licht »stehende Wellen« nachgewiesen werden können. O. H. WIENER (1867 bis 1927) ist dieser Frage nachgegangen und konnte sie durch das Experiment positiv beantworten. Einzelheiten sind in einschlägigen Physikbüchern nachzulesen.[29] Damit war nun zunächst nachgewiesen, daß die Modellvorstellung »Welle« auch in dem Sonderfall »stehende Welle« mit Erfolg auf das Licht angewendet werden kann. Darüber hinaus ergab sich aber für WIENER noch eine weitere Einsicht. Es war bis dahin eine noch offene Frage gewesen, in welcher Weise die elektrische und die magnetische Feldstärke, die in den elektromagnetischen »Wellen« des Lichts miteinander verbunden auftreten, mit der Lichtintensität in Zusammenhang gebracht werden können. Genauer: Es war bis dahin unklar, ob das Maximum der Lichtintensität einem Maximum der elektrischen Feldstärke oder einem der magnetischen Feldstärke entspricht. Die durch das Licht in WIENERs Versuch geschwärzte photographische Platte wies nun einwandfrei nach, daß es die elektrische Feldstärke ist, die durch ihr Maximum das Maximum der elektrochemischen Lichtwirkung angibt.

Dieses Beispiel zeigt, wie man durch konsequente Benutzung eines Modells zu einer neuen Fragestellung kommt, wie man weiter diese Frage im Experiment beantwortet und unter Umständen in der Lage ist, noch ein weiteres Problem zu lösen. Allerdings müssen wir gleichzeitig klarmachen, daß Modellvorstellungen nur Vorstellungshilfen geben und nicht mit der Sache selbst, die sie veranschaulichen sollen, verwechselt werden dürfen. Daher hat eine Modellvorstellung immer nur heuristischen, d.h. zum Problem und seiner Beantwortung hinführenden Wert, niemals aber hat sie beweisende Kraft. WIENER konnte nicht mit völliger Sicherheit die Existenz »stehender Lichtwellen« voraussagen. Er wurde durch die Benutzung des Modells »Welle« zu der Vermutung geführt, daß es solche möglicherweise geben könne. Der endgültige Nachweis konnte nur durch das Experiment erbracht werden. Es wäre ja auch denkbar gewesen, daß WIENER keine der »stehenden Welle« entsprechende Eigenschaft des Lichtes hätte nachweisen können, sondern eine dieser Vorstellung widersprechende. In diesem Fall hätte sich die Modellvorstellung »Welle« in diesem Teilgebiet der Optik als unbrauchbar erwiesen.

7.3 *Eine Sache darf nicht mit der sie darstellenden Modellvorstellung verwechselt werden.*

Noch ein Wort zur genauen sprachlichen Formulierung. Man sagt oft, WIENER habe die Existenz stehender Lichtwellen nachgewiesen. Auch wir haben diese Wendung von der Existenz »stehender Lichtwellen« benutzt, wobei wir allerdings Anführungszeichen setzten. Streng genommen hat WIENER gezeigt, daß die Modellvorstellung »Welle« auch noch in ihrem Aspekt »stehende Welle« auf das Licht anwendbar ist. Das besagt aber noch nicht, daß stehende Lichtwellen wirklich existieren. Man muß also zwischen der Sache selbst und der zugehörigen Modellvorstellung unterscheiden und sollte das auch durch die sprachliche Formulierung zum Ausdruck bringen.

Die Modellvorstellung »Welle« ist besonders eingehend diskutiert worden, weil sie in bestimmten Teilgebieten der Optik durch eine andere Modellvorstellung, das »Quant« ergänzt werden mußte. Die Modellvorstellung »Quant« erwies sich andererseits als ungeeignet, die Modellvorstellung »Welle« ein für allemal abzulösen. Vielmehr blieb diese für das Gebiet der Interferenzerscheinungen z. B. unersetzbar. Wir werden darauf noch zurückkommen.

Ein anderes Beispiel, das in seinen Konsequenzen einfacher zu übersehen ist, soll zeigen, wie ein und derselbe Gegenstand zuweilen durch ganz verschiedene Modellvorstellungen veranschaulicht werden kann. Die Erde, der Himmelskörper, auf dem wir leben, zeigt für den Physiker mehrere Aspekte und das macht die Anwendung ebenso vieler Modellvorstellungen notwendig. Wird etwa die Bewegung der Erde um die Sonne mit Hilfe der Keplerschen Gesetze beschrieben, so genügt es, die Erde als Massenpunkt anzusehen. Ist dagegen die Präzessionsbewegung der Erde um ihre Achse Gegenstand der Betrachtung, so ist eine andere Modellvorstellung geeigneter: Man faßt die Erde als Kreisel auf. Will man drittens Erdbeben und ihre Ausbreitung studieren, so ist das Modell wieder zu wechseln: Man geht nun geeigneter Weise von der Vorstellung einer elastischen Kugel aus.

Sowohl im Beispiel des Lichts wie in dem der Erde wurde jeweils ein und dieselbe Sache durch verschiedene Modellvorstellungen veranschaulicht. Das zeigt mit aller Deutlichkeit, daß wir die Sache selbst nicht mit der sie begleitenden Modellvorstellung verwechseln dürfen. Ferner muß der Gebrauch der verschiedenen Modellvorstellungen für ein und denselben physikalischen Gegenstand beachtet werden. D. h. man muß wissen, wann man das eine Modell und wann man das andere zu verwenden hat. Läßt man etwa eine Stahlkugel auf eine Glasplatte fallen, so wird die Stahlkugel aufgrund ihrer Elastizität mehrfach auf und ab tanzen. Fällt die Kugel oder steigt sie, so kann ihre Bewegung als die Bewegung eines Massenpunktes im Schwerefeld der Erde beschrieben werden. Es gelten die Gesetze des freien Falls und des senkrechten Wurfes nach oben. Will man dagegen physikalisch beschreiben, was im Augenblick des Aufpralls auf der Glasplatte geschieht, so kommt man nicht daran vorbei, das Modell des Massenpunktes durch ein anderes zu ersetzen. Das erneute Hochsteigen der Kugel ist nur aus ihren elastischen Eigenschaften zu erklären. Elastische Eigenschaften gehören aber nicht zu der Modellvorstellung des Massenpunktes. Hier müssen wir zur Modellvorstellung des elastischen Körpers überwechseln. Ähnlich wie in diesem einfachen Beispiel hat man überall in der Physik vorzugehen.

Augenscheinlich genügt es nicht, wenn eine Modellvorstellung lediglich geeignet ist, im Denken desjenigen, der sie anwendet, eine Reihe von Vorstellungen von irgendwelcher Art zu erzeugen. Diese Vorstellungen müssen den Physiker auf Fragen führen, die er experimentell beantworten kann. Die Aussage, die ein Physiker aus einem Versuchsprotokoll abliest, kann auch gegen eine bestimmte Modellvorstellung entscheiden. In diesem Fall wäre die Modellvorstellung zumindest für den durch das Experiment erfaßten Bereich von Aussagen aufzugeben. Wir erinnern uns an die Vorstellung des Wärmestoffs (3.2). Daß ein Körper sich bei Erwärmung ausdehnt, wurde damit erklärt, daß der Wärmestoff in die Poren des Körpers eindringt und ihn dabei aufquellen läßt. Für den experimentellen Tatbestand der Ausdehnung bei Erwärmung mag dies als Erklärung noch hingehen. Wird aber die Verwandlung von mechanischer Energie in Wärmeenergie untersucht, so versagt diese Vorstellung. An ihre Stelle tritt, als eine auch für den Tatbestand der Energieumwandlung brauchbare Vorstellung, die Modellvorstellung der kinetischen Wärmetheorie.

Die Modellvorstellung der kinetischen Wärmetheorie hat gegenüber der Modellvorstellung des Wärmestoffs den Vorteil, daß sie auch noch auf den Tatbestand der Energieumwandlung, z. B. von Bewegungsenergie in Wärmeenergie, anwendbar ist. Da sie, was die Erklärung anderer experimenteller Befunde angeht, aber auch der Modellvorstellung des Wärmestoffs zumindest gleichwertig ist, so ist die Bilanz positiv zugunsten der Modellvorstellung der kinetischen Wärmetheorie. Wo eine Modellvorstellung mehr experimentelle Befunde zu erklären vermag als eine andere, ist sie die überlegene und verdrängt die andere.

7.4 *Idealisierungen sind Modellvorstellungen, die durch methodische Vereinfachung gewonnen werden.*

Wir müssen nun auf einen Unterschied eingehen, der bisher unerwähnt bleiben konnte, weil er weniger die Anwendung von Modellvorstellungen als vielmehr ihre Entstehung betrifft.

Es gibt erstens jene Modellvorstellungen, die wir früher (2.4) unter dem Namen »Idealisierungen« kennengelernt haben. Dazu gehören die Begriffe »Massenpunkt«, »starrer Körper«, »Lichtstrahl«, »kräftefreie Bewegung« usw. Auf der anderen Seite stehen solche Modellvorstellungen wie »Welle«, »Quant«, »Bohrsches Atommodell«, die dem Gegenstand, den sie vorstellen, eine an und für sich nicht gegebene Anschaulichkeit leihen sollen.

Wenden wir uns zunächst jenen Modellvorstellungen zu, die wir Idealisierungen genannt haben. Für sie ist es charakteristisch, daß sie auf ganz bestimmte Art gebildet werden. Es wird nämlich von solchen Merkmalen der physikalischen Gegenstände und Vorgänge abgesehen, die obwohl beobachtbar einer einfachen Erklärung der untersuchten Zusammenhänge eher im Wege stehen, als daß sie sie förderten. In vielen Fällen läuft das darauf hinaus, daß über die geometrischen Eigenschaften der Objekte vereinfachende Annahmen gemacht werden. Bei der Modellvorstellung »Massenpunkt« wird davon abgesehen, daß es streng genommen keine punktförmigen Körper gibt; die Rechnungen werden aber durch die Annahme dieser Modellvorstellung wesentlich vereinfacht. Ebenso gibt es eigentlich keinen »Lichtstrahl«. Jedes wirklich angebbare Lichtbündel hat einen Querschnitt, der größer als Null und nicht gleich Null ist.

Diese Idealisierungen sind also Ergebnisse eines methodischen Vereinfachens, das in ähnlicher Form schon anläßlich der Definition physikalischer Größen erläutert worden ist. Auch bei der Definition einer physikalischen Grundgröße wird ein quantifizierbares Einzelmerkmal herausgegriffen, von anderen meist in diesem zugleich auftretenden Einzelmerkmalen abgesehen.

So wird in dem Begriff der trägen Masse das Einzelmerkmal von Körpern, daß sie einer Bewegungsänderung einen gewissen Widerstand entgegensetzen, quantifiziert. Von anderen Einzelmerkmalen ist in der Definition der trägen Masse nichts enthalten, z. B. bleiben die geometrischen Abmessungen der Körper unberücksichtigt; auch die Schwere der Körper bleibt unerwähnt usw.

Ähnliches kann man auch für die Definition der anderen physikalischen Grundgrößen zeigen, so z. B. für die Länge, die Zeit, die schwere Masse usw. Auch für abgeleitete physikalische Größen gilt Entsprechendes. Betrachten wir etwa die elektrische Stromstärke. Sie kann durch $I = Q\,t^{-1}$ oder durch $I = \dot{Q}$, wie früher üblich, auf die Definition der Grundgröße der elektrischen Ladung zurückgeführt werden. In dieser Definition der abgeleiteten Größe »elektrische Stromstär-

ke« wird wiederum von einer Reihe von anderen im Zusammenhang mit einer Stromstärkemessung beobachtbaren Einzelmerkmalen abgesehen. Es bleibt unerwähnt, ob es sich bei dem Strom, dessen Stärke gemessen werden soll, um einen elektrischen Strom im Vakuum, in einem Leiter oder Halbleiter handelt. Es wird nicht gesagt, ob es sich um Ionenleitung oder um Elektronenleitung handelt. Natürlich sind diese vereinfachenden Begriffsbildungen sinnvoll. Je weniger spezielle Merkmale sie enthalten, desto weiter ist ihr Anwendungsbereich.
Die genannten Beispiele zeigen, daß man auch die Definitionen der physikalischen Grundbegriffe nicht anders als auf dem Wege einer methodischen Vereinfachung gewinnt.

10: Heinrich HERTZ, *geb. 22. 2. 1857 in Hamburg, gest. am 1. 1. 1894 in Bonn, Professor in Karlsruhe und Bonn*

7.5 *Denknotwendige Folgen der Bilder sollen Bilder der naturnotwendigen Folgen der abgebildeten Gegenstände sein.*

Auf der anderen Seite stehen jene Modellvorstellungen wie Welle, Korpuskel, wie die Atommodelle und Atomkernmodelle, die einem unanschaulichen Tatbestand eine gewisse Anschaulichkeit geben. Sie führen Unvertrautes auf vertraute Vorstellungen zurück. Dabei ist die Mechanik dasjenige Gebiet, dem die Modellvorstellungen mit Vorliebe entnommen werden, da die Mechanik das anschaulichste Gebiet der Physik ist. Modellvorstellungen können, indem sie Entdeckungen oder Erfindungen erleichtern, als heuristische Prinzipien dienen. Sie erwecken Vorstellungen; aus diesen Vorstellungen heraus entwickeln sich Fragen, und diese Fragen können durch das Experiment entweder im positiven oder im negativen Sinne entschieden werden. Wir haben das am Beispiel der »stehenden Lichtwellen« gezeigt.

Heinrich HERTZ (s. Bild 10) hat den Umgang mit Modellvorstellungen mit Worten beschrieben, die deutlich machen, daß es sich hier nicht um Nebensächliches, sondern um einen wesentlichen Zug unserer physikalischen Naturerklärung handelt:
»*Wir machen uns innere Scheinbilder oder Symbole der äußeren Gegenstände, und zwar machen wir sie von solcher Art, daß die denknotwendigen Folgen der Bilder stets wieder die Bilder seien von den naturnotwendigen Folgen der abgebildeten Gegenstände [. . .] Ist es uns einmal geglückt, aus der angesammelten Erfahrung Bilder von der verlangten Eigenschaft abzuleiten, so können wir an ihnen, wie an Modellen, in kurzer Zeit die Folgen entwickeln, welche in der äußeren Welt erst in längerer Zeit oder als Folge unseres Eingreifens eintreten werden.*« [30]

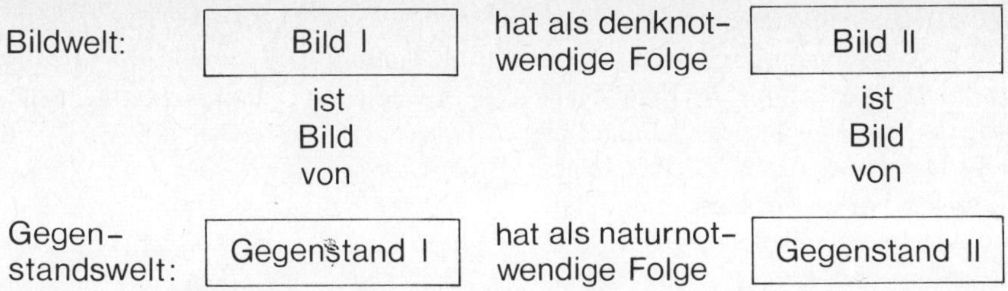

11: Gewinnung von Naturerkenntnis

Hier wird in übersichtlicher Weise gezeigt, wie in der Physik Naturerkenntnis gewonnen wird. Das Schema in Bild 11 dient zur Veranschaulichung des Gedankenganges.

Wir beobachten in der Natur Vorgänge und Gegenstände und ihre gesetzmäßigen Veränderungen und Bewegungen. Die Modelle sind auf diese Vorgänge und Gegenstände hin entworfene Gedankenkonstruktionen. Durch ihre Verbindung in unserem Denken gelingt es, die Gegenstände in ihren Veränderungen nicht nur einzuholen, sondern sogar zu überholen. Angesichts der Aufgabe, künftige Ereignisse vorauszuberechnen, kann man sich mit der bloßen Vorhersage begnügen. Oder aber man nutzt die Möglichkeit, handelnd in den Vorgang einzugreifen, um seinen Ablauf nach Belieben zu verändern. Die Berechnungen künftiger Ereignisse liefern die augenfälligsten Beweise für die Leistungsfähigkeit der physikalischen Methode.

Wird z. B. der Abschuß einer Mondsonde geplant, so haben Überlegungen, die anhand von Modellvorstellungen entwickelt wurden, zu einem alle Einzelheiten des Fluges enthaltenden Programm geführt. Das Programm dieses Fluges ist, noch ehe die erste Raketenstufe gezündet wurde, wieder und wieder vorausberechnet worden. Hat sich die Sonde von der Erde abgehoben, so werden etwaige Kursabweichungen durch Fernsteuerung korrigiert. Ist sie dann auf die richtige Bahn eingeschwenkt, so wird eine erneute Rechnung, die eine vielleicht immer noch vorhandene winzige Kursabweichung berücksichtigt, den Aufschlagpunkt auf dem Mond voraussagen. Einem auf dem Mond befindlichen Beobachter könnte der Aufschlagpunkt der Sonde durch Funk mitgeteilt werden, noch ehe die Sonde selbst eingetroffen ist (s. Bild 12). Ebenso wie der rechnende Verstand eilt die Funknachricht der Sonde selbst voraus.

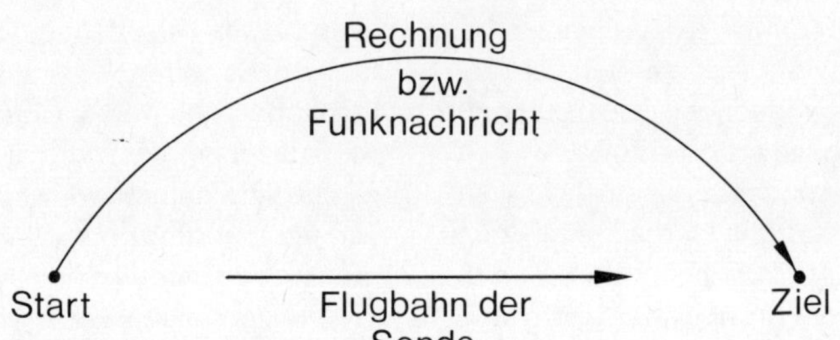

12: Die Funknachricht eilt der Sonde voraus.

Der Vorausberechenbarkeit physikalischer Ereignisse entspricht auf der anderen Seite die Zurückberechenbarkeit. Wenn ich aus einem gegenwärtigen Zustand einen zukünftigen vorauszuberechnen in der Lage bin, so stütze ich mich auf Gesetzmäßigkeiten, die es ebenso gestatten, den gegenwärtigen Zustand als das Ergebnis früherer Zustände zu betrachten. Damit öffnet sich für uns der Blick in die Vergangenheit.

Die Kosmologie versucht z. B. mit Hilfe physikalischer Methoden frühere Zustände unseres Weltalls zu berechnen. Man ist genötigt, mit einer Reihe von Hypothesen zu arbeiten. So gibt es für die Entstehung und Entwicklung des Weltalls mehrere miteinander konkurrierende Theorien. Die Entscheidung für die eine oder andere von ihnen ist nicht ohne weiteres möglich, da das sonst in solchen Fällen angewandte Verfahren versagt: Das Vergangene ist der experimentellen Methode nicht zugänglich. Man kann mit einem Experiment einen bereits abgelaufenen Vorgang nicht mehr beeinflussen. Natürlich kann man aber darauf ausgehen, die Wiederholungen eines bereits abgelaufenen Vorgangs im Experiment zu beobachten. Da es unmöglich ist, eine Weltentstehung im Laboratorium ablaufen zu lassen, müßte man sich darauf beschränken, überschaubare Einzelprozesse zu reproduzieren. Nur bliebe auch in diesem Fall noch ein entscheidender und nicht auszuräumender Unsicherheitsfaktor. Man wird nicht mit völliger Sicherheit sagen können, daß diejenigen Gesetzmäßigkeiten, die meinen Versuch den und den Verlauf nehmen lassen, vor Jahrmillionen dieselben gewesen sind. Z. B. wird ernsthaft diskutiert, ob die allgemeine Gravitationskonstante zeitlich gesehen wirklich eine Konstante ist. Man hat Anhaltspunkte dafür, daß sie früher größer war und erst im Laufe der Jahrmillionen bis auf den heutigen Wert abgesunken ist.

Wir reichen mit unseren Berechnungen in die Zukunft und in die Vergangenheit hinein. Bedingung für diese Möglichkeit ist jene Forderung von Heinrich HERTZ, »*daß die denknotwendigen Folgen der Bilder stets wieder die Bilder seien von den naturnotwendigen Folgen der abgebildeten Gegenstände*«. Eine noch weitergehende Übereinstimmung als sie in dieser Forderung ausgesprochen ist, können wir nicht erwarten. Heinrich HERTZ fährt fort:

»*Die Bilder, von welchen wir reden, sind unsere Vorstellungen von den Dingen; sie haben mit den Dingen die eine wesentliche Übereinstimmung, welche in der Erfüllung der genannten Forderung liegt, aber es ist für ihren Zweck nicht nötig, daß sie irgendeine weitere Übereinstimmung mit den Dingen haben. In der Tat wissen wir auch nicht und haben auch kein Mittel zu erfahren, ob unsere Vorstellungen von den Dingen mit jenen in irgend etwas anderem übereinstimmen, als allein in eben jener einen fundamentalen Beziehung.*« [30]

Es ist für die Eigenart der physikalischen Naturerkenntnis entscheidend, daß sie ihre Exaktheit der genannten Einseitigkeit verdankt. Es ist nicht möglich, eine Übereinstimmung zwischen einer Sache und der sie begleitenden Modellvorstellung festzustellen, wenn sie nicht in jener Parallelität von naturnotwendigen und denknotwendigen Folgen besteht. Damit erhält die Zuordnung einer Modellvorstellung zu einem physikalischen Gegenstand einen eindeutig bestimmten Sinn. Sie betrifft lediglich die in physikalischen Begriffen formulierbaren Zusammenhänge und vermag auch darin nur soweit zu gehen, als sie durch Experimente bestätigt wird. Nichts wäre falscher, als wenn wir die Zuordnung von Modellvorstellung und Gegenstand als eine Aussage über das Wesen des Gegenstandes nehmen wollten. Daß die Modellvorstellung »Welle« gewisse experimentell nachweisbare Reaktionen des

Lichts zutreffend beschreibt, darf nicht zu der irrigen Vorstellung führen, daß das Licht eine Welle sei.

Man kann also entweder die Modelle »Teilchen« und »Welle« im Dualismus beibehalten, muß aber dann vor deren Verwechslung mit der Sache selbst warnen, oder man begibt sich auf das abstrakte Niveau des Formalismus, auf dem der Dualismus nicht auftritt.

7.6 *Zeigt der Dualismus Welle-Korpuskel prinzipielle Grenzen der Modellvorstellungen?*

Wenn wir einmal diesen Standpunkt eingenommen haben, verliert auch die Tatsache, daß zur Beschreibung ein und desselben Gegenstandes mitunter mehrere Modellvorstellungen verwandt werden müssen, viel von ihrer revolutionierenden Bedeutung. Die Erfahrung, daß das Licht teils Reaktionen, für die das Wellenmodell, und teils Reaktionen, für die das Quantenmodell zutrifft, zeigt, hat eine besonders eingehende Diskussion über die Bedeutung von Modellvorstellungen verursacht.

Die Situation ist im einzelnen folgendermaßen zu beschreiben. Die Erscheinungen von Interferenz und Polarisation können wir nur durch das Wellenmodell veranschaulichen, den Photo-Effekt und vor allem den Compton-Effekt nur durch das Quantenmodell. Es ist unmöglich, alle Erscheinungen mit Hilfe eines einzigen Modells zu erklären, und auch die Vereinigung beider Modellvorstellungen zu einer einzigen, etwa zu einem Modell »Wellikel« ist nicht möglich. In einer »Lichtwelle« breitet sich die Energie kontinuierlich durch den Raum hindurch aus, in »Lichtquanten«, d. h. anschaulicher in einem Schauer von »Lichtkorpuskeln«, breitet sich die Energie diskontinuierlich, d. h. eben in kleinen Energieportionen aus. Das sind einander widersprechende Modellvorstellungen. Man muß von der Unvereinbarkeit der Modellvorstellungen, von dem Dualismus Welle – Korpuskel sprechen, wenn man sie vor dem Hintergrund der Frage »Was ist Licht?« prüft.

Die Richtung, in der wir die Lösung der Schwierigkeit suchen müssen, haben wir schon angegeben. Die Physik hat ausdrücklich auf den Anspruch verzichtet, das Wesen der Dinge, d. h. hier das Wesen des Lichtes zu erforschen. Die Physik untersucht in der Optik vielmehr das Verhalten des Lichtes in verschiedenen experimentellen Anordnungen. So ist etwa die Reaktion des Lichtes auf ein optisches Gitter eine Sache, die mit Hilfe des Modells »Welle« erklärt werden kann; die Reaktion des Lichtes auf eine Zinkplatte ist eine andere, die besser mit Hilfe des Modells »Quant« erklärt werden kann.

Es gibt auf der anderen Seite nicht wenige Physiker, die das Dualismusproblem auf andere Weise gelöst sehen wollen. Da die Widersprüche nur in den anschaulichen Bildern, die wir uns vom Licht machen, auftreten, so sieht man in der Bemühung um Anschaulichkeit ein falsches Verlangen. Die Beschreibung der Dinge im abstrakten Kalkül der Quantentheorie, so sagt man, ist ohne Widerspruch und überdies vollständig. Verzichten wir also auf eine Anschaulichkeit, die uns nur verwirren kann, und halten wir uns an den Kalkül.

Dies ist für den Fachmann eine Lösung des Problems; der Lernende aber wird im Zuge eines ersten Bekanntwerdens mit der Quantentheorie die Krücken der Anschauung nicht entbehren wollen, wenn er möglicherweise später auch auf sie verzichten wird. Wir sehen, daß Forschung und Lehre nicht unbedingt der gleichen Linie folgen. Was sich dem Anfänger als Hilfe anbietet, kann für den Fortgeschrittenen ein Hemmschuh sein.

7.7 *Im mathematischen Kalkül ist Erfahrung im Umgang mit abstrakten Problemen gespeichert.*

Der Weg, der auch dort noch gangbar ist, wo uns die Anschauung im Stich läßt, ist der der Mathematik. Es ist faszinierend zu sehen, wie ein mathematischer Formalismus in der Hand desjenigen, der mit ihm umzugehen versteht, sonst verschlossene Wege öffnet. Die Mathematik garantiert nicht für jedes Problem eine Lösung; indessen ist sie in der Lage, dem Forscher die Denkarbeit streckenweise abzunehmen. Das liegt daran, daß in den verschiedenen mathematischen Kalkülen Erfahrungen im Umgang mit abstrakt formulierten Problemen gespeichert ist.

Als z. B. P. A. M. DIRAC (geb. 1902) eine formale Beschreibung für das energetische Verhalten des Elektrons suchte, erinnerte die Mathematik ihn an eine Verzweigung des Denkweges, die einem nur inhaltlich Denkenden vermutlich entgangen wäre. Die entscheidende von DIRAC benutzte Formel der Relativitätstheorie enthält die Energie und die damit äquivalente Masse im Quadrat. Löst man die Gleichung nach der Energie oder auch der Masse auf, so wird man neben positiven auch auf negative Massenwerte geführt. Von dieser Tatsache war es nicht weit bis zu der Vermutung eines Elementarteilchens, das anders als das längst bekannte Elektron eine positive Elementarladung trug. Damit war das Positron gefunden. Der empirische Nachweis geschah durch C. D. ANDERSON (geb. 1905), der 1932 die ersten Positronen auf Nebelkammeraufnahmen fand.

Diesem Beispiel lassen sich andere zur Seite stellen. Welche Komponenten sind es, die die Mathematik zu solchen Denkhilfen befähigt? Man muß sich zuerst an folgende Tatsachen erinnern: Eine physikalische Formel gibt kürzer und unmißverständlicher den Zusammenhang verschiedener physikalischer Größen an, als Worte der Fachsprache dazu imstande sind. Gewinnt man erstens in der Entwicklung der Umgangssprache zur Fachsprache der Physik an Präzision und Informationsgehalt, so bedeutet es noch einmal einen ähnlichen Fortschritt, wenn man von dieser Fachsprache zum mathematischen Kalkül weitergeht. Erinnert man sich weiter, daß eine Formel, wenn sie als zu lösende Gleichung aufgefaßt wird, keine, eine, mehrere oder unendlich viele Lösungen haben kann, daß man durch Differenzieren oder Integrieren andere Formeln aus ihr ableitet, daß sich der durch sie gegebene Ansatz verallgemeinern läßt: ein Skalar etwa läßt sich durch einen Vektor, einen Tensor, eine Matrix oder einen Operator ersetzen, so hat man nur einige der Möglichkeiten genannt, den mathematischen Ansatz einem vorgegebenen Problem flexibel und variantenreich anzupassen.

Der mathematische Kalkül erweist sich einem Modell auch darin überlegen, daß er logische Konsequenz gegen anschauliche Assoziation setzt. Die Gefahr, daß mathematisch hergeleitete Schlußfolgerungen durch das Experiment widerlegt werden, ist geringer, als wenn man Schlüsse aus ungesicherten Aspekten einer Modellvorstellung zieht.

7.8 *In der Quantentheorie reicht der mathematische Kalkül weiter als modellhaftes Denken.*

Das Gesagte läßt sich Punkt für Punkt in der Entwicklung der Quantentheorie verfolgen. Die Quantenmechanik gewann ihre heutige Gestalt in den Jahren 1925 und 1926. Während Werner HEISENBERG (1901 bis 1976), Pascual JORDAN (1902 bis 1980) und Max BORN (1882 bis 1970) einen abstrakten Matrizenkalkül zugrundelegten, entwickelte

Erwin SCHRÖDINGER (1887 bis 1961) mit der Hilfe Louis DE BROGLIEs (geb. 1892) die Wellenmechanik. Auch diese war ein mathematischer Kalkül, schien aber vorderhand etwas ganz anderes zu bedeuten, als das, was HEISENBERG und seine Mitarbeiter gefunden hatten. SCHRÖDINGERs Bemühen war es, das Verhalten der Atome und Elementarteilchen so anschaulich wie möglich, d.h. aber in möglichst enger Anlehnung an die klassische Physik zu beschreiben. Er entdeckte die vielversprechende Möglichkeit, die Bewegung dieser Teilchen als eine Wellenbewegung zu charakterisieren. Wie schon Niels BOHR in seiner Atomtheorie anzunehmen genötigt war, können Atome nur in ganz bestimmten Energiezuständen auftreten. Insbesondere sind die für die Emission von Licht verantwortlichen Elektronen in einem Atom mit gewissen diskreten Energiebeträgen verknüpft, die bei der Emission abgegeben, umgekehrt bei der Absorption von Licht aufgenommen werden.

BOHR hatte in seinen Postulaten eine den experimentellen Tatbestand einfangende Beschreibung gegeben; freilich mit der Einschränkung, daß das Postulat von der Ganzzahligkeit des Bahndrehimpulses eine Adhoc-Annahme war und nicht mehr. D.h. es diente zu keinem anderen Zweck als dem erwähnten, ohne von irgendeinem anderen Punkt her gestützt zu werden. Dieses Postulat von der diskreten und nicht kontinuierlichen Energieskala im Atom zu verstehen, das war das Bemühen SCHRÖDINGERs und DE BROGLIEs.

Nun gab es tatsächlich eine in der klassischen Physik längst bekannte Struktur, die mit einer diskreten Energieskala verbunden war und die zudem eine Wellenbewegung beschrieb: die stehende Welle. Untersucht man das Verhalten einer schwingenden Saite, so erfährt man, daß die stehenden Wellen, die sich auf ihr ausbilden, in verschiedenen

13: Erwin SCHRÖDINGER, *geb. am 12. 8. 1887 in Wien, gest. am 4. 1. 1961 in Wien, Professor in Berlin, Oxford, Graz, Gent, seit 1939 Direktor des von ihm gegründeten Institute for Advanced Studies in Dublin*

Modifikationen auftreten. Auf der Länge, die zwischen ihren fest eingespannten Enden zur Verfügung steht, bilden sich Schwingungen von einer halben Wellenlänge oder von Vielfachen einer halben Wellenlänge aus. Diese verschiedenen Schwingungsformen entsprechen den gesuchten diskreten Energiezuständen.

Da eine schwingende Saite, auch wenn sie nicht an zwei Enden fest eingespannt sondern zum Kreis geschlossen ist, zu stehenden Wellen angeregt werden kann, kam SCHRÖDINGER (s. Bild 13) auf die Vorstellung stehender Elektronenwellen im Atom. War eine ganze Anzahl von Wellenlängen auf dem Umfang des Atoms unterzubringen, so mußte dies eine erlaubte Bahn, im anderen Fall eine verbotene Bahn ergeben. In Bild 14 ist links der in der Regel auftretende Fall gezeichnet, in der die Welle nicht ohne »Bruch« in sich zurücklaufen kann, sie zeigt negative Interferenz mit sich selbst. Rechts ist eine erlaubte Bahn entstanden, sechs Wellenlängen haben auf dem Umfang Platz, die Welle zeigt positive Interferenz mit sich

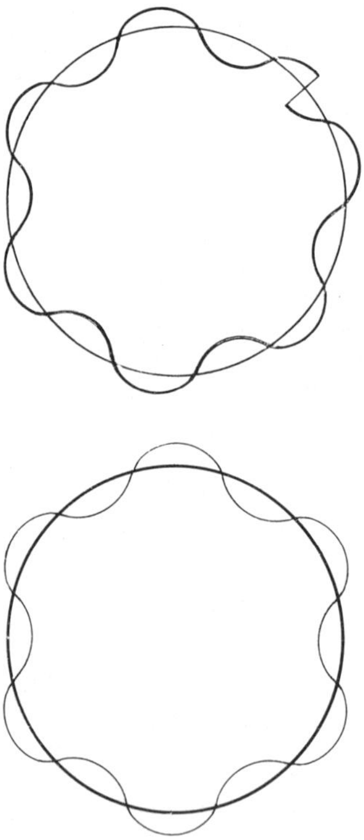

14: SCHRÖDINGERs *verbotene und erlaubte Bahnen*

selbst. Die erlaubten, in gewissen Abständen aufeinanderfolgenden Bahnen entsprachen den im Atom nachgewiesenen Energiestufen. Das war ein schöner Erfolg des Versuchs, die Elektronenbewegung im Atom als Wellenbewegung zu interpretieren. Und diese Interpretation hatte zudem den Vorteil der Anschaulichkeit.

Aber nun tauchte eine andere Schwierigkeit auf: Man stand jetzt vor der Frage, welches nun die eigentliche Realität der Elektronen im Atom war, Welle oder Teilchen. Lag in dem Begriff der Elektronenwelle die Betonung auf der Welle oder war das Elektron doch jenes Teilchen, als das man es bisher immer angesehen hatte? Allgemeiner gefragt: Sind sowohl Welle als auch Teilchen real, oder kommt nur einem von beiden Realität zu, während das jeweils andere nur vorgetäuscht wird?

Für SCHRÖDINGER lag es nahe, den Wellen, die sich im Bild der stehenden Welle der Anschauung so stark aufdrängten, den Vorzug zu geben. Er sah in den Wellen das Reale und nahm an, daß das Auftreten von Teilchen nur dadurch vorgetäuscht wurde, daß diese Wellen interferierten. Erst bei genauerer Untersuchung solcher Interferenzen, die Ursache dafür sein sollten, daß man ein Teilchen beobachtete, wurde man enttäuscht. Wellenbewegungen sind etwas sehr Lebendiges, rasch Fließendes, und das paßt schlecht zu der Stabilität der Elektronen. War durch Interferenz punktuell und momentan eine so hohe Energiekonzentration entstanden, daß man glauben konnte, ein Teilchen vor sich zu haben, so war die Bewegung der interferierenden Welle doch so rasch, daß diese Konzentration in kurzer Zeit sich wieder aufgelöst haben mußte.

Nach diesem Mißerfolg mußte der nächste Schritt nach den Regeln der Logik darin bestehen, es mit der zweiten Möglichkeit zu versuchen; nämlich die Teilchen als das Reale anzusehen und den Wellenaspekt in den Hintergrund zu rücken. Allerdings hatte man auf diesem Gebiet schon negative Erfahrungen gemacht. Elektronen und andere Mikroobjekte waren seit ihrer Entdeckung in der Regel primär als Teilchen und nicht als Wellen betrachtet worden. BOHR hatte mit der Vorstellung der Elektronen als Teilchen,

15: Max BORN, *geb. 11. 12. 1882 in Breslau, gest. am 5. 1. 1970 in Göttingen, 1954 Nobelpreis für Physik*

die sich nach den Gesetzen der klassischen Mechanik im Atom bewegten, einen Anfangserfolg gehabt. Das Bohrsche Atommodell hatte allerdings bald seine Schwächen gezeigt. Hier wollte ja gerade SCHRÖDINGER mit seiner Wellenvorstellung weiterhelfen. Es war also unwahrscheinlich, daß man auf den bereits versuchten und als unbefriedigend verlassenen Weg der Teilchenvorstellung doch noch einen Fortschritt erreichen sollte, wenn nicht eine grundlegend neue Idee die Situation veränderte. Diese Idee verdanken wir Max BORN, (s. Bild 15), der SCHRÖDINGERs Wellen als Wahrscheinlichkeitswellen interpretierte, im übrigen für die Mikroobjekte aber an ihrem primär korpuskularen Charakter festhielt. Die Wellen waren demnach nur das anschauliche Bild einer mathematischen Funktion, welche die Wahrscheinlichkeiten für das Auftreten von Teilchen vorhersagte.

Neu war also der Gesichtspunkt der Wahrscheinlichkeit, der von BORN hier in die Theorie eingeführt wurde. Die wahrscheinlichkeitstheoretische Deutung der Wellen setzte sich schließlich durch, obwohl eine Einschränkung von bisher sicheren Vorhersagen in der Physik auf nur noch wahrscheinliche die Folge war. Über die Einbuße der Anschaulichkeit hinaus war dies ein Angriff auf das bisherige Kausalitätsverständnis.

Wir hatten gesehen, daß die Bohrsche Theorie trotz ihrer Verdienste eine Situation geschaffen hatte, die neue Denkanstrengungen nötig machte. BOHRs Postulat von der Ganzzahligkeit des Bahndrehimpulses war eine Ad-hoc-Annahme, die man noch nicht verstanden hatte. Die Bemühungen, das Bohrsche Postulat auf ein allgemeines Naturgesetz zurückzuführen, hatten interessante Ergebnisse gebracht und warfen außerdem ein neues Licht auf die konkurrierenden Versuche von anschaulicher, modellhafter Beschreibung und mathematischer Formulierung. Der Streit, ob der Teilchen- oder der Wellenvorstellung die eigentliche Realität zukam, endete damit, daß beide Vorstellungen auf eine Stufe höherer Abstraktheit gehoben werden mußten.

SCHRÖDINGERs eindrucksvolle Modellvorstellung der stehenden Welle geriet in Schwierigkeiten angesichts der Stabilität der Mikroobjekte. BORNs Erklärung verhalf der Korpuskelvorstellung wieder zu größerem Recht, nahm aber auch den Wellenaspekt in Gestalt der Wahrscheinlichkeitswellen in seine Deutung mit auf. Für diesen Fortschritt zahlte man mit einer neuen Komplikation: Die Formeln der Quantentheorie machten keine sicheren Vorhersagen mehr sondern nur noch Aussagen von einem gewissen Wahrscheinlichkeitsgrad.

7.9 *Der Dualismus wird abgelöst durch eine abstraktere Darstellung.*

Man hatte in der Frage, wie das Mikrogeschehen anschaulich zu verstehen war, keine klare Antwort erhalten. Weder eine reine Teilchen- noch eine reine Wellenvorstellung reichte hin. Während man einige Zeit lang vom Dualismus dieser beiden Modellvorstellungen sprach, setzte sich nach und nach die heute herrschende Auffassung durch. Wenn die Mikroobjekte weder eindeutig Teilchen noch eindeutig Wellen waren, so sollte man ehrlicherweise sagen: Sie sind keins von beiden. Ein Elektron, ein Photon oder ein anderes Elementarteilchen unterscheidet sich so sehr von allen Objekten, die wir kennen, daß keiner der bisherigen Namen mehr für es taugt, weil der doch nur eine falsche Vertrautheit suggerieren würde. Konsequenterweise sprach man daher von Mikroobjekten, um auszudrücken, daß kein Ding, das wir kennen, mit ihnen vergleichbar ist. BORN beschreibt die Situation treffend mit den Worten:

»*Sehr langsam und gegen vielen Widerstand setzte sich die Ansicht durch, daß anschauliche Modelle nicht nötig, ja für den Fortschritt hinderlich seien.*« [31]

Während hier zum ersten Mal von der Schädlichkeit anschaulicher Vorstellungen die Rede ist, hatte man auf die Mathematik um so weniger verzichten können. Die betreffenden Kalküle hatten insofern eine interessante Entwicklung durchgemacht, als SCHRÖDINGER 1926 zeigen konnte, daß seine Wellenmechanik und HEISENBERGs Matrizenmechanik verschiedene Darstellungen derselben Sache waren. Man muß sich klarmachen, was möglicherweise ohne diese wichtige Einsicht geschehen wäre. Die beiden Theorien hätten leicht, wie das so oft in der Geschichte der Wissenschaften geschehen ist, Anlaß zum Streit zwischen zwei Schulen geben können. Vermutlich hätte jede für sich den Anspruch auf größere Anschaulichkeit erhoben. So aber wurde deutlich, daß die Anschaulichkeit nicht entscheidend war. Der Kern aller Überlegungen schälte sich in der Sprache der Mathematik als ein und dieselbe Struktur heraus.

BORN erläutert die Denkstrukturen der modernen Physik an einfachen Beispielen aus der Mathematik: In der Geometrie sind Invarianten gegenüber Transformationen besonders wichtig, in der Gruppentheorie Strukturen, die bei der Aufeinanderfolge von Operationen entstehen, und er fährt fort:

»*Das alles sind Denkstrukturen. Den Übergang zur Wirklichkeit vollzieht die theoretische Physik, indem sie den beobachteten Phänomenen mathematische Symbole zuordnet. Wo dies möglich ist, wird damit auch den Phänomenen eine in ihnen verborgene Struktur zugeordnet, und diese ist es, die der Physiker als die hinter den Erscheinungen liegende Wirklichkeit anerkennt.*« [31]

Das anschauliche Denken war deutlich ins Hintertreffen geraten, ja es wurde sogar als hinderlich bezeichnet. Wir erinnern uns der im Abschnitt 7.6 geschilderten Schwierigkeit, für das Licht zwei Modellvorstellungen verwenden zu müssen, die Welle und das Teilchen. Mit den Widersprüchen zwischen diesen beiden Modellvorstellungen konnte man nur durch den Hinweis fertig werden, daß diese Modellvorstellungen ja nur Beschreibungsarten des Lichtes waren, nicht aber das Licht selbst ausmachten.

Nun konnte man aber doch noch mehr sagen. Der mathematische Kalkül ermöglichte eine einheitliche Beschreibung des Lichts, die für alle Versuchsanordnungen richtige Ergebnisse lieferte. Man war mit seiner Hilfe bis zu einer einheitlichen Struktur vorgedrungen auf einem Wege, dem die Anschauung nicht hatte folgen können.

Wir schließen die Überlegungen durch die Erinnerung daran, daß die Mathematik trotz ihrer großen Erfolge nicht alles ist. Es bleiben genug Tätigkeiten des Physikers, bei denen die Mathematik in einer untergeordneten Rolle verbleibt. Die Auffindung von Prinzipien ist ein Punkt, in dem der Forscher auf seine Intuition angewiesen ist. Seine theoretischen Ansätze bedürfen der Diskussion und der Interpretation. Hierbei kann die Mathematik wenig helfen. Wenn auch der abstrakte Kalkül der anschaulichen Deutung auf vielen Gebieten der modernen Physik überlegen ist, so wird man in Diskussionen doch immer wieder versuchen, den abstrakten Formulierungen in dem Sinne Leben einzuhauchen, daß sie durch eine Spur von Anschaulichkeit verständlicher werden.
Manches ist durch ständige Bemühung und aktive Gewöhnung anschaulich geworden, was früher als völlig abstrakt galt. Als Relativitätstheorie und Quantentheorie bekannt wurden, begegnete man ihnen zunächst mit zähem Widerstand. Nur die klassische Physik galt als anschaulich, obwohl sie das auch nicht überall und immer gewesen war. Nach diesem Standard aber, so meinten viele, müsse sich auch die moderne Physik richten. Heute denkt man darüber schon anders. Es gibt so etwas wie einen über Generationen andauernden Lernprozeß, der das zunächst völlig Neue und Unverständliche nach und nach dem Denken des Einzelnen zugänglicher macht. Konrad LORENZ (geb. 1903) hat in einem ganz anderen Zusammenhang einen ähnlichen Entwicklungsprozeß beschrieben:
»*Viele Seiten des An-sich-Bestehenden, die sich dem Erfahrenwerden durch unseren heutigen Sinnes- und Denkapparat völlig entziehen, mögen in einer erdgeschichtlich nahen Zukunft innerhalb der Grenzen möglicher Erfahrung liegen, viele, die heute durchaus im Bereich des Immanenten liegen, können noch in jüngster Vergangenheit der Menschheit jenseits seiner Grenze gelegen haben.*«[32]
Zum heutigen Zeitpunkt ist jedenfalls festzustellen, daß noch weite Teile der modernen Physik als völlig unanschaulich empfunden werden. Die Vormachtstellung der Mathematik macht es jeder Darstellung schwer, die sie auszuklammern versucht, um den Laien nicht durch die Abstraktheit der Formalismen abzuschrecken. Allerdings klaffen die Argumentationsketten, die sich auf dem formalen Niveau des Kalküls schließen, in der Anschauung oft weit auseinander. Es gibt gleichsam unübersetzbare Worte des mathematischen Textes, und es bedarf langer Umschreibungen, um deren Sinn in der gewöhnlichen Sprache deutlich zu machen.

7.10 Zusammenfassung

Unter den Modellvorstellungen, die uns das Eindringen in ein unbekanntes Gebiet erleichtern, haben Idealisierungen einerseits und Analogien aus der klassischen Physik andererseits besondere Bedeutung. Modellvorstellungen dürfen nicht mit der Sache, die sie veranschaulichen sollen, verwechselt werden. Daher können sich verschiedene Modellvorstellungen für eine Sache widersprechen, ohne daß sich dieser Widerspruch in der Sache selbst befände. Das Dualismusproblem kann so gesehen werden.
Die Mehrzahl der Physiker sieht hier allerdings die Grenzen der Anschaulichkeit erreicht. Man hat sich anfangs nur widerstrebend von dem Anspruch auf Anschaulichkeit befreit. Entscheidend dafür war, daß manche Argumentationen nur auf dem Boden des abstrakten Formalismus der Quantentheorie schlüssig wurden. So gibt es in der modernen Physik Situationen, wo Modellvorstellungen als hinderlich abgetan werden.

Aufgaben

1. Nennen Sie verschiedene Modellvorstellungen, unter denen man die Erdkugel betrachten kann! Wo liegen ihre jeweiligen Grenzen?
2. Stellen Sie den Inhalt der beiden Zitate von Heinrich HERTZ (7.5) im Zusammenhang dar.
3. Man betrachte die Elektronen als Bestandteile des Atoms. Kommt ihnen mehr Realität als Teilchen oder als Welle zu, oder gibt es eine dritte Antwort?
4. Sowohl Modelle wie Kalküle können Denkanstöße geben. Beschreiben Sie sie in ihrer Verschiedenartigkeit.

8 Die spezielle Relativitätstheorie – ein neuer Anfang

8.1 *Zu Beginn des 20. Jahrhunderts waren die Möglichkeiten der mechanischen Naturerklärung ausgeschöpft.*

Heinrich HELMHOLTZ hatte 1847 in der Einleitung seines Aufsatzes »Über die Erhaltung der Kraft« geschrieben:
»*Es bestimmt sich also endlich die Aufgabe der physikalischen Naturwissenschaften dahin, die Naturerscheinungen zurückzuführen auf unveränderliche, anziehende und abstoßende Kräfte, deren Intensität abhängt von der Entfernung. Die Lösbarkeit dieser Aufgabe ist zugleich die Bedingung der vollständigen Begreifbarkeit der Natur.*«
Wir haben im vorigen Kapitel gesehen, daß die moderne Physik die Lieblingsvorstellung einer einfachen, anschaulichen Naturerklärung hatte verabschieden müssen. In diesem Jahrhundert hieß die Alternative, entweder keine Physik mehr treiben oder auf anschauliche Physik verzichten. Es war im Grunde schon der klassischen Physik nicht mehr gelungen, die gesamte Physik ohne Rest in Mechanik aufzulösen. Einer Reihe von Erfolgen, die Wärmelehre und Akustik betreffend, standen Mißerfolge in der Elektrizitätslehre und Optik gegenüber. Die Akustik konnte dadurch an die Mechanik angeschlossen werden, daß man die mit Tönen verbundenen Schwingungen als mechanische Schwingungen darstellte; die Wärmelehre fand in der kinetischen Wärmetheorie ein anschauliches und leistungsfähiges Fundament.
In der Elektrizitätslehre jedoch wurde die Faraday-Maxwellsche Theorie die allgemein herrschende, und die Maxwellschen Gleichungen galten als Musterfall einer auf wenige Grundvoraussetzungen komprimierten Theorie. Die Versuche einer Veranschaulichung im Sinne einer mechanischen Interpretation, um die sich MAXWELL selbst lange bemühte, schlugen jedoch fehl. In der Optik zeigte das lange heftig diskutierte und letztlich unlösbare Problem des Äthers, daß die Gesetzmäßigkeiten des Lichts sich nicht auf mechanische Gesetzmäßigkeiten zurückführen ließen. Der Frage des Äthers ist im einzelnen nachzugehen, weil die endgültige Antwort erst durch die spezielle Relativitätstheorie EINSTEINs gegeben wurde. In der Optik hatte die Wellentheorie durch die Arbeiten von HUYGENS, FRESNEL u. a. im 18. Jahrhundert festen Fuß gefaßt. Die Lichtausbreitung, so fand man, ging in Schwingungen oder Wellen vor sich. Damit war aber die Frage gestellt, was es denn sei, was sich in Schwingungen oder Wellen bewegte. Das mechanische Programm der Physik verlangte, daß die Schwingungen aufgrund der mechanischen Eigenschaften eines Körpers, eben des Äthers, entstanden und sich fortpflanzten. Eine Komplikation ergab sich durch den Umstand, daß sich das Licht ja auch im Weltraum, also im Vakuum, ungestört ausbreitete. Das Medium, das demnach alle durchsichtigen Stoffe ebenso wie die Luft durchsetzte, mußte ebenso auch im Weltraum vorhanden sein. Der Äther oder Lichtäther diente daher nur dem Zweck, für

die Wellenbewegung des Lichts den Träger abzugeben, so wie die Luftmoleküle Träger der Schallwellen oder die Wassermoleküle Träger der Wasserwellen sind.

Damit haftete dem Äther der Makel einer Ad-hoc-Hypothese an. Seine Existenz sollte nur zu dem einen Zweck, zu dem er erfunden war, dienen. Würde es sich zeigen, daß sich der Äther durch keine weitere Eigenschaft experimentell nachweisen ließe, so wäre es um seine Glaubwürdigkeit schlecht bestellt. Zunächst aber war nach den Gesetzen der Mechanik klar, daß die Lichtwellen transversal sein müßten, weil anders die schon lange bekannten Polarisationserscheinungen des Lichts nicht erklärt werden konnten. Andererseits forderte die extrem hohe Geschwindigkeit des Lichts, daß der Lichtäther ein extrem starker Körper sein müsse, eine Folgerung, die FRESNEL aus den Gesetzen der Elastizitätstheorie 1821 gezogen hatte. Berechnungen ergaben eine höhere Festigkeit als die des Stahls. Jedoch mußten sich trotzdem z. B. die Himmelskörper durch diesen Äther bewegen können, ohne in ihrem Lauf gehemmt zu werden.

Nun häuften sich die Schwierigkeiten. Bei einem starren Körper treten zusammen mit transversalen auch immer longitudinale Schwingungen auf – das wußte man von den Erdbebenwellen in der festen Erdkruste. Also mußte es theoretisch gesehen auch longitudinale Lichtwellen geben. Man suchte lange vergeblich nach ihnen. Mit anderen hoffte auch W. RÖNTGEN (1845 bis 1923) das Rätsel zu lösen; eine Zeitlang glaubte er, die von ihm entdeckten Röntgenstrahlen seien die gesuchten longitudinalen Lichtwellen. Freilich mußte diese Hypothese bald fallengelassen werden. Wegen all dieser Schwierigkeiten gab es auch eine Theorie, die den Äther als Medium mit sehr geringer Dichte zu beschreiben suchte, was aber wiederum auf andere Ungereimtheiten führte.

In ein neues Stadium trat der Streit um den Äther mit dem Vordringen der Faraday-Maxwellschen Theorie ein. Diese Theorie verstand das Licht als einen elektromagnetischen Vorgang. Es nahm in der bekannten Wellenlängenskala, die von den gerade neu entdeckten Hertzschen Wellen bis zur Röntgenstrahlung reichte, einen mittleren Platz ein. Sollten nun alle diese verschiedenen elektromagnetischen Wellen oder Strahlen zu einer Physik dieses immer rätselhafter werdenden Äthers gehören? Oder war die Optik der Elektrizitätslehre einzugliedern? In jedem Fall schwanden die Hoffungen einer Lösung des Problems durch die Mechanik; denn keine der am Licht oder den anderen elektromagnetischen Wellen beobachteten Eigenschaften konnte man auf mechanische Weise erklären.

Ein Aufgeben der mechanischen Erklärungen für das Gebiet der Optik und Elektrizitätslehre kam aber – das wußte man sehr genau – der Austreibung aus dem Paradies der Anschaulichkeit gleich. Nur gegen zähen Widerstand gelang es der Faraday-Maxwellschen Theorie, als wesentlich abstrakterer Disziplin neben der althergebrachten Mechanik Fuß zu fassen. Die elektromagnetischen Vorgänge, das war eine ihrer Grundvoraussetzungen, existierten unabhängig von der Schwerkraft der Körper der Mechanik und waren einfacher durch die sogenannten Felder zu erfassen als durch die bisher üblichen Methoden der Mechanik.

EINSTEIN beschreibt den Vorgang des Umbruchs von einer rein mechanischen Physik zu einer die elektromagnetischen Felder als Wesenheiten eigener Art anerkennenden Physik mit folgenden Worten:

»*Was die Physiker nach langem Zaudern langsam dazu brachte, den Glauben an die Möglichkeit zu verlassen, daß die gesamte Physik auf* NEWTONs *Mechanik gegründet werden könne, war die Faraday-Maxwell-*

16: Albert EINSTEIN, *geb. 14. 3. 1879 in Ulm, gest. 18. 4. 1955 in Princeton, N. J. (USA), seit 1914 Professor in Zürich, Prag, Mitglied der Preußischen Akademie der Wissenschaften in Berlin, seit 1933 in Princeton, 1921 Nobelpreis für Physik*

sche Elektrodynamik. Diese Theorie und ihre Bestätigung durch die Hertzschen Versuche zeigten nämlich, daß es elektromagnetische Vorgänge gibt, die ihrem Wesen nach losgelöst sind von jeglicher ponderablen Materie – die aus elektromagnetischen ›Feldern‹ im leeren Raume bestehenden Wellen. Wollte man die Mechanik als Grundlage der Physik aufrecht halten, so mußten die Maxwellschen Gleichungen mechanisch interpretiert werden. Dies wurde eifrigst aber erfolglos versucht, während sich die Gleichungen in steigendem Maße als fruchtbar erwiesen. Man gewöhnte sich daran, mit diesen Feldern als selbständigen Wesenheiten zu operieren, ohne daß man sich über ihre mechanische Natur auszuweisen brauchte; so verließ man halb unbemerkt die Mechanik als Basis der Physik, weil deren Anpassung an die Tatsachen sich schließlich als hoffnungslos darstellte. Seitdem gibt es zweierlei Begriffselemente, einerseits materielle Punkte mit Fernkräften zwischen ihnen, andererseits das kontinuierliche Feld. Es ist ein Zwischenzustand der Physik ohne einheitliche Basis für das Ganze, der – obwohl unbefriedigend – doch weit davon entfernt ist überwunden zu sein.«[33]

8.2 Michelson-Versuch und Lorentz-Transformation markieren die Phasen der Vorgeschichte der speziellen Relativitätstheorie.

Hatte sich in der beschriebenen Weise die Faraday-Maxwellsche Theorie der Elektrizität neben der Newtonschen Mechanik als zweiter Pfeiler der klassischen Physik etabliert, so trug sie doch schon den Keim der Revolution, die EINSTEIN (Bild 16) in der Physik herbeiführen sollte, in sich. So viele Fragen sie beantwortet hatte, so viele ließ sie auch noch offen. HERTZ konnte durch die zuerst nach ihm benannten Radiowellen für diese Theorie einen experimentellen Beweis liefern. H. A. LORENTZ (1853 bis 1928) hatte in seiner Elektronentheorie eine wichtige Ergänzung zur Maxwellschen Theorie die Wechselwirkungen der Elektrizität mit der Materie betreffend gegeben. Er verfolgte das Programm, alle Kräfte mit Ausnahme der Gravitationskraft auf die sogenannte Lorentzkraft zurückzuführen.

Bewegen sich Elektronen oder andere geladene Teilchen in elektrischen oder magnetischen Feldern, so gestattet die Formel für die Lorentzkraft die Berechnung der Ablenkung dieser Bewegung in eben diesen Feldern.

Eine wichtige Frage ist die der Beurteilung von einem anderen Bezugssystem aus. Wird eine Elektron etwa durch ein magnetisches Feld in einer Elektronenröhre abgelenkt, so ist es wichtig zu wissen, wie diese Bewegung vom Elektron aus, genauer von einem Bezugssystem 2, das der Bewegung des Elektrons folgt, aussieht und nicht, wie sie sich von dem üblichen mit der Röhre fest verbundenen Bezugssystem 1 her gesehen ausnimmt. Insbesondere müssen die Gesetze der Physik so formuliert sein, daß sie unabhängig davon gelten, ob der Vorgang nun gerade im Bezugssystem 1 oder im Bezugssystem 2 beschrieben wird. Die Umrechnung von einem System auf das andere wird durch eine Transformation geleistet. Die in diesem Fall passenden Transformationsgleichungen, die die Koordinaten x_1,y_1,z_1,t_1 des Bezugssystems 1 auf die Koordinaten x_2,y_2,z_2,t_2 des Bezugssystems 2 umrechnen, sind von LORENTZ aufgestellt worden:

$$x_2 = \frac{x_1 - vt_1}{\sqrt{1-v^2/c^2}},\ y_2 = y_1,$$

$$z_2 = z_1,\ t_2 = \frac{t_1 - (v/c^2)x_1}{\sqrt{1-v^2/c^2}}$$

Auffällig ist, daß in dieser sogenannten Lorentz-Transformation zwei Zeitkoordinaten t_1 und t_2 unterschieden werden und der Zusammenhang nicht einfach $t_1 = t_2$ lautet, sondern so kompliziert ist wie angegeben. Man hatte vielmehr die altbekannte Galilei-Transformation erwartet:

$$x_2 = x_1 - vt,\ y_2 = y_1,\ z_2 = z_1$$

Die Bewegung des Elektrons wird übrigens hier als eine Bewegung mit der Geschwindigkeit v in Richtung der x-Achse angenommen.

Die Vorstellung eines absoluten Raumes und einer absoluten Zeit waren noch so stark verwurzelt, daß LORENTZ seine Koordinaten x_2,y_2,z_2,t_2 nur als fiktive Variable bezeichnen mochte. Insbesondere war die Vorstellung, daß sich der Zeitablauf, symbolisiert durch die Koordinate t_2, beim Umrechnen auf ein anderes Bezugssystem derartig ändern sollte, so neuartig, daß LORENTZ die Größe t_2 mit dem vagen Ausdruck »Ortszeit« beschrieb. G. F. FITZGERALD (1851–1901) versuchte mit der Tatsache der Lorentz-Transformation auf eigene Weise fertig zu werden. Er führte das gleich zu besprechende negative Ergebnis des Michelson-Versuchs auf eine Kontraktion der Körper in Bewegungsrichtung zurück.

Der Michelson-Versuch, der zum ersten Mal 1881 ausgeführt wurde, stellte den Höhepunkt einer langen Reihe von Versuchen zum Nachweis des Äthers dar. MICHELSON wollte zeigen, daß das Licht, das von einer bewegten Lichtquelle ausgesandt wird, eine andere Geschwindigkeit hat als das einer ruhenden. Da die Lichtgeschwindigkeit mit 300 000 km/s gegenüber irdischen Geschwindigkeiten konkurrenzlos groß ist, mußte man um einige Aussicht auf Meßbarkeit der Veränderung der Lichtgeschwindigkeit zu haben, die größte experimentell handhabbare Geschwindigkeit für eine Lichtquelle zu ihr in Beziehung setzen. Als diese größte Geschwindigkeit, die man einer Lichtquelle erteilen konnte, nutzte man die Eigengeschwindigkeit der Erde um die Sonne. Je nachdem, ob sich nun das Licht von dieser bewegten Lichtquelle in oder gegen diese Eigenbewegung der Erde um die Sonne ausbreitete, erwartete MICHELSON eine Erhöhung oder Verminderung der Lichtgeschwindigkeit. Aber nichts von dem geschah. Alle Vorsichtsmaßregeln wurden ergriffen, um nur alle erdenklichen Fehlerquellen auszuschalten, z. B. wurde in Cleveland (USA) für die Dauer des Versuchs der gesamte Verkehr angehalten. Umsonst; das Ergebnis war, wie MICHELSON es ausdrückte, ein völliger Fehlschlag. Man stellte fest, daß sich das Licht nach allen Richtungen mit der gleichen Geschwindigkeit fortpflanzte, während man doch erwartet hatte, daß man dann, wenn man das Licht mit der Erdbewegung um die Sonne ausschickte, einen Zugewinn zur Lichtgeschwindigkeit erhalten würde, in umgekehrter Richtung eine Verminderung. Das war für alle Verfechter der Äthertheorie, und dazu gehörten damals die Physiker fast ohne Ausnahme, ein schwerer Schlag. Nach der elektromagnetischen Lichttheorie ist das Licht ein Wellenvorgang im Äther. Man versuchte das negative Ergebnis so zu deuten, daß die Erde den Äther auf ihrer Bahn um die Sonne mitführte. Das war aber eine absurde, der Erde eine unerklärliche Sonderrolle einräumende Vorstellung, wenn man daran dachte, daß andere Planeten mit anderen Geschwindigkeiten um die Sonne kreisten.

Ein Einfluß der Drehung der Erde um ihre Achse auf die Lichtgeschwindigkeit war ebensowenig festzustellen, obwohl der Versuch von MICHELSON die Experimentatoren noch Jahrzehnte beschäftigte, in denen sie ihn mit immer größerer Präzision ausführten. Der negative Ausgang, wie man das Ergebnis des immer völlig ungeänderten Betrages der Lichtgeschwindigkeit nannte, gleichgültig in welche Bewegung man die Lichtquelle versetzte, beschäftigte die theoretischen Physiker ebensosehr wie die experimentellen. Es gab eine ganze Reihe von Theorien, die teils noch an der Mitführung des Äthers festhielten, teils mit einer nach FITZGERALD oder LORENTZ benannten Kontraktion der in der Michelson-Apparatur auftretenden Lichtwege zu einer Erklärung kommen wollten. Von all diesen Theorien unterschied sich EINSTEINs Theorie dadurch, daß sie mit allen experimentellen Befunden einschließlich des negativen Ausgangs des Michelson-Versuchs in Einklang stand. Sie gestattete es nicht nur, die Lorentz-Transformation herzuleiten, sie fand auch für die Lorentzsche »Ortszeit« eine Erklärung, die aus einer tiefgehenden Analyse des Zeitbegriffs folgte. Damit war sie allen Theorien überlegen, die von der Vorstellung des Äthers ausgingen und an der Widersprüchlichkeit dieses Begriffes scheiterten. EINSTEINs Theorie dagegen gab nicht den geringsten Hinweis für die Existenz eines Äthers. Wenn aber ein Ding durch kein Experiment nachzuweisen ist, und andererseits eine Theorie alle bisher mit diesem Ding in Zusammenhang gebrachten Erscheinungen ausnahmslos erklärt, von ihm selbst aber keinen Gebrauch macht, so ist es in der Physik ein Gebot der Sachlichkeit, dieses Ding als eine bloße Fiktion von weiteren Überlegungen auszuschließen. Der Äther, diese Entscheidung hatte EINSTEIN herbeigeführt, existierte nicht, und damit war auch jede Bewegung gegen den Äther zu einer nicht beobachtbaren Größe geworden. Der Michelson-Versuch mußte mißlingen.

8.3 EINSTEINs *Theorie ist das Musterbeispiel einer modernen physikalischen Theorie.*

Das Verdienst, mit einer überflüssigen und irreführenden Fiktion aufgeräumt zu haben, war nicht der einzige Vorteil der speziellen Relativitätstheorie. EINSTEIN hatte mit ihr ein Musterbeispiel einer methodisch konstruierten Theorie geliefert.

Da war zunächst ihr logisch klarer Aufbau. Die ganze spezielle Relativitätstheorie beruht auf zwei Axiomen. Das eine hatte man aus dem negativen Ausgang des Michelson-Versuchs abgelesen: Die Lichtgeschwindigkeit ist unabhängig von der Bewegung der aussendenden Lichtquelle konstant. Das zweite Axiom war ein weniger inhaltliches, als vielmehr formales Prinzip: Das Einsteinsche Relativitätsprinzip. Es besagt zunächst etwas ungenau formuliert folgendes: Die Grundgesetze der Physik, die in einem Bezugssystem 1 beobachtet und für richtig befunden werden, müssen auch in einem Bezugssystem 2, das gegenüber dem Bezugssystem 1 in einer einfachen Beziehung steht, beobachtet und für richtig befunden werden. Präziser: Das Bezugssystem 2 kann mit dem Bezugssystem 1 fest verbunden sein, also relativ zu ihm ruhen, oder sich ihm gegenüber mit konstanter Geschwindigkeit bewegen. Da das Trägheitsgesetz keinen Unterschied zwischen Ruhe und Bewegung mit konstanter Geschwindigkeit macht, nennt man solche Systeme auch Trägheits- oder Inertialsysteme. In einem Inertialsystem gilt das Trägheitsgesetz. Das spezielle Relativitätsprinzip läßt sich nun sehr knapp formulieren: Die Gesetze der Physik sind in allen Inertialsystemen dieselben. Es existiert kein bevorzugtes Inertialsystem.

Wie legen wir aber ein brauchbares Inertialsystem fest? Wir beziehen uns in der Regel auf jenes Inertialsystem, das seinen Anfangspunkt im Mittelpunkt der Sonne hat und dessen Achsen zu immer denselben Himmelsrichtungen weisen, d.h. zu denselben Fixsterngruppierungen. Wenn wir uns erinnern, daß der Michelson-Versuch sich in einem Bezugssystem abspielte, das gegenüber dem gerade erwähnten eine Drehung ausführte, nämlich die Drehung der Erde um ihre Achse, so ist es die Frage, ob beide Systeme als Inertialsysteme angesehen werden können. Näherungsweise kann wegen der kurzen Dauer des Michelson-Versuchs von der Erddrehung, die tatsächlich einen Fehler bewirkt, abgesehen werden. Prinzipiell gesehen gehören aber Drehbewegungen wie alle beschleunigten Bewegungen nicht zu den mit Inertialsystemen verträglichen Bewegungen. Anders ausgedrückt: In gedrehten Bezugssystemen gilt das Trägheitsgesetz nicht, in ihnen treten Zentrifugalkräfte und Corioliskräfte auf. Zu Bezugssystemen, die auf gerader Bahn beschleunigt werden, treten analoge Trägheitskräfte auf. In der allgemeinen Relativitätstheorie machte sich EINSTEIN von der Bindung an Inertialsysteme frei. Die Fixierung seiner Theorie auf ein nur bezüglich Inertialsystemen gültiges Relativitätsprinzip erschien ihm künstlich und nur als Zwischenstation zu einer erweiterten Theorie vertretbar. Er machte ein erweitertes, allgemein genanntes Relativitätsprinzip, das nun neben gleichförmigen Bewegungen mit konstanter Geschwindigkeit auch Drehungen, kurz alle möglichen Bewegungsarten zuließ, zur Grundlage seiner allgemeinen Relativitätstheorie.

Zunächst aber ergab sich aus der beschriebenen Situation ein Paradoxon. Wenn die Lichtausbreitung als physikalischer Vorgang dem speziellen Relativitätsprinzip unterliegt, so muß sich das Licht relativ zum System 2 mit derselben Geschwindigkeit wie relativ zum System 1 ausbreiten, obwohl sich dieses gegenüber jenem bewegte. Das hatte MICHELSON beobachtet. Man zögert aber das zuzugeben, denn die Ausbreitung des Lichts kann sich doch nicht für zwei gegeneinander bewegte Beobachter in derselben Weise abspielen. Wenn wir am Ufer eines Sees durch einen hineingeworfenen Stein eine kreisförmige Welle erzeugen, so wird sich diese für einen im Boot vorbeifahrenden Beobachter mit anderer Geschwindigkeit ausbreiten als für uns am Ufer. Oder aber auch: Für den Beobachter auf dem Boot wird es verschiedene Ausbreitungsgeschwindigkeiten der von dem Stein herrührenden Welle geben, je nachdem er die Wellen vor sich oder hinter sich beobachtet.

Diese Schwierigkeit war EINSTEIN schon früh aufgegangen. Er schreibt selbst, wie quälend er die Situation empfunden hat und

was ihn zur Aufstellung seines Relativitätsprinzips, das doch gerade Ursache des Paradoxons zu sein scheint, bewog:
»Je länger und verzweifelter ich mich bemühte, desto mehr kam ich zu der Überzeugung, daß nur die Auffindung eines allgemeinen formalen Prinzips uns zu gesicherten Ergebnissen führen könnte. Als Vorbild sah ich die Thermodynamik vor mir. Das allgemeine Prinzip war dort in dem Satze gegeben: Die Naturgesetze sind so beschaffen, daß es unmöglich ist, ein perpetuum mobile (erster und zweiter Art) zu konstruieren. Wie aber ein solches allgemeines Prinzip finden? Ein solches Prinzip ergab sich nach 10 Jahren Nachdenkens aus einem Paradoxon, auf das ich schon mit 16 Jahren gestoßen bin: Wenn ich einem Lichtstrahl nacheile mit der Geschwindigkeit c (Lichtgeschwindigkeit im Vakuum), so sollte ich einen solchen Lichtstrahl als ruhendes, räumlich oszillatorisches, elektromagnetisches Feld wahrnehmen. So etwas scheint es aber nicht zu geben, weder aufgrund der Erfahrung noch gemäß der Maxwellschen Gleichungen. Intuitiv klar schien es mir von vornherein, daß von einem solchen Beobachter aus beurteilt, alles sich nach denselben Gesetzen abspielen müsse wie für einen relativ zur Erde ruhenden Beobachter. Denn wie sollte der erste Beobachter wissen bzw. konstatieren können, daß er sich im Zustand rascher, gleichförmiger Bewegung befindet?
Man sieht, daß in diesem Paradoxon der Keim zur speziellen Relativitätstheorie schon enthalten ist. Heute weiß natürlich jeder, daß alle Versuche, dies Paradoxon befriedigend aufzuklären, zum Scheitern verurteilt waren, solange das Axiom des absoluten Charakters der Zeit bzw. der Gleichzeitigkeit unerkannt im Unbewußten verankert war. Dies Axiom und seine Willkür klar erkennen bedeutet eigentlich schon die Lösung des Problems. Das kritische Denken, dessen es zur Auffindung dieses zentralen Punktes bedurfte, wurde bei mir entscheidend gefördert insbesondere durch die Lektüre von David HUMEs *und Ernst* MACHs *philosophischen Schriften.«* [34]

Dieses ausführliche Zitat zeigt, welchen Schwierigkeiten sich EINSTEIN bei der Auffindung des Relativitätsprinzips gegenüber sah. Schon früh hatte er bemerkt, daß etwas mit der Zeit nicht stimme. Und Überlegungen zur Zeit waren es auch, die des Rätsels Lösung brachten.
Wir beschreiben hier die Situation durch das Nebeneinanderstellen der beiden Axiome:
1. Konstanz der Lichtgeschwindigkeit,
2. Spezielles Relativitätsprinzip.

Diese beiden Axiome widersprechen sich, wenn man die Raum- und Zeitvorstellungen NEWTONs beibehält. Die spezielle Relativitätstheorie bringt folgende Aufklärung: Die Axiome 1 und 2 sind dann miteinander vereinbar, wenn man die bisherigen Raum- und Zeitvorstellungen, die ihren kürzesten mathematischen Ausdruck in der Galilei-Transformation finden, durch revidierte Raum- und Zeitvorstellungen und die Lorentz-Transformation ersetzt. Man kann die vor EINSTEIN bestehende Situation so beschreiben, daß man den Zusammenhang durch die drei sich widersprechenden Axiome
1. Konstanz der Lichtgeschwindigkeit,
2. Spezielles Relativitätsprinzip,
3. Galilei-Transformation,

wiedergibt. MICHELSON und die meisten Physiker mit ihm erwarteten, daß man verschiedene Werte der Lichtgeschwindigkeit im Gegensatz zum Axiom 1 messen würde. Wir haben gesehen, daß man nach dem negativen Ausgang des Michelson-Versuchs eine Reihe von Hypothesen aufstellte, um die neue Lage zu bewältigen. EINSTEINs Verdienst war es, durch die Auffindung des Relativitätsprinzips zu einer Kritik der bisher unreflektiert für richtig hingenommenen Newtonschen Lehre vom absoluten Raum und der absoluten Zeit zu kommen und dadurch die Neubegründung der Physik einzuleiten. Die Galilei-Transformation (3.) war durch die Lorentz-Transformation zu ersetzen.

Man hätte auch das zweite Axiom vom speziellen Relativitätsprinzip aufgeben können. Nur hätte es dann seine große, vereinheitlichende Wirkung auf die Grundlagen der Physik nicht ausüben können. In EINSTEINS Hand entwickelte sich das Relativitätsprinzip zu einem Wegweiser in der Neuordnung der Physik.

Wir müssen noch nachtragen, welche Überlegungen zur Zeit es waren, die die Lösung des Paradoxons von der Gleichförmigkeit der Lichtausbreitung für gegeneinander bewegte Beobachter brachten. In der Physik geht es bei der Beschreibung von Vorgängen darum, verschiedene Ereignisse zueinander in Beziehung zu setzen. Zwei Ereignisse sollen z. B. an den Orten (x_1,y_1,z_1) und (x_2,y_2,z_2) und zu den Zeiten t_1 und t_2 stattfinden. Es ist nichts Geheimnisvolles, wenn wir die Koordinaten für Länge, Breite und Höhe einerseits und für den Zeitpunkt andererseits zu Quadrupeln (x_1,y_1,z_1,t_1) und (x_2,y_2,z_2,t_2) zusammenfassen. Dies hatte man schon vor EINSTEIN getan, und die Vierdimensionalität seiner Raum-Zeit-Welt wirkte, nachdem Hermann MINKOWSKI (1864 bis 1909) sie ausgebaut hatte, zwar sehr aufsehenerregend und beflügelte die Phantasie, das Wesentliche aber war etwas sehr Schlichtes, nämlich die Präzisierung der Angaben von (x_1,y_1,z_1,t_1) und (x_2,y_2,z_2,t_2) für verschiedene gegeneinander bewegte Beobachter.

Das Entscheidende dabei war, daß zwei Ereignisse, die für den Beobachter A zur gleichen Zeit stattfinden, so daß er »$t_1 = t_2$ von 1 aus« zu konstatieren berechtigt ist, daß dieselben Ereignisse für einen Beobachter B, der sich gegen A bewegte, nicht gleichzeitig waren: »$t_1 \neq t_2$ von B aus«.

Das war etwas Ungeheuerliches und dem gesunden Menschenverstand ganz und gar Widersprechendes. Daß man diesen Tatbestand bislang übersehen hatte, lag daran, daß sich bisher niemand bemüht hatte, das Aufeinanderbezogensein der von A aus gemessenen Raum- und Zeitkoordinaten und der von B aus gemessenen Schritt für Schritt durchzugehen und zu definieren. Die Notwendigkeit, solche diffizilen und vielen auch sehr trocken erscheinenden Unterscheidungen durchzuführen, haben letztlich EINSTEIN in den Stand gesetzt, den Zeitablauf genauer zu beschreiben, als man das bisher für nötig gehalten hatte. Nun aber zeigte es sich, daß der Michelson-Versuch auf keine andere Weise so überzeugend zu analysieren war als durch eine genaue Untersuchung des Zeitbegriffs.

8.4. Der Zeitbegriff wird für verschiedene gegeneinander bewegte Bezugssysteme operativ definiert.

Der Zeitbegriff konnte in einer empirischen Wissenschaft wie der Physik von EINSTEIN nicht anders genau definiert werden, als daß er eine präzise Vorschrift zur Zeitmessung gab. Das geschah dadurch, daß zunächst in einem Bezugssystem 1 an jedem Ort Uhren aufgestellt wurden, die mit einer ersten im Nullpunkt aufgestellten Uhr synchron liefen, und daß man weiter in jedem gegenüber dem ersten gleichförmig bewegten Bezugssystem 2 dasselbe veranlaßte; nur so war eine allgemeine Zeitmessung möglich. Dies ist natürlich nicht so gemeint, daß jeder Platz mit Uhren vollgestellt sein muß; nur hat für einen exakten Zeitvergleich zwischen zwei Systemen im Bedarfsfall an jedem interessierenden Punkt eine synchronisierte Uhr zur Verfügung zu stehen.

Wie hat aber nun ein Synchronisierungsverfahren, das für den gleichen Gang aller Uhren sorgt, auszusehen? Hierfür gibt es mehrere Möglichkeiten. Alle Verfahren, soweit sie überhaupt den Exaktheitsforderungen physikalischer Meßtechnik entsprechen, zeigen eine entscheidende Gemeinsamkeit: Die Zeit im Bezugssystem 2 hat einen anderen Ablauf als die im System 1. Insofern ist es falsch, von einem gleichen Gang der Uhren in beiden Systemen zu sprechen.

Das von EINSTEIN benutzte Synchronisierungsverfahren war folgendes: Seine erste Uhr steht im Nullpunkt 0 des Bezugssystems 1 und die zweite in einem anderen Punkt P dieses Systems. Ein Helfer empfängt Lichtsignale, die vom Experimentator im Nullpunkt ausgesandt werden. Letzterer schickt nun zum Zeitpunkt t_0 ein Lichtsignal aus, das der Helfer in P empfängt. Er stellt dann im Moment der Ankunft des Signals in P seine Uhr auf den Zeitpunkt $t_0 + l/c$. l ist der vorher ausgemessene Abstand von Sender und Empfänger. Auf diese Weise kann man jede Uhr im System 1 mit jener ersten im Nullpunkt aufgestellten Uhr synchronisieren.

Daß man hier das Licht zur Signalübermittlung zu Hilfe nimmt, ist keine absolute Notwendigkeit. Man sieht aber, daß der Schall wegen seiner Abhängigkeit vom Schallträger weit weniger geeignet ist. Die Schallgeschwindigkeit wechselt bekanntlich von einem Stoff zum anderen, hängt überdies von der Temperatur und weiteren Umständen ab. Andererseits ist die Ausbreitungsgeschwindigkeit des Lichts dieselbe wie die anderer elektromagnetischer Wellen. In der Praxis werden Zeitsignale unter Benutzung dieser Wellen durch Funk übermittelt.

Schließlich war die Unabhängigkeit der Lichtgeschwindigkeit von Bewegungen der Lichtquelle durch den Michelson-Versuch festgestellt worden. Dies alles spricht für eine besondere Eignung des Lichts für ein Synchronisierungsverfahren.

Kehren wir zu dem Synchronisierungsverfahren zurück. Bis jetzt haben sich noch keine besonderen Konsequenzen gezeigt. Im System 1 kann man lediglich sagen, daß sich das Licht nach allen Seiten mit der Geschwindigkeit c ausbreitet. Dies folgt aus der Definition der Zeit im System 1. Nun ist es aber das Relativitätsprinzip, das zu erstaunlichen Konsequenzen führt, wenn man auf ein anderes Bezugssystem übergeht. Wendet man das gleiche Synchronisierungsverfahren im System 2 an, so werden in ihm die Uhren so gestellt, daß auch sie eine nach allen Seiten gleiche Lichtgeschwindigkeit c messen.

Hieraus muß man nun die zunächst so unglaubwürdige Tatsache von der Gleichartigkeit der Lichtausbreitung in zwei zueinander bewegten Systemen 1 und 2 verstehen. Das ist also keine geheimnisvolle physikalische Eigenschaft des Lichtes, sondern die besondere Eigenart der raum-zeitlichen Koordinatensysteme (x_1,y_1,z_1,t_1) und (x_2,y_2,z_2,t_2), die sich aus der Zeitdefinition mit Hilfe synchronisierter Uhren ergibt. Die Umrechnung von einem System in das andere geschieht, wie schon erwähnt, durch die Lorentz-Transformation. LORENTZ selbst hatte noch von einer fiktiven »Ortszeit« gesprochen. EINSTEIN war es zu verdanken, daß der Zeitbegriff durch eine Präzisierung, die niemand vor ihm für notwendig gehalten hatte, zurechtgerückt wurde.

Daß das Zurechtrücken des Zeitbegriffs durch die Physik gegen eine auf KANT zurückgehende Lehrmeinung der Philosophie verstieß, war mit ein Grund für die zögernde Aufnahme der Relativitätstheorie.

Wir fassen die erwähnten Vorzüge der speziellen Relativitätstheorie noch einmal zusammen. Sie formulierte klar ihre Grundannahmen: Das Prinzip von der Konstanz der

Lichtgeschwindigkeit und das spezielle Relativitätsprinzip. Sie löste den scheinbaren Widerspruch zwischen beiden Prinzipien durch eine grundlegende Analyse des Zeitbegriffs auf. Überdies wurde der physikalische Zeitbegriff durch Angabe einer genauen Meßvorschrift neu definiert. Man nennt eine Definition durch Meßvorschrift eine operative Definition, weil die vorzunehmenden experimentellen Operationen genau angegeben werden. Diese Art der Definition hat gegenüber den in der Philosophie meist üblichen den unschätzbaren Vorteil, daß durch die experimentellen Konsequenzen der operativen Definition ein empirischer Tatbestand geliefert wird, an dem die Zweckmäßigkeit der Definition und ferner die Richtigkeit der auf ihr begründeten Theorie gemessen werden kann.

Aufschlußreich ist in diesem Zusammenhang eine Kontroverse zwischen EINSTEIN und dem französischen Philosophen Jacques MARITAIN (1882 bis 1973) zum Begriff der Gleichzeitigkeit. EINSTEIN hatte in einer allgemein verständlichen Darstellung seiner Theorien in der Schrift »Über die spezielle und die allgemeine Relativitätstheorie« darauf aufmerksam gemacht, wie zwar jeder zu verstehen glaubt, was Gleichzeitigkeit ist, dann aber bei genauerem Nachfragen in Verlegenheit gerät. EINSTEIN schreibt zum Begriff der Gleichzeitigkeit:

»*Der Begriff existiert für den Physiker erst dann, wenn die Möglichkeit gegeben ist, im konkreten Falle herauszufinden, ob der Begriff zutrifft oder nicht. Es bedarf also einer solchen Definition der Gleichzeitigkeit, daß diese Definition die Methode an die Hand gibt, nach welcher im vorliegenden Falle aus Experimenten entschieden werden kann, ob z. B. zwei Blitzschläge gleichzeitig erfolgt sind oder nicht. Solange diese Forderung nicht erfüllt ist, gebe ich mich als Physiker (allerdings auch als Nichtphysiker!) einer Täuschung hin, wenn ich glaube, mit der Aussage der Gleichzeitigkeit einen Sinn verbinden zu können. (Bevor Du mir dies mit Überzeugung zugegeben hast, lieber Leser, lies nicht weiter.)*«[35]

Nun betritt MARITAIN die Szene. Er bemerkt hierzu:

»*Lassen Sie uns also unserem Autor gehorchen, und lesen wir nicht weiter; denn es ist in den Augen eines Philosophen ein so offenbarer Fehler, ein Ding mit der Messung, die wir von ihm nehmen, zu vermengen, daß wir zögern, einen solchen Fehler irgendjemand zuzuschreiben, wer immer es auch sei. Dennoch weist alles darauf hin, daß* EINSTEIN *diesen Fehler gemacht hat.*«[36]

Was soll man von dieser Kritik an EINSTEIN halten? Hat EINSTEIN »*ein Ding mit der Messung, die wir von ihm nehmen, vermengt*«? Für den Physiker ist Meßbarkeit eines Dinges fast alles, für den Philosophen mag es möglicherweise so gut wie nichts bedeuten. Die physikalischen Grundgrößen wie Länge, Zeit, Masse usw. werden durch Meßvorschriften definiert und damit für den Bereich der Physik konstituiert. Die physikalische Grundgröße Zeit muß speziell so definiert werden, daß Gleichzeitigkeit zum Gegenstand von Messungen werden kann. Für einen Philosophen mag es am Wesen seiner Untersuchungen über Gleichzeitigkeit vorbeigehen, wenn er feststellt, daß zwei Ereignisse zum gleichen Zeitpunkt stattfinden oder um eine minimale Zeitdifferenz auseinander liegen, und ob dieser Tatbestand für Beobachter in gegeneinander bewegten Bezugssystemen sich in der gleichen Weise darstellt oder nicht. Für den Physiker ist das entscheidend, und zwar entscheidend in dem Sinne, daß es solche meßbaren Werte sind, die über Falschheit oder Richtigkeit einer Theorie befinden. Anders ausgedrückt: Entschieden werden Streitfragen in der Physik dadurch, daß sie einer experimentellen Prüfung unterzogen werden. Die genauesten Aussagen einer experimentellen Prüfung aber sind Meßergebnisse. Diese Qualität der Physik als messender Wissenschaft ermöglicht die Beantwortung aller Fragen, für die die Möglichkeit einer experimentellen Prüfung erarbeitet worden ist. Hat man aber eine physikalische Größe bereits operativ definiert, so ist sie dadurch schon auf Meßbarkeit und Prüfbarkeit angelegt. Die Entscheidbarkeit von Hypothesen ist in der Physik auf diese Weise vorprogrammiert.

Die Verschiedenartigkeit der Probleme in Philosophie und Physik lassen sich in diesem Punkte so beschreiben: Die Fragen des Physikers sind auf einen bestimmten Gegenstandsbereich beschränkt, aber entscheidbar; die Fragen des Philosophen überschreiten den Gegenstandsbereich der Physik, sind aber in der Regel nicht entscheidbar. Es war die Lösung des Rätsels um den so lange unverstanden gebliebenen negativen Ausgang des Michelson-Versuchs, durch den EINSTEINs Zeitdefinition ihre nachträgliche Rechtfertigung erhielt. Die erwähnte Einseitigkeit der Physik als messender Wissenschaft hat ihre Theorien insbesondere in unserem Jahrhundert immer abstrakter werden lassen. Daß die Relativitätstheorie eine sehr abstrakte Theorie ist, wird auch von EINSTEIN selbst nicht bestritten. Er hielt aber auch eine Entwicklung zu immer größerer Erlebnisferne in der modernen Physik für unvermeidlich:

»*Die Relativitätstheorie ist ein schönes Beispiel für den Grundcharakter der modernen Entwicklung der Theorie. Die Ausgangshypothesen werden nämlich immer abstrakter, erlebnisferner. Dafür aber kommt man dem vornehmsten wissenschaftlichen Ziele näher, mit einem Mindestmaß von Hypothesen oder Axiomen ein Maximum von Erlebnisinhalten durch logische Deduktion zu umspannen. Dabei wird der gedankliche Weg von den Axiomen zu den Erlebnisinhalten bzw. zu den prüfbaren Konsequenzen ein immer längerer, subtilerer. Immer mehr ist der Theoretiker gezwungen, sich von rein mathematischen, formalen Gesichtspunkten beim Suchen der Theorien leiten zu lassen, weil die physikalische Erfahrung des Experimentators nicht zu den Gebieten der höchsten Abstraktion emporzuführen vermag. An die Stelle vorwiegend induktiver Methoden der Wissenschaft, wie sie dem jugendlichen Stande der Wissenschaft entsprechen, tritt die tastende Deduktion. Ein solches theoretisches Gebäude muß schon weit ausgearbeitet sein, um zu Folgerungen zu führen, die sich mit der Erfahrung vergleichen lassen. Gewiß ist auch hier die Erfahrungstatsache die allmächtige Richterin. Aber ihr Spruch kann erst aufgrund großer und schwieriger Denkarbeit erfolgen, die erst den weiten Raum zwischen den Axiomen und den prüfbaren Folgerungen überbrückt hat. Diese Riesenarbeit muß der Theoretiker leisten in dem klaren Bewußtsein, daß dieselbe vielleicht nur das Todesurteil seiner Theorie vorzubereiten berufen ist.*«[37]

Von der »*tastenden Deduktion*«, die versucht, geeignete Grundannahmen zur Herleitung bekannter Ergebnisse aufzufinden, war schon in Kapitel 6 unter dem Stichwort »Reduktion« die Rede. In jenem »jugendlichen Stadium der Wissenschaft« mögen jene tatsächlich zuweilen so offen zutage gelegen haben, daß man ihrer durch ein induktives Verfahren habhaft werden konnte. Heute ist das Verhältnis einer physikalischen Theorie zum »gesunden Menschenverstand« oder zur »Alltagserfahrung« oder wie immer man die empirischen Grundlagen bezeichnen mag, sehr viel schwieriger geworden. ARISTOTELES hatte eine erste Physik auf Alltagserfahrungen gründen können. Als EINSTEIN in einem weit fortgeschrittenen Stadium der Physik dies nicht mehr vermochte, sahen viele Zeitgenossen in der Erlebnisferne seiner

Grundannahmen zugleich eine Realitätsferne und meldeten daher grundsätzliche Bedenken an.

8.5 Zu den wichtigsten Konsequenzen der speziellen Relativitätstheorie gehören Massenveränderlichkeit und Äquivalenz von Masse und Energie.

Über den Wert einer physikalischen Theorie entscheiden die Experimente. Werden die vorhergesagten Effekte durch Experimente eingestellt, so ist nachgewiesen, daß die Theorie das Stadium bloßer Spekulation hinter sich gelassen hat und von meßbaren Realitäten handelt.
So war es auch bei der speziellen Relativitätstheorie. In den ersten Jahren machte die Fachwelt große Vorbehalte. Zu neuartig erschienen EINSTEINs Gedanken, als daß die in ihnen enthaltene Lösung des Rätsels vom Äther schnell erkannt worden wäre. Nach und nach waren es die erfolgreich bestandenen Tests, die das Ansehen der Theorie vermehrten.
Eine wichtige Folgerung ist die schon erwähnte Längenkontraktion, die früher auch nach LORENTZ oder FITZGERALD benannt worden war: Bewegte Körper erscheinen von einem anderen als dem mitbewegten Bezugssystem aus in der Bewegungsrichtung verkürzt. Die enge Verflechtung von Zeit- und Raum-Koordinaten macht es plausibel, daß mit dieser Längenkontraktion eine Zeitdilatation verknüpft ist: Bewegte Uhren erscheinen dem Beobachter in einem nicht mitbewegten Bezugssystem langsamer zu gehen.
Ein weiterer Test ist die Massenveränderlichkeit. Bringt man irgendwelche Körper auf hohe Geschwindigkeit, so vergrößert sich ihre Masse. Die Geschwindigkeiten müssen allerdings für einen merkbaren Effekt schon im Bereich der Lichtgeschwindigkeit liegen. Dies ist auch der Grund, warum dieser Effekt wie viele andere durch die Relativitätstheorie vorausgesagte bei für uns »üblichen« Geschwindigkeiten so gering ist, daß er sich der Beobachtung entzieht. Für jeden Physiker aber, der mit schnell bewegten Teilchen arbeitet, gehört dies zu seinen Grundlagen. Für die modernen Teilchenbeschleuniger, Zyklotrons, Synchrotrons usw. ist die Massenveränderlichkeit Konstruktionsprinzip.
Die von EINSTEIN angegebene Formel für die Massenveränderlichkeit sagt weiter aus, daß eine Geschwindigkeitssteigerung bis zur Lichtgeschwindigkeit unmöglich ist, weil hierfür ein unendlich hoher Energiebetrag aufgebracht werden müßte. In diesem Sinne ist die Lichtgeschwindigkeit für das Beschleunigen von Körpern eine nicht erreichbare Grenzgeschwindigkeit.
Am berühmtesten ist EINSTEINs Formel »$E = m \cdot c^2$« geworden. Sie drückt die Äquivalenz von Masse und Energie aus. Ein Beispiel hierfür sind die Prozesse der Paarvernichtung und Paarerzeugung. Ein Paar, das aus Elektron und Positron, zwei Teilchen mit der gleichen Masse von $m_e = 9{,}1 \cdot 10^{-31}$ kg und entgegengesetzt gleich großer Ladung $e = \pm 1{,}6 \cdot 10^{-19}$As, besteht, kann seine Masse $2m_e$ im Akt der Paarvernichtung in den äquivalenten Energiebetrag $E = 2m_e \cdot c^2$ umwandeln; er findet sich wieder als die Energie der Paarvernichtungsstrahlung, einer harten γ-Strahlung. Umgekehrt läuft dieser Prozeß als Paarerzeugung ab. Lenkt man einen Strahl ausreichender Energie auf Atome, so entsteht in ihrem Bereich ein Elektron-Positron-Paar. Dies ist nur ein Beispiel unter vielen, in denen sich die Gleichung $E = m \cdot c^2$ bestätigt findet.
Eine äußerst folgenreiche Konsequenz ist die Tatsache, daß auch das kleinste Materie-

17: Fritz STRASSMANN, *geb. am 22. 2. 1902 in Boppard. Otto* HAHN, *geb. am 8. 3. 1879 in Frankfurt/M., gest. am 28. 7. 1968 in Göttingen, 1944 Nobelpreis für Physik. Heinz* HABER, *geb. am 15. 5. 1913 in Mannheim, Professor für Astrophysik in USA, wissenschaftlicher Publizist*

teilchen in Gestalt seiner Masse einen ungeheuren Energievorrat darstellt. Die Materie ist ein riesiges Energiereservoir. Den Zugang zu ihm eröffneten HAHN und STRASSMANN 1938 durch die erste gezielte Kernspaltung (vgl. Bild 17). Leider wurde die damit erschlossene Energiequelle nicht nur zu friedlichen Zwecken genutzt. Als die Gegner des nationalsozialistischen Deutschlands im 2. Weltkrieg fürchten mußten, daß man ihnen im Bau einer die Kernspaltung ausnützenden Bombe voraus war, ließ sich EINSTEIN von Edward TELLER (geb. 1908), dem späteren »Vater der Atombombe« bewegen, einen Brief an den amerikanischen Präsidenten ROOSEVELT zu unterschreiben. Das führte zur Forcierung der Anstrengungen der USA auf diesem Gebiet. Der Abwurf der ersten Atombomben über Hiroshima und Nagasaki 1945 stellte einen traurigen Höhepunkt des Mißbrauchs der Technik in den Händen des Menschen dar. – Die friedliche Nutzung der Kernenergie ist ein heute heiß umstrittenes Thema.

EINSTEIN hatte als Jude, der lange in Berlin lebte, gar nicht unpolitisch bleiben können, obwohl dies sicher nicht seiner Natur entsprach. Von 1920 an bis zum Jahre 1932, in dem er Deutschland verließ, war er immer wieder von antisemitischen Kreisen angefeindet worden. Groteskes Zeugnis hierfür ist die Zeitschrift »Deutsche Physik«, die von Ph. LENARD (1862 bis 1947) herausgegeben wurde, jeden nicht-arischen Beitrag ablehnte und EINSTEINs Relativitätstheorie wütend bekämpfte.

Kehren wir jedoch zu den wissenschaftlichen Folgeerscheinungen der Relativitätstheorie zurück und geben hierzu noch einmal EINSTEIN selbst das Wort:

»1. *Es gibt keine Gleichzeitigkeit distanter Ereignisse; es gibt also auch keine unvermittelte Fernwirkung im Sinne der Newtonschen Mechanik. Die Einführung von Fernwirkungen, die sich mit Lichtgeschwindigkeit ausbreiten, bleibt zwar nach dieser Theorie denkbar, erscheint aber unnatürlich; in einer derartigen Theorie könnte es nämlich keinen vernünftigen Ausdruck für das Energieprinzip geben. Es erscheint deshalb unvermeidlich, daß die physikalische Realität durch kontinuierliche Raumfunktionen zu beschreiben ist. Der materielle Punkt dürfte deshalb als Grundbegriff nicht mehr in Betracht kommen.*

2. *Die Sätze der Erhaltung des Impulses und der Erhaltung der Energie werden zu einem Satz verschmolzen. Die träge Masse eines abgeschlossenen Systems ist mit seiner Energie identisch, so daß die Masse als selbständiger Begriff eliminiert ist.*«[38]

In diesen Bemerkungen seiner Autobiographie zeigt EINSTEIN, daß es neben den meßbaren experimentellen Konsequenzen auch wichtige theoretische Impulse gibt, die von seinen relativitätstheoretischen Erkenntnissen ausgehen. Insbesondere der Feldbegriff hat an Bedeutung gewonnen, die alte Newtonsche Mechanik des Massenpunktes tritt in den Hintergrund.

8.5 Zusammenfassung

Zu Beginn des 20. Jahrhunderts war das mechanische Programm der Physik am Ende seiner Möglichkeiten. Ein mechanischen Gesetzen gehorchender Äther war nicht nachweisbar und unvereinbar mit der Faraday-Maxwellschen Theorie. LORENTZ nahm einige Details der speziellen Relativitätstheorie vorweg. Der negative Ausgang des Michelson-Versuchs blieb gleichwohl ein ungelöstes Rätsel. Die neue, alle Schwierigkeiten mit einem Schlage bewältigende Sicht der Dinge brachte EINSTEIN. Das spezielle Relativitätsprinzip erwies sich als Leitlinie von großem heuristischem Wert bei der Neugestaltung weiter Gebiete der Physik. Eine genauere Analyse des Zeitbegriffs erwies den bis dahin unreflektiert benutzten Begriff absoluter, d.h. vom Bezugssystem unabhängiger Gleichzeitigkeit als Fiktion. Wichtige Konsequenzen waren auf experimentellem Gebiet Massenveränderlichkeit und Äquivalenz von Masse und Energie, auf theoretischem Gebiet eine Vereinheitlichung der Physik unter dem Begriff des kontinuierlichen Feldes.

Aufgaben

1. Schildern Sie die Schwierigkeiten, die vor Erscheinen der speziellen Relativitätstheorie in der Physik bestanden.
2. Was ist unter der Gleichartigkeit der Lichtausbreitung für verschiedene, gegeneinander bewegte Beobachter zu verstehen?
3. Wie hängt der Begriff des Inertialsystems mit dem Trägheitsgesetz zusammen?
4. Schildern Sie die Kritik J. MARITAINs als die eines Philosophen am Zeitbegriff der speziellen Relativitätstheorie und entwerfen Sie eine Erwiderung.

9 Die allgemeine Relativitätstheorie – Vertiefung der Begriffe von Raum und Zeit

9.1 *Die allgemeine Relativitätstheorie – Eine Theorie der Gravitation wird durch astronomische Beobachtungen getestet.*

Im Jahre 1905 veröffentlichte EINSTEIN neben der ersten Arbeit zur speziellen Relativitätstheorie zwei weitere wichtige Arbeiten, eine über die Quantentheorie des Photoeffekts, für die er 1921 den Nobelpreis erhielt und eine dritte über die Brownsche Molekularbewegung. Im Grunde waren alle drei Arbeiten nobelpreiswürdig.

EINSTEIN war 1905 26 Jahre alt; die von ihm geplante Verallgemeinerung der speziellen zur allgemeinen Relativitätstheorie erwies sich als mühsames Unterfangen. Eine der Schwierigkeiten, die Einstein bei der Ausarbeitung der allgemeinen Relativitätstheorie soviel Zeit kosteten, waren die mathematischen, insbesondere differentialgeometrischen Grundlagen. Diese gingen auf G. F. B. RIEMANN (1826 bis 1866) zurück und waren von RICCI (1853 bis 1927) und LEVI-CIVITA (1873 bis 1941) weiterentwickelt worden. Sie gehören nicht zu den selbstverständlichen Kenntnissen eines Physikers. Das war bei Erscheinen der allgemeinen Relativitätstheorie 1917 mit ein Grund für die zögernde Aufnahme durch die Fachleute. Das Interesse erwachte um 1960 schlagartig aufs Neue. Davon wird noch die Rede sein.

Die allgemeine Relativitätstheorie ist im wesentlichen eine Gravitationstheorie (vgl. auch die Schriftprobe, Bild 18). EINSTEIN hat zwar zeit seines Lebens versucht, auch die elektrischen Kräfte in seine Theorie mit einzubeziehen. Aber diese Erweiterung zu einer einheitlichen Feldtheorie wurde nicht realisiert. Als Theorie der Gravitation zeigt sie, daß unsere im Kleinen euklidische Welt in großen Dimensionen wie den Galaxien und außerdem überall dort, wo starke Gravitationsfelder herrschen, weit angemessener durch eine nichteuklidische Geometrie beschrieben wird. Tests, die die Gültigkeit der allgemeinen Relativitätstheorie erweisen sollen, setzen daher starke Gravitationsfelder oder gewaltige Dimensionen voraus. Beide Forderungen weisen auf astronomische Beobachtungen hin.

Schon der erste Test war ein astronomischer. Die Behauptung der allgemeinen Relativitätstheorie, daß Lichtstrahlen durch starke Gravitationsfelder eine Ablenkung erfahren, wurde durch Ablenkung von Sternenlicht durch die Sonne auf einer Sonnenfinsternis-Expedition schon 1919 bestätigt. Ein weiterer klassischer Test – so nennt man die von EINSTEIN selbst vorgeschlagenen und mitverfolgten Tests – war die Rotverschiebung des im Gravitationsfeld aufsteigenden Lichts: Die Wellenlänge wird zum roten Ende des Spektrums hin verschoben. Der dritte Test ergibt sich aus der Perihel-Drehung des Merkur. An ihr ist zu erkennen, welche Aussagen die allgemeine Relativitätstheorie macht, die über NEWTONs Gravitationstheorie hinausgehen. Die Planetenbahnen, so hatte KEPLER beobachtet und NEWTON aus seinem allgemeinen Gravitationsgesetz hergeleitet, sind Ellipsen, in deren einem

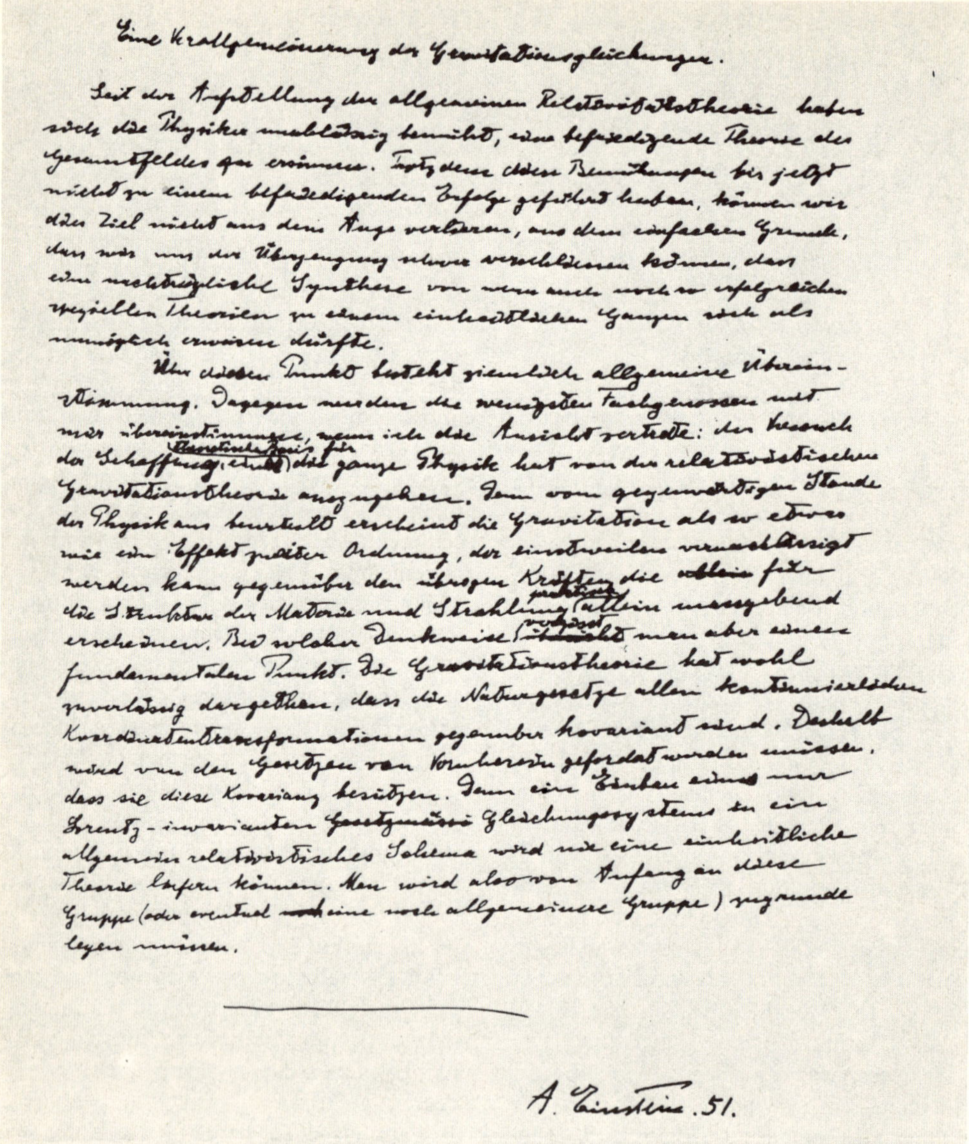

Eine Verallgemeinerung der Gravitationsgleichungen.

Seit der Aufstellung der allgemeinen Relativitätstheorie haben sich die Physiker unablässig bemüht, eine befriedigende Theorie des Gesamtfeldes zu ersinnen. Trotzdem diese Bemühungen bis jetzt nicht zu einem befriedigenden Erfolge geführt haben, können wir dies Ziel nicht aus dem Auge verlieren, aus dem einfachen Grunde, dass wir uns der Überzeugung nicht verschliessen können, dass eine nachträgliche Synthese von wenn auch noch so erfolgreichen speziellen Theorien zu einem einheitlichen Ganzen sich als unmöglich erweisen dürfte.

Über diesen Punkt besteht ziemlich allgemeine Übereinstimmung. Dagegen werden die wenigsten Fachgenossen mit mir übereinstimmen, wenn ich die Ansicht vertrete: der Versuch der Schaffung einer theoretischen Basis für die ganze Physik hat von der relativistischen Gravitationstheorie auszugehen. Denn vom gegenwärtigen Stande der Physik aus beurteilt erscheint die Gravitation als so etwas wie ein Effekt zweiter Ordnung, der einstweilen vernachlässigt werden kann gegenüber den übrigen Kräften die für die Struktur der Materie und Strahlung praktisch allein massgebend erscheinen. Bei solcher Denkweise übersieht man aber einen fundamentalen Punkt. Die Gravitationstheorie hat wohl zuverlässig dargethan, dass die Naturgesetze allen kontinuierlichen Koordinatentransformationen gegenüber kovariant sind. Deshalb wird von den Gesetzen von vornherein gefordert werden müssen, dass sie diese Kovarianz besitzen. Denn ein Einbau eines nur Lorentz-invarianten Gleichungssystems in ein allgemein relativistisches Schema wird nie eine einheitliche Theorie liefern können. Man wird also von Anfang an diese Gruppe (oder eventuell eine noch allgemeinere Gruppe) zugrunde legen müssen.

A. Einstein. 51.

18: Eine Verallgemeinerung der Gravitationsgleichungen. In der Handschrift von Albert EINSTEIN

Brennpunkt die Sonne steht. Der Planet durchläuft dieselbe Ellipse immer von neuem. Die Perihel-Drehung besagt nun, daß der Planet nach einem Umlauf nicht ganz in die ursprüngliche Ellipsenbahn zurückkehrt, sondern Ellipse neben Ellipse durchlaufend in Wirklichkeit eine Rosettenbahn beschreibt. So klein dieser Effekt auch ist – für

den Merkur 43 Bogensekunden in einem Jahrhundert – er wurde durch die Beobachtungen bestätigt.
Eine Ausnahme, nämlich ein auf der Erde ausführbares Experiment, betrifft die Beeinflussung des Gangs von Uhren durch starke Gravitationsfelder. Er beruht auf der schon erwähnten Gravitations-Rotverschiebung. Denn wenn Licht aussendende Atome mit der Frequenz ihres Lichtes »ticken«, so bedeutet eine Rotverschiebung die Verlangsamung dieses Tickens. Das Experiment wurde 1971 von HAFELE und KEATING ausgeführt; und zwar nutzten sie die inzwischen erreichte Ganggenauigkeit von Caesium-Uhren, die bis auf milliardstel Sekunden genau messen, aus, um den winzigen Effekt zu überprüfen. Sie führten auf Linienflügen solche Caesium-Uhren rund um die Erde mit sich und verglichen ihre Anzeige mit der einer in Washington zurückgelassenen Uhr. Mit diesem »Billig-Experiment« kamen sie den weit aufwendiger geplanten Satelliten-Flügen mit dem gleichen Ziel zuvor und konnten die Voraussage der allgemeinen Relativitätstheorie bestätigen: Die in der Höhe – also in geringfügig schwächerem Gravitationsfeld – befindlichen Uhren gingen tatsächlich schneller als die am Erdboden.

9.2 Die rasche Entwicklung der Astrophysik bewirkt ein Aufleben des Interesses an der allgemeinen Relativitätstheorie.

Weitere Tests waren wiederum astronomische Tests. Ihre Bedeutung kann man nur richtig einschätzen, wenn man die Gesamtentwicklung der Astronomie seit 1960 näher kennt. Die Beobachtungsmöglichkeiten hatten sich durch eine Reihe neuer Methoden sprunghaft verbessert. Zu der jahrtausendealten Astronomie des sichtbaren Lichts traten neue hinzu: Radioastronomie, Infrarotastronomie, Röntgenastronomie. Immer neue Wellenlängenbereiche des elektromagnetischen Spektrums konnten aus den verschiedensten Gegenden des Weltalls empfangen werden. Überdies registrierte man Neutrinos aus dem Inneren der Sonne und versuchte, die von EINSTEIN vorhergesagten Gravitationswellen nachzuweisen. Das Beobachtungsmaterial wuchs gewaltig an, mit der Folge, daß auch Kernphysiker und Elementarteilchenphysiker sich für die Astronomie zu interessieren begannen. Das Weltall wurde für sie zu einem riesigen Laboratorium. Es wurden Vorgänge beobachtet wie z. B. die den Energiehaushalt der Sonne bestreitende Kernfusion, die auf der Erde nicht oder noch nicht eingeleitet werden konnten. In der Astrophysik, wie man diesen Zweig der Astronomie gern nannte, ging man davon aus, daß im Weltall dieselben Gesetze herrschen wie auf der Erde.
In der Regel hatte man auch Erfolg damit; allerdings gab es auch Probleme. Die Quasare, die zu den aufregendsten Neuentdeckungen am Himmel zählen, zeigten eine so ungewöhnlich große Rotverschiebung, daß der Verdacht aufkam, man kenne noch nicht alle hierfür verantwortlichen Gesetze der Physik. Zu ähnlichen Vermutungen kam man, als die Neutrino-Nachweisgeräte von der Sonne eine viel geringere Ausbeute an Neutrinos empfingen, als man erwartet hatte.
Der enorme Zuwachs an Beobachtungsmaterial hatte noch eine andere Folge. Die Fragen, ob die Welt einen Anfang in Raum und Zeit und ein Ende habe, waren lange über das Stadium philosophischer Spekulation nicht hinausgekommen. KANT hatte diese Fragen in seiner Antinomienlehre gestellt und für unentscheidbar gehalten. [39]
Nun war man gestützt auf ein ungleich größeres Tatsachenmaterial optimistischer. Sollten die empirischen Wissenschaften er-

folgreicher sein als die Philosophie? Auch EINSTEIN hatte im Anschluß an seine Veröffentlichung der allgemeinen Relativitätstheorie kosmologische Gedanken, d.h. Gedanken über das Weltall als Ganzes ausgesprochen. Wenn dieses erste kosmologische Modell EINSTEINs heute auch überholt ist, so ändert das doch nichts an der Tatsache, daß hier ein lange nachwirkender Anstoß gegeben wurde, und vor allem nichts daran, daß die allgemeine Relativitätstheorie ihre Gültigkeit behielt und sich in der Anwendung auf kosmologische Fragen bewährte. Das Einsteinsche Modell des Universums nahm an:

1. Das Weltall ist räumlich endlich, aber unbegrenzt.
2. Das Weltall ist zeitlich unveränderlich und damit ewig.

Die erste Annahme bedarf einer Erläuterung, insofern sie unserer alltäglichen Anschauung widerspricht. Wir können uns zwar eine zweidimensionale in sich geschlossene Fläche, z.B. die Erdoberfläche vorstellen und für sie zeigen, daß sie zugleich endlich und unbegrenzt ist. Umrunden wir z.B. die Erde längs des Äquators, so sind wir nach einer endlichen Zeit wieder am Ausgangspunkt; es gibt aber keine Grenzen für die Fortsetzung der Reise. Es will unserer Anschauung jedoch nicht gelingen, sich zu dieser in sich geschlossenen Fläche das dreidimensionale Gegenstück, den in sich geschlossenen gekrümmten Raum, vorzustellen. Der gekrümmte Raum ist ein in sich widerspruchsfreies, logisches System, das zu den Gleichungen der allgemeinen Relativitätstheorie besser als unser gewöhnlicher Raum paßt, obwohl ihm die Anschaulichkeit fehlt.

Die zweite Annahme stimmte dagegen viel eher mit der überkommenen Auffassung vom Weltall überein. Jahrtausendelang war der gestirnte Himmel für die Menschheit das Sinnbild des Ewigen gewesen. Allerdings erwies es sich, daß, ließ man einmal EINSTEINs erste Annahme gelten, die zweite nicht mehr zutreffen konnte. FRIEDMANN zeigte 1922, daß das Einsteinsche Universum als Ganzes instabil war, und notwendigerweise zu einer Expansions- oder Kontraktions-Bewegung übergehen mußte. Es war natürlich von größtem Interesse, als sich 1929 der amerikanische Astronom Edwin HUBBLE (1889 bis 1953) in die Diskussion einschaltete, er interpretierte eine überall im Weltall beobachtete Rotverschiebung als Doppler-Effekt. Das bedeutet, daß sich das Weltall tatsächlich im Zustand dauernder Expansion befindet. (Diese Doppler-Rotverschiebung ist nicht zu verwechseln mit der Gravitations-Rotverschiebung.) Es gibt bis heute keine andere allgemein anerkannte Deutung dieser Doppler-Rotverschiebung. Die anderen Galaxien unseres Weltalls entfernen sich also von der unsrigen und das übrigens umso schneller, je weiter sie von uns entfernt sind. Das bedeutet wegen der oben erläuterten Vorstellung des gekrümmten Raumes nicht, daß unsere Milchstraße das Zentrum des Universums ist. Im zweidimensionalen Analogon ist dieses expandierende Universum mit einer Ballonoberfläche zu vergleichen, die sich vergrößert, und auf der sich jeder Punkt der Oberfläche von jedem anderen entfernt und zwar umso schneller, je weiter er vom Beobachter entfernt ist, ohne daß es ein natürliches Zentrum auf dieser Oberfläche gäbe.

Damit war das Weltall ein dynamisches geworden. Es herrschte eine allgemeine Expansionsbewegung. Das Licht von den entferntesten Welteninseln war zu uns Jahrmillionen unterwegs und zeigte diese in einem längst vergangenen Zustand. Der Gedanke des geschichtlichen Werdens des Weltalls drängte sich auf. Rechnete man die Expansionsbewegung bis zu ihrem Ursprung zurück, so mußte man ein gewaltiges Ereignis als Beginn vermuten, einen »Urknall« oder »Big Bang«, wie man es nannte. Dieser Urknall muß vor etwa 20 Milliarden Jahren stattgefunden haben. Man kann spekulieren, was davor gewesen ist. Diese Frage erscheint jedoch vielen Physikern sinnlos, ist doch eine Verlängerung der Zeitskala bis vor den Urknall physikalisch gesehen unmöglich, weil sie sich an keinem beobachtbaren Ereignis festmachen ließe.

Wie sich der Urknall in seinen einzelnen Stadien abgespielt hat und welche kernphysikalischen Prozesse dabei die treibenden Kräfte waren, darüber hat man sich schon sehr ins Einzelne gehende Vorstellungen gemacht; so z.B. Steven WEINBERG in seinem Buch: »Die ersten drei Minuten.« [40]

Vergleichbare Vorgänge spielen sich wahrscheinlich ständig bei der Entstehung von Sternen ab. Man hat gelernt, das den Sternen eigene Werden und Vergehen genauer zu begreifen. In unserem Zusammenhang ist ein spätes Stadium der Sternentwicklung besonders interessant: Die Kernenergie erschöpft sich und die Gravitationsenergie tritt in den Vordergrund. Die Sterne kollabieren unter dem Gewicht ihrer eigenen Materie. Je nach der Größe der Sterne nimmt man verschiedene Endstadien an: weiße Zwerge, Neutronensterne oder schwarze Löcher.

Die Vorgänge beim Kollabieren der Sterne stellen, da für sie ja die Gravitation die treibende Kraft ist, einen harten Test einer jeden Gravitationstheorie dar. Wenn auch noch nicht alle Beobachtungsdaten befriedigend gedeutet werden konnten, so hat sich doch auf diesem neuen Forschungsgebiet die allgemeine Relativitätstheorie als der zuverlässigste Wegweiser erwiesen. Die konkurrierenden Theorien konnten hier nicht mithalten.

Es soll nicht unerwähnt bleiben, daß es neben der Vorstellung eines mit einem Urknall beginnenden expandierenden Weltalls auch das Modell eines stationären Weltalls, das Steady-State-Modell gibt. Dieses geht zwar auch von der Expansion als Beobachtungstatsache aus, nimmt aber eine immer gleichbleibende mittlere Konzentration von Materie im Weltall an, eine Annahme, die in den Tiefen des Weltalls irgendwo die ständige Neuschöpfung von Materie notwendig macht. Das wäre aber eine nirgends in irdischen Verhältnissen beobachtete Erscheinung, für die es überdies keinen theoretischen Anhaltspunkt gibt. Schließlich ist auch das Modell eines Universums denkbar, in dem sich Perioden der Expansion mit solchen der Kontraktion abwechseln.

Die entscheidenden Argumente in dieser Diskussion, die auf den ersten Blick voller Spekulationen zu stecken scheint, liefert das riesige Beobachtungsmaterial. An ihm sind alle theoretischen Anstrengungen zu messen. Optimisten unter den Physikern schließen aus dem Tempo, mit dem man zur Zeit Zugang zu neuen wichtigen Daten erhält, daß man noch in diesem Jahrhundert die begründete Entscheidung zugunsten des einen oder anderen Modells für das Universum wird fällen können. Selbst wenn man über eine solche Aussicht zurückhaltener urteilen möchte, wird man festhalten können, daß in diesem Jahrhundert die Frage nach dem Ursprung und Alter des Weltalls Gegenstand der Entscheidung einer empirischen Wissenschaft geworden ist.

9.3 *Das spezielle Relativitätsprinzip wird zum allgemeinen Relativitätsprinzip erweitert.*

Nach dieser Abschweifung in die Astrophysik kehren wir zum systematischen Ausgangspunkt der allgemeinen Relativitäts-

theorie zurück. War das spezielle Relativitätsprinzip eines der beiden Grundaxiome der speziellen Relativitätstheorie, so spielt das allgemeine eine ähnlich fundamentale Rolle in der erweiterten Theorie EINSTEINs.
Um zu einer Formulierung des allgemeinen Relativitätsprinzips vorzustoßen, gehen wir von der Idee des Inertialsystems aus. Sie wird in der allgemeinen Relativitätstheorie zugleich vertieft und überwunden. Jeder Naturvorgang muß, um einer angemessenen Beschreibung zugeführt werden zu können, auf ein geeignetes Koordinatensystem bezogen werden. Ein Inertialsystem erscheint dafür besonders geeignet, weil in ihm per Definition das Trägheitsgesetz gilt. Ihm zufolge behält ja ein Körper den Zustand der Ruhe oder gleichförmigen Bewegung bei, solange keine äußeren Kräfte auf ihn wirken. Daher folgt aus der trivialsten Annahme über Kräfte, daß nämlich überhaupt keine vorhanden sind, eine besonders einfache Bewegungsart, nämlich die der Ruhe bzw. der gleichförmigen Bewegung. Von diesem Ansatz aus ist EINSTEINs Bemühung zu verstehen, die Kräfte überhaupt völlig aus der Physik zu eliminieren. Für die Gravitationskräfte gelang ihm das durch eine geniale Verschmelzung der Physik mit der Geometrie.
Wir können die Dinge noch genauer verstehen, wenn wir nach der experimentellen Verwirklichung eines Inertialsystems fragen. Es gibt verschiedene Möglichkeiten, die alle darauf beruhen, daß man die fast überall auftretenden Störungen der geradlinig gleichförmigen Bewegung beseitigt. Es sind dies neben den überall gegenwärtigen Reibungskräften, die verhältnismäßig leicht ausgeschaltet werden können, die in irdischen Labors immer vorhandenen Gravitationskräfte. Es gibt verschiedene Anordnungen:

1. Man kann in einer horizontalen Ebene experimentieren. Die Gravitation wird durch die Zwangskraft »Widerstand der Unterlage gegen die Belastung durch den Versuchskörper« aufgehoben. Die Reibung kann durch Luftkissentechnik klein gehalten werden. Dieses Inertialsystem ist kein sehr allgemeines, da es nur Bewegungen in der horizontalen Ebene zuläßt.
2. Man experimentiert in einem frei fallenden oder auf einer Parabelbahn zu Boden stürzenden Laboratorium. Das Flugzeug oder Raumschiff, das sich auf einer solchen auch Trägheitsbahn genannten Linie bewegt, sollte natürlich nach Ausführung der Experimente weich landen. Auch hier ist ein Inertialsystem realisiert. Jeder in einem solchen Laboratorium sich selbst überlassene Körper schwebt oder behält eine ihm mitgegebene Bewegung geradlinig und gleichförmig bei. Der Luftwiderstand wird dabei vernachlässigt.
3. Man kann auch in einem die Erde auf einer Umlaufbahn umkreisenden Raumschiff experimentieren. In diesem Fall wird besonders deutlich, daß die von der Erde ausgeübte Gravitationskraft zu einer Trägheitskraft in Beziehung gesetzt und durch sie neutralisiert wird. Die Zentrifugalkraft, die wir im kreisenden Raumschiff erfahren, hebt die Schwerkraft auf. Die Zentrifugalkraft ist eine Trägheitskraft, da das Bestreben, nach außen auszubrechen, als Verharren in der augenblicklichen Bewegung, die ja nach dem Trägheitsgesetz geradeaus verlaufen würde, zu verstehen ist.

Für die Neutralisierung der Gravitation im 2. Beispiel ist ebenfalls ein Trägheitskraft verantwortlich. Sie ist von dem Typ, der bei Startvorgängen als Beschleunigung spürbar wird.
Zwischen den Beispielen 1 einerseits und 2 und 3 andererseits besteht ein wichtiger Unterschied. Während das System im Beispiel 1 ohne weiteres als Inertialsystem zu erkennen ist, scheint sich die Bedeutung des Inertialsy-

stems in den anderen Beispielen gerade in das Gegenteil dessen, was in der speziellen Relativitätstheorie definiert wurde, zu verkehren. Beschleunigungen waren ja in den Inertialsystemen der speziellen Relativitätstheorie ausdrücklich verboten. Nun werden beschleunigte Bezugssysteme im Zuge der Erweiterung der speziellen zur allgemeinen Relativitätstheorie ebenfalls als Inertialsysteme zugelassen. Seine Berechtigung erhält dieser Schritt dadurch, daß diese Systeme tatsächlich geradlinig gleichförmige Bewegungen als geradlinig gleichförmige Bewegungen erhalten, was dadurch erreicht wird, daß die störende Gravitationskraft durch eine Trägheitskraft der einen oder anderen Art aufgehoben wird.

EINSTEIN zielte mit voller Absicht auf die Gleichsetzung von Schwerkraft und Trägheitskraft. Es war eine längst bekannte empirische Tatsache, daß die schwere Masse eines jeden Körpers, welcher Art er auch immer sei, proportional seiner trägen Masse ist. Bei geeigneter Wahl der Maßeinheiten für schwere und träge Masse kann diese Proportionalität auch als Gleichheit definiert werden. Genaue Bestätigungen des Gesetzes hatte man durch die Messungen von R. VON EÖTVÖS (1848 bis 1916) erhalten.

Im Aufbau der allgemeinen Relativitätstheorie ging EINSTEIN nun folgendermaßen vor. Die Beschränkung des Relativitätsprinzips auf Inertialsysteme empfand er als künstlich. Um von ihr freizukommen, postulierte er die Gleichberechtigung ganz beliebiger Bezugssysteme, die sich in allen möglichen Bewegungszuständen befinden. Das hängt mit dem Naturgesetz von der Gleichheit der trägen und der schweren Masse unmittelbar zusammen. Wir sehen das, wenn wir das dritte Beispiel von den beiden einfachsten Bezugssystemen, die sich anbieten, beurteilen. Das erste Bezugssystem soll das schon genannte Inertialsystem, das sich mit dem Raumschiff starr verbunden um die Erde bewegt, sein. Ein im Raumschiff losgelassener Körper schwebt deshalb in diesem Raumschiff, weil er träge ist, also gleichsam keine Veranlassung verspürt, seinen Bewegungszustand zu verändern. Dies ist die Sicht eines Beobachters im Raumschiff. Gravitation und Zentrifugalkraft heben sich in ihrer Wirkung auf. Ursache für das freie Schweben des Körpers ist seine Trägheit.

Wie sieht derselbe Vorgang für einen auf der Erde ruhenden Beobachter aus? Ein Körper, der sich im Raumschiff befindet, gehorcht denselben Bewegungsgesetzen wie das Raumschiff selbst. Seine Kreisbahn wird ebenso wie die des Raumschiffs durch die als Zentripetalkraft wirkende Gravitationskraft verursacht. Für jeden im Zentrum einer Kreisbahn ruhenden Beobachter ist nämlich diese Zentripetalkraft eine Denknotwendigkeit. Anders wäre für ihn nicht zu verstehen, daß der Körper nicht auf geradliniger Bahn ausbricht. Der Körper im Raumschiff wird also von der Erde angezogen wie das Raumschiff, weil er ebenso wie dieses die Eigenschaft der Schwere hat. Weil er sich auf derselben Bahn wie das Raumschiff um die Erde bewegt, ist er also relativ zum Raumschiff in Ruhe. Ursache für das freie Schweben des Körpers ist diesmal seine Schwere.

Dies sind also zwei der möglichen Darstellungen des Vorgangs. Keine scheint gegenüber der anderen einen entscheidenden Vorzug zu haben. Interpretiert man nun träge und schwere Masse als ein und dieselbe Eigenschaft der Körper, so steht nichts der Festsetzung im Wege, diese beiden Bezugssysteme und alle weiteren als gleichberechtigt anzusehen. Dies ist das allgemeine Relativitätsprinzip. Es lautet:

Die Gesetze der Physik sind in allen Bezugssystemen dieselben. Es existiert kein bevorzugtes Bezugssystem, welches auch immer sein Bewegungszustand sein mag.

Wir sehen, EINSTEIN gibt hier letztlich keine Erklärung von der Gleichheit der trägen und schweren Masse. Er macht aber das mit dieser Tatsache eng verknüpfte allgemeine Relativitätsprinzip zur Grundlage seiner erweiterten Theorie. Damit wurde dieser Satz derart in eine Theorie eingebunden, daß er zu einer Reihe experimentell prüfbarer Aussagen in Beziehung gesetzt wurde. Auf diesem Umweg wurde dann doch erreicht, daß man den bislang unverstandenen Satz von der Äquivalenz der trägen und der schweren Masse besser verstehen lernte.

Man kann natürlich die Frage stellen, ob die Gleichsetzung dieser beiden Eigenschaften der Materie nur eine Interpretation oder aber eine Erklärung dieses Tatbestandes bedeutet. Das führt weiter zu der Frage, was in der Physik eine Erklärung eigentlich ist. Hierzu bedarf es einer eigenen Antwort, zu der im Schlußkapitel noch Hinweise gegeben werden.

Wenn EINSTEIN den Satz von der Gleichheit der trägen und schweren Masse nicht direkt erklärt, sondern nur im Sinne seines allgemeinen Relativitätsprinzips interpretiert, und damit zur Grundlage seiner Theorie macht, so verfährt er ähnlich wie bei der Begründung der speziellen Relativitätstheorie. Man erinnert sich, daß EINSTEIN den negativen Ausgang des Michelson-Versuchs als Prinzip von der Konstanz der Lichtgeschwindigkeit nicht weiter begründete, sondern selbst zum Grundaxiom seiner Theorie machte. Die hieraus gezogenen theoretischen Folgerungen hielten allerdings der experimentellen Nachprüfung stand.

CASSIRER hat in diesem Kunstgriff, ein Problem zum Axiom zu machen, ein für EINSTEIN typisches Verfahren gesehen:

»*Blickt man auf den geschichtlichen Gang der Relativitätstheorie zurück, so erkennt man, daß diese hier einer Weisung gefolgt ist, die* GOETHE *einmal gegeben hat. ›Die größte Kunst im Lehr- und Weltleben‹* – *so schreibt* GOETHE *an* ZELTER – *›besteht darin, das Problem in ein Postulat zu verwandeln, damit kommt man durch.‹*« [41]

9.4 *Die Äquivalenz von träger und schwerer Masse wird geometrisch interpretiert.*

Wie sieht nun der weitere Aufbau der allgemeinen Relativitätstheorie aus? Wir sind weit davon entfernt, auch nur einen einigermaßen vollständigen Eindruck geben zu können. Da die Theorie mathematisch formuliert ist, sind zunächst die Grundannahmen zu präzisieren und zu formalisieren. Ohne die Mittel des erwähnten differentialgeometrischen Kalküls müssen wir es bei Andeutungen lassen. Hierzu zwei Beispiele, die eine Vorstellung geben, wie die schon geschilderten experimentellen Konsequenzen der allgemeinen Relativitätstheorie aus ihren Grundlagen gefolgert werden können.

Die Beispiele 2 und 3 im Abschnitt 9.3 haben gezeigt, daß man in jedem genügend kleinen Raum-Zeit-Gebiet durch Wahl eines geeigneten Bezugskörpers ein sogenanntes lokales Inertialsystem angeben kann, in dem sich ein nur der Gravitation unterworfener Körper geradlinig und gleichförmig bewegt. Die Beschränkung auf einen lokalen Bereich ist notwendig, weil es beispielsweise unmöglich ist, einen Bezugskörper (unserem Raumschiff vergleichbar) zu wählen, der das gesamte Gravitationsfeld der Erde in seiner vollen Ausdehnung zum Verschwinden bringt.

Beachtet man diese Einschränkung, so kann man sagen, daß sich jede Gravitationskraft durch eine Trägheitskraft, wie sie bei Beschleunigungen auftritt, ersetzen läßt und umgekehrt. Was ist die Folge dieser Gleichsetzung? EINSTEIN beschreibt in seinem

Buch »Über die spezielle und die allgemeine Relativitätstheorie« zunächst, daß sich die geradlinig gleichförmige Bewegung eines Körpers für einen Beobachter in einem anderen Bezugssystem auch als beschleunigte Bewegung darstellen kann. Der Beobachter muß sich nur selbst gegenüber dem System in dem der Körper sich gleichmäßig bewegt, beschleunigt bewegen; dann wird ihm auch die Bewegung des Körpers beschleunigt erscheinen. Diesen Satz könnte man, wenn man ihn noch nicht kennte, aus der Tatsache herleiten, daß ein Körper, sobald er sich in einem Gravitationsfeld befindet, eine beschleunigte Bewegung ausführt. Dies folgt aus der Äquivalenz von Gravitations- und Trägheitskräften. Soweit diese neue Herleitung für eine altbekannte Tatsache. Wichtiger ist es natürlich, daß sich auch bisher unbekannte Einsichten durch einfache Gedankenexperimente ergeben. Hören wir EINSTEIN selbst:

Ein neues Ergebnis von fundamentaler Wichtigkeit erhält man aber, wenn man die entsprechende Überlegung für einen Lichtstrahl durchführt. Gegenüber dem [. . .] *Bezugskörper K pflanzt sich dieser in gerader Linie mit der Geschwindigkeit c fort. In Bezug auf den beschleunigten Kasten (Bezugskörper K′) ist, wie leicht abzuleiten ist, die Bahn desselben Lichtstrahles keine Gerade mehr. Hieraus ist zu schließen, daß sich Lichtstrahlen in Gravitationsfeldern im allgemeinen krummlinig fortpflanzen. Dieses Ergebnis ist in zweifacher Hinsicht von großer Wichtigkeit.*

Erstens nämlich kann dasselbe mit der Wirklichkeit verglichen werden [. . .] *Zweitens aber zeigt diese Konsequenz, daß nach der allgemeinen Relativitätstheorie das schon oft erwähnte Gesetz von der Konstanz der Vakumlichtgeschwindigkeit, das eine der beiden grundlegenden Annahmen der speziellen Relativitätstheorie bildet, keine unbegrenzte Gültigkeit beanspruchen kann. Eine Krümmung der Lichtstrahlen kann nämlich nur dann eintreten, wenn die Ausbreitungsgeschwindigkeit des Lichtes mit dem Orte variiert. Man könnte nun denken, daß durch diese Konsequenz die spezielle Relativitätstheorie, und mit ihr die Relativitätstheorie überhaupt, zu Fall gebracht würde. Das trifft aber in Wahrheit nicht zu. Es läßt sich nur schließen, daß die spezielle Relativitätstheorie kein unbegrenztes Gültigkeitsgebiet beanspruchen kann; ihre Ergebnisse gelten nur insoweit, als man von den Einflüssen der Gravitationsfelder auf die Erscheinungen (z. B. des Lichtes) absehen kann* [. . .] *Es ist das schönste Los einer physikalischen Theorie, wenn sie selbst zur Aufstellung einer umfassenden Theorie den Weg weist, in welcher sie als Grenzfall weiterlebt.*« [42]

EINSTEIN zeigt also, wie der von ihm vorausgesagte Effekt der Krümmung des Lichtweges in Gravitationsfeldern nur zu einem scheinbaren Widerspruch mit dem Prinzip von der Konstanz der Lichtgeschwindigkeit führt. Der Grundsatz, daß eine neue Theorie die alte als Grenzfall einzuschließen habe, besteht tatsächlich allgemein. So schließt auch die spezielle Relativitätstheorie die klassische Mechanik ein: Für geringe Geschwindigkeiten, wobei gering klein gegenüber der Lichtgeschwindigkeit heißt, gehen die Formeln der speziellen Relativitätstheorie in die der klassischen Physik über. Die Massenveränderlichkeit z. B. beträgt weniger als 1 ‰, solange die Geschwindigkeit unter $^1/_{20}$ der Lichtgeschwindigkeit, immerhin einem Wert von 15 000 km/s, bleibt. Ein anderer Fall ist der der Quantentheorie. Während ihrer Entstehung haben sich die Physiker mit Erfolg an das sogenannte Korrespondenzprinzip gehalten. Es besagt, daß bei jeder neuaufzustellenden Formel daran gedacht werden muß, daß sie im Grenzfall hoher Quantenzahlen, womit der Übergang zu makroskopischen Verhältnissen gegeben ist, in die entsprechende Formel der Makrophysik übergeht.

Ein weiteres Beispiel soll den schon erwähnten verlangsamten Gang von Uhren in starken Gravitationsfeldern, der durch das Hafele-Keating-Experiment bestätigt wurde, zum Gegenstand haben. Wir denken uns hierzu eine rotierende Kreisscheibe, auf der wir mit zwei Uhren experimentieren. Die Zentrifugalkräfte werden wieder mit Gravitationskräften gleichgesetzt. Daß die räumliche Verteilung des für die Zentrifugalwirkungen eingesetzten Gravitationsfeldes äußerst ungewöhnlich ist – im Zentrum der rotierenden Scheibe verschwindend, nach außen hin aber an Stärke zunehmend – darf uns nicht stören. Da nun die Uhr am Rande der Scheibe deswegen weil sie eine bewegte Uhr ist, nach der speziellen Relativitätstheorie langsamer geht als die im Zentrum ruhende, können wir schließen: Die im starken Gravitationsfeld am Rande der Scheibe befindliche Uhr geht langsamer als die im Zentrum der Scheibe keiner Gravitationswirkung ausgesetzte Uhr. Wir sehen an diesem Beispiel, wie die Geometrie dieser rotierenden Scheibe mit dem zeitlichen Ablauf der Rotation verquickt ist. Die Einheit von Raum und Zeit bleibt auch hier gültiges Prinzip.

Aber auch wenn man sich auf die reine Geometrie zu beschränken sucht, was grundsätzlich wegen der in der Zeit ablaufenden Kreisbewegung der Scheibe gar nicht möglich ist, bleibt dieses Beispiel bemerkenswert. Nach der speziellen Relativitätstheorie werden Maßstäbe in ihrer Bewegungsrichtung verkürzt, ein als Lorentz-Kontraktion bekannter Effekt. Mißt man daher den Umfang der Scheibe aus, so werden sich die benutzten Maßstäbe, weil sie sich in ihrer Längsrichtung bewegen, verkürzen. Mißt man mit gleichen Maßstäben den Radius der Scheibe aus, so werden diese nicht verkürzt, weil sie sich quer zu ihrer Längsrichtung bewegen. Also wird sich die bekannte Beziehung zwischen Kreisumfang und Radius, nämlich $U = 2\pi r$, hier nicht bestätigen lassen. Wir erhalten für den Umfang zu große Werte: $U > 2\pi r$. Eine Geometrie, in der der Kreisumfang größer als das 2π-fache des Radius beträgt, ist aber eine nicht-euklidische Geometrie. Wir haben gesehen, daß das allgemeine Relativitätsprinzip, das eine Gleichsetzung von Gravitations- und Trägheitskräften bewirkt, wie von selbst zu einer nicht-euklidischen Geometrie führt.

Will man durch das Modell der rotierenden Scheibe besonders starke Gravitationsfelder darstellen, so muß man nur die Rotationsgeschwindigkeit steigern. Die gestiegene Zentrifugalkraft steht dann für ein stärkeres Gravitationsfeld. Auch wird der Unterschied zwischen U und $2\pi r$ noch größer sein; damit liegt eine Geometrie vor, die noch »stärker nicht-euklidisch« als die vorige ist. Weil nun die Stärke der Abweichung einer nichteuklidischen Geometrie von der gewohnten euklidischen durch ihre Krümmung charakterisiert wird, versteht man, daß starke Gravitationsfelder durch eine starke Raumkrümmung wiedergegeben werden.

Die Bewegung von Körpern, die nur ihrer eigenen Trägheit und keinen anderen Kräften unterliegen, erfolgt nach dem Newtonschen Trägheitsgesetz auf geraden Linien in einer euklidischen Geometrie. In der allgemeinen Relativitätstheorie verändert nun die Gravitation die Geometrie zur nicht-euklidischen. In ihr gibt es keine geraden Linien. An ihre Stelle treten die geodätischen Linien. Als sinngemäße Verallgemeinerung stellen sie die kürzesten Verbindungen zweier Punkte dar; genauer müßte man von der Verbindung zweier Weltpunkte oder Ereignisse reden, denn in der Relativitätstheorie rechnet man mit vierdimensionalen raum-zeitlichen Koordinaten: (x,y,z,t). Ein Körper, dem nur die Eigenschaften der Schwere und Trägheit zukommen, der also keinen elektrischen Kräften ausgesetzt ist, bewegt sich auf einer solchen geodätischen Linie. Sind keine schweren Massen, also keine Gravitationsfelder vorhanden, so wird in diesem Grenzfall die Geometrie euklidisch, die geodätischen Linien werden Geraden, und das Newtonsche Trägheitsgesetz gilt.

Im allgemeinen Fall gilt dagegen das Trägheitsgesetz EINSTEINs, das Trägheits- und Gravitations-Wirkungen zusammenfaßt. Die Geometrie ist nicht-euklidisch und weicht umso stärker von der euklidischen ab, je stärker die Massenkonzentrationen sind. Eine Massenkonzentration, wie sie die Erde darstellt, ist dabei als vergleichsweise gering anzusehen. Viele Gravitationseffekte blieben daher wegen ihrer Geringfügigkeit unentdeckt, und man fand sie erst, nachdem sie durch die allgemeine Relativitätstheorie vorausgesagt worden waren. Lebte man auf einem Neutronenstern, so wäre das sicher anders. Die Lichtablenkung durch die Gravitation ist dort so stark, daß ein Lichtstrahl um den Neutronenstern herumgebogen wird.

Da die nicht-euklidische Geometrie für die allgemeine Relativitätstheorie eine so große Rolle spielt, wird mancher die Frage stellen wollen: Ist es denn nun ausgemacht, daß der Raum gekrümmt und seine Geometrie nicht-euklidisch angenommen werden muß? Erstaunlicherweise gibt es keine einfache Antwort auf diese Frage. Henri POINCARÉ (1854 bis 1912) war der Meinung, daß sich diese Frage nicht eindeutig beantworten läßt. Er ging davon aus, daß jeder nicht-euklidische Raum durch eine Transformation auf einen euklidischen Raum abgebildet werden kann und umgekehrt. Abstände, Winkel, Flächeninhalte können von ihrem nicht-euklidischen Wert auf den entsprechenden euklidischen umgerechnet werden. Drückt sich nun eine physikalische Theorie in einer geometrischen Sprache aus, so kann diese Sprache bei der Transformation von einer Geometrie in die andere übersetzt werden. Für die allgemeine Relativitätstheorie kann also die nicht-euklidische Sprache in eine euklidische übersetzt werden, nur bringt diese Übersetzung es mit sich, daß viele physikalischen Gesetze bei dieser Übersetzung wesentlich komplizierter werden, als sie es vorher waren. Man hat also die Wahl zwischen einer gewohnten Geometrie, der euklidischen, mit komplizierten physikalischen Gesetzen und einer ungewohnten nicht-euklidischen Geometrie mit einfachen physikalischen Gesetzen.

Es gibt andere Forscher wie z. B. Hans REICHENBACH (1891 bis 1953), die mit anderen Gründen die Meinung vertreten, die »wahre« Geometrie sei die nicht-euklidische. Wir können diese Überlegungen hier nicht mehr im einzelnen darstellen.

Die Verschmelzung der Physik mit der Geometrie, wie wir sie in der allgemeinen Relativitätstheorie erleben, hat eine Vereinfachung des begrifflichen Fundaments der Physik herausgearbeitet, der weiter nachzugehen lohnt. Die Grundelemente der Physik wie Raum und Zeit, Kräfte und Massenpunkte lassen sich auf weniger, nämlich auf Materie und Feld reduzieren, und diese Entwicklung ist möglicherweise noch nicht abgeschlossen. VON WEIZSÄCKER (s. Bild 19) vertritt in seinem Buch »Die Einheit der Natur« die Meinung, die Physik könne im Zuge der genannten Reduzierung ihrer Grundelemente zu einem endgültigen Fundament kommen, das weitere völlige Neuordnungen dieser Wissenschaft unwahrscheinlich macht. Er sieht die allgemeine Relativitätstheorie als Vorbild für ein solches Vorhaben an:

»Die allgemeine Relativitätstheorie wurde auf diese Weise das erste Modell einer Einheit der Physik mit wesentlich vom mechani-

19: K. Friedrich Freiherr VON WEIZSÄCKER, *geb. 28. 6. 1912 in Kiel, Professor für Physik in Göttingen, seit 1957 Professor für Philosophie in Hamburg, 1970 bis 1980 Direktor des Max-Planck-Instituts zur Erforschung der Lebensbedingungen der wissenschaftlich-technischen Welt in Starnberg*

schen Weltbild abweichenden Eigenschaften. Sie ist bis heute auch das einzig weitgehend durchgeführte Modell dieser Art und daher für uns wichtig. Sie reduziert die Vierheit Körper-Kräfte-Raum-Zeit zunächst auf die Zweiheit Materie-metrisches Feld. Freilich verdeckt der Terminus »metrisches Feld« den fortbestehenden Unterschied von Raum und Zeit. Die Theorie würde wohl besser als eine Beschreibung der überall in der lokalen Zeit ablaufenden Wechselwirkung von Materie und Raum aufgefaßt.«

Man sieht, die allgemeine Relativitätstheorie ist richtungweisend für eine Neustrukturierung der Physik geworden.

9.5 Zusammenfassung

Die allgemeine Relativitätstheorie hat sich vor allem in der Astronomie bewährt. Es wurden in ihrem Rahmen eine Reihe von kosmologischen Modellen entwickelt, die sich durch die rasche Entwicklung der Astrophysik immer neuen empirischen Tests zu stellen haben. Systematisch gesehen setzt die allgemeine Relativitätstheorie bei der Erweiterung des speziellen Relativitätsprinzips zum allgemeinen an. Die Äquivalenz von träger und schwerer Masse wird geometrisch interpretiert, wodurch die Kräfte, soweit es sich um Gravitations- und Trägheitskräfte handelt, aus der Physik eliminiert werden. Die Geometrie der Raum-Zeit-Welt wird am einfachsten durch einen nicht-euklidischen gekrümmten Raum beschrieben. Es sind aber auch andere Beschreibungen möglich, die dann allerdings komplizierter ausfallen.

Aufgaben

1. Wie lauten die sogenannten klassischen Tests der allgemeinen Relativitätstheorie?
2. Beschreiben Sie das Modell des expandierenden Universums.
3. Erläutern Sie EINSTEINs Gedankenversuche zur Herleitung folgender Tatbestände:
   a) Licht erfährt eine Ablenkung in Gravitationsfeldern.
   b) Uhren gehen umso langsamer, je stärker das sie umgebende Gravitationsfeld ist.

10 Die Quantentheorie – der endgültige Bruch mit der klassischen Physik

10.1 *In der Quantentheorie sehen sich die Physiker zu einer radikalen Abkehr von der klassischen Physik gezwungen.*

Während die Relativitätstheorie mitunter als Vollendung der klassischen Physik bezeichnet wird, andere wiederum das Revolutionäre des neuen Ansatzes betonen, besteht kein Zweifel darüber, daß die Quantentheorie die Substanz der klassischen Physik in viel radikalerer Weise veränderte als alles Vorhergehende. Die Änderungen waren so umwälzend, daß es leichter ist, aufzuzählen, was klassischer Physik und Quantentheorie Gemeinsames geblieben ist, als alle die Neufassungen der Begriffe zu nennen, die die Physik bis in ihre Denkstrukturen hinein veränderte. Gemeinsam ist klassischer Physik und moderner Physik das Ideal der Wissenschaftlichkeit; man will alles erklären, was irgend einer Erklärung zugänglich gemacht werden kann. Es ist ferner hier wie dort die Mathematik die eigentliche Sprache der Physik. Der Gegenstandsbereich der Quantentheorie ist die Mikrophysik. Sie hat dieses Gebiet eigentlich erst erschlossen, denn die Erfolge der klassischen Physik sind in dieser Hinsicht nur Randerscheinungen geblieben. Daß die empirischen Tatsachen der Quantentheorie schließlich durch die von der klassischen Physik entwickelte experimentelle Methode gewonnen wurden, bezeichnet wahrscheinlich nun schon das Ende der Gemeinsamkeiten.

Nennt man als Verbindendes die Kausalität,

20: Max K. E. L. PLANCK, *geb. am 23. 4. 1858 in Kiel, gest. am 4. 10. 1947 in Göttingen. Professor in Kiel, Berlin, Präsident der Kaiser-Wilhelm-Gesellschaft (1930–1937), 1918 Nobelpreis für Physik*

so melden sich die Kritiker bereits zu Wort. Die Kausalität im strengen Sinne der klassischen Physik gibt es in der modernen Physik nicht mehr. Reproduzierbarkeit von Meßwerten war ein Ideal der klassischen Physik; auch von ihr kann man nun nicht mehr durchgehend sprechen. Ein Versuch kann den oder einen anderen Ausgang haben, und

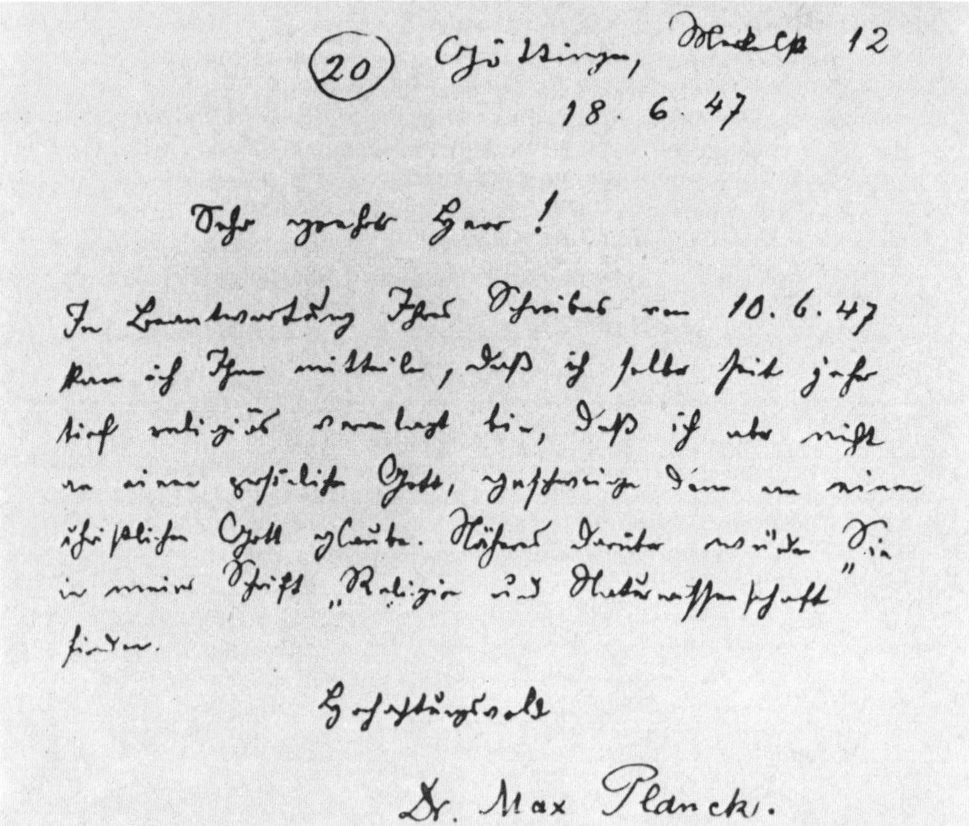

(20) Göttingen, Planckstr. 12
18. 6. 47

Sehr geehrter Herr!

In Beantwortung Ihres Schreibens vom 10. 6. 47 kann ich Ihnen mitteilen, daß ich selber seit jeher tief religiös veranlagt bin, daß ich aber nicht an einen persönlichen Gott, geschweige denn an einen christlichen Gott glaube. Näheres darüber würden Sie in meiner Schrift „Religion und Naturwissenschaft" finden.

Hochachtungsvoll

Dr. Max Planck.

21: Max PLANCK*: Antwort auf die Anfrage eines Regensburger Freidenkers über Plancks Stellung zum Kirchenglauben (18. Juni 1947) (nach Fotokopie veröffentlicht in: F. Herneck, Bahnbrecher des Atomzeitalters)*

nur Wahrscheinlichkeiten sind hierfür angebbar. Erst im Mittel über viele Versuche findet sich eine Verteilung, wie sie von den quantenpysikalischen Gesetzen vorhergesagt wird. Die strenge Kausalität der klassischen Physik hat sich zu einer statistischen Kausalität gewandelt. Über raumzeitliche Angaben eines Vorgangs bleibt man prinzipiell im Ungewissen, wenn der Energieumsatz genauestens spezifiziert werden soll und umgekehrt. Die Bahn eines Elektrons etwa in dem Atom, zu dem es gehört, ist eine Fiktion; sie ist nicht genau angebbar. Der Elementarvorgang des Übergangs eines Elektrons von einer Energiestufe im Atom zu einer anderen kann nur konstatiert, aber nicht in Einzelschritten analysiert werden. Und dies wird auch in Zukunft so bleiben; man behauptet, daß kein künftiger Fortschritt der Physik in diesem Punkte einmal weitergehende Aufschlüsse geben wird.

Ferner wird der alte Substanzbegriff für die Elementarteilchen in Frage gestellt; damit ist auch ihre Identifizierbarkeit verlorengegangen. Die Stetigkeit der Naturvorgänge, ein von der klassischen Physik nirgends aufge-

gebener Grundsatz ist dahin und anderes mehr.
Angesichts derart einschneidender Änderungen könnte man versucht sein, die Radikalität des Umsturzes auf ein besonders revolutionäres Temperament der beteiligten Physiker zurückzuführen. Aber eher ist das Gegenteil der Fall. PLANCK (s. Bild 20), der Vater der Quantenhypothese, der mit seiner Entdeckung des nach ihm benannten Wirkungsquantums h im Dezember 1900 am Beginn dieser Entwicklung stand, war ein im Grunde konservativ denkender Physiker. Lange bemühte er sich, die Radikalität, mit der die Größe h ein Umdenken zu fordern schien, zu mildern, den Bestand der klassischen Physik zu erhalten und nur durch absolut unumgängliche Ergänzungen zu erweitern.
EINSTEIN, der durch die Anwendung der Planckschen Quantenhypothese auf den lichtelektrischen Effekt, die Theorie der spezifischen Wärmen und die Strahlung des schwarzen Körpers der jungen Quantentheorie ganz entscheidende Impulse gab, hatte sicher diesen Erfolg der größeren Entschlossenheit, mit der er den Boden der klassischen Physik hinter sich ließ, zu verdanken. Und wenn er damals in seinen jungen Jahren auch fortschrittlicher als PLANCK war, so sah er sich später gemeinsam mit ihm dem Vorwurf eines allzu konservativen Denkens ausgesetzt. Ebenso wie PLANCK (s. auch Bild 21) hielt er die oben erwähnte statistische Kausalität nicht für das letzte Wort in der Physik. »*Der Alte würfelt nicht*«, so schrieb Einstein in einem Brief an Max BORN und meinte damit, es müsse noch tieferliegende, nur vorläufig noch unbekannte Gesetze geben, die den heute nur statistisch zu sehenden Charakter der Mikrovorgänge letztlich doch als streng kausal erweisen würden. Ein »*Wir wissen es nicht und wir werden es nie wissen*« war für ihn soviel wie die Aufgabe des klassischen Ideals der Wissenschaftlichkeit. Die heftig geführte Diskussion dauerte viele Jahre an; die Positionen wurden nicht ohne erbitterte Kämpfe geräumt, und so kann man sicher sein, daß die heute allgemein anerkannte These von einer letztlich undeterminierten, statistischen Grundlage allen physikalischen Geschehens kein leichthin aufgestellter Satz ist.

10.2 Bis zum Beginn des 20. Jahrhunderts hatte man eine Reihe Atommodelle von wachsender Differenziertheit kennengelernt.

Wie aber hat das alles begonnen? Die Quantenphysik hat ihren Namen ebenso wie die Atomtheorie des 18. und 19. Jahrhunderts von einer kleinsten Einheit des Gegebenen. Das Quantum war die Elementarmenge einer Wirkung, ähnlich wie man sich das Atom, das »Unteilbare«, als das kleinste Individuum der Materie vorstellte.
Die Frage nach den letzten Bausteinen der Welt hat immer einen besonderen Reiz ausgeübt, seitdem LEUKIPP und DEMOKRIT im alten Griechenland zum ersten Mal rein spekulativ darüber nachgedacht hatten, daß die Dinge letztlich aus Atomen bestehen könnten. Diese Vorstellung blieb zwei Jahrtausende lang ein Lieblingsgedanke der Philosophie. Manchen wollte es so scheinen, als ob die Vernunft es forderte, daß der Vorgang des Unterteilens der Materie schließlich bei etwas Letztem haltmachen müßte. Andere wieder behaupteten, daß die vier Elemente Feuer, Wasser, Luft und Erde als Potenzen in allen Stoffen enthalten wären, ohne daß ihnen jedoch gesonderte kleinste Partikel entsprächen. Weil die Atome für lange Zeit jedem genauerem Zugriff spotteten, indem sie sich den unvollkommenen Untersuchungs-

methoden wegen ihrer Winzigkeit entzogen, dauerte es bis ins 19. Jahrhundert, bis sie zu einer ernstzunehmenden wissenschaftlichen Hypothese wurden.

Die ersten tastenden Schritte gelangen auf dem Gebiet der Chemie und Kristallographie. Beide Wissenschaften kannten Gesetzmäßigkeiten der Materie, die man mit der Hilfe kleiner ganzer Zahlen formulierte. Chemische Verbindungen wie CO und CO_2 oder N_2O, NO, N_2O_3, NO_2 zeigten, daß die Verhältnisse der Massen, in denen die Stoffe zu Verbindungen zusammentraten, konstant waren, und daß häufig auch doppelte, dreifache oder mehrfache Mengen auftraten. Das Gesetz der konstanten und multiplen Proportionen, wie man diesen Tatbestand genauer bezeichnete, erklärte man sich mit Hilfe von Atomen, die sich zu Molekülen verbanden. Die Kristallformen begriff man aus regelmäßigen räumlichen Gittern, deren Bausteine wiederum Atome und Moleküle waren.

Noch blieb die Realität der Atome umstritten. Ernst MACH, der sehr gewissenhaft Arbeitshypothesen und modellhafte Vorstellungen von den durch sie beschriebenen Dingen unterschied, nannte 1882 die Atome und Moleküle bloße denkökonomische Begriffe und warnte davor, in *»den Molekülen und Atomen Realitäten hinter den Erscheinungen zu sehen.«* [43]

Gleichviel mehrten sich die Indizien, die es angezeigt erscheinen ließen, von der Realität der Atome zu sprechen. Diese Indizien waren zunächst die Zahlen und die Abmessungen der Atome. Eine wichtige Entdekkung wurde 1811 von Amadeo AVOGADRO (1776 bis 1858) formuliert: In einem Kubikmeter Gas ist die Anzahl der Teilchen – gleichgültig ob es sich um Atome eines einatomigen oder um Moleküle eines mehratomigen Gases handelt – unter normalen Druck- und Temperaturbedingungen immer die gleiche, nämlich $26{,}9 \cdot 10^{24}$. Diese sogenannte Avogadro-Konstante gibt also eine sehr allgemeine Eigenschaft der Gase an, die unabhängig von der besonderen Gassorte ist.

Kannte man die Zahl der in einem bestimmten Volumen vorhandenen Moleküle eines Gases, so konnte man errechnen, wieviel des Volumens auf ein Molekül kam. Damit war eine obere Grenze für das Volumen des Moleküls selbst gegeben. Dicht an dicht lagen dagegen die Moleküle nur in Kristallgittern. Daher gelangen genauere Messungen der Molekülgröße erst dadurch, daß man Kristallgitter mit Röntgenlicht durchstrahlte. Dabei wirkten die Punktreihen der Atomketten ähnlich wie die Ritze eines maschinell hergestellten optischen Gitters. Die feinsten optischen Gitter dieser Art mit einem Ritzabstand von 10^{-6} m sind zwar immer noch viel gröber als die natürlichen Gitter der Kristalle, aber der Vergleich, der von diesen beiden verschiedenartigen Gittertypen entworfenen Interferenzmuster war möglich. Es stellte sich heraus, daß die maschinell geritzten Gitter etwa 10 000 mal gröber als die Kristallgitter waren. Das heißt mit anderen Worten: Die Atome der Kristallgitter hatten einen gegenseitigen Abstand von ungefähr 10^{-10} m.

Die Faradayschen Gesetze der Elektrolyse von 1833 legten den Gedanken nahe, daß der Atomismus der Stoffe in einem Atomismus der elektrischen Ladung wiederkehrte. Mit jedem Molekül, das in einem Elektrolyten als Ion zu der einen oder anderen Elektrode wanderte, war ein bestimmter Betrag elektrischer Ladung oder ein kleines ganzzahliges Vielfaches derselben verbunden. Die endgültige Bestätigung gelang im Jahre 1916, als MILLIKAN die Elementarladung *e* des Elektrons bestimmte.

Die nächste entscheidende Untersuchung drang ins Innere der Atome vor. Schon der

22: Niels H. D. BOHR, *geb. am 7. 10. 1885 in Kopenhagen, gest. am 18. 11. 1962 in Kopenhagen. Professor in Kopenhagen, 1943–1945 in USA, 1922 Nobelpreis für Physik*

Vorgang der Elektrolyse, in der die Atome durch Abgabe oder Aufnahme von Elektronen zu Ionen wurden, hatte gelehrt, daß sich die alte Vorstellung von dem Atom als einem Unteilbaren nicht aufrechterhalten ließ. Zur Gewißheit wurde die These von einer neuen Mannigfaltigkeit im Innern des Atoms durch die Versuche von Ernest RUTHERFORD (1871 bis 1937). Er hatte nach den ersten Forschern auf dem Gebiet der Radioaktivität Antonie Henrie BECQUEREL (1852 bis 1908) und Marie CURIE (1867 bis 1934) zusammen mit F. SODDY (1877 bis 1956) die Umwandlungsreihen der radioaktiven Elemente gefunden. Die von vielen radioaktiven Elementen ausgesandten α-Teilchen benutzte er als Geschosse, um den inneren Aufbau der Atome abzutasten. Nach seinen Ergebnissen von 1911 ist die Hauptmasse des Atoms im Kern konzentriert. Die positive Kernladung wird durch eine der Größe dieser Ladung entsprechende Anzahl von Elektronen in der Hülle kompensiert, so daß das Atom als Ganzes neutral ist.

BOHR (s. Bild 22), der als junger Mann 1911 im Institut von RUTHERFORD in Manchester arbeitete, war an den Diskussionen beteiligt, die die Rolle von Atomkern und Atomhülle aufklärten. Diese beiden deutlich zu unterscheidenden Regionen waren für verschiedene Phänomenbereiche zuständig. Die Radioaktivität ging vom Kern aus; er war es, der sich beim radioaktiven Zerfall umwandelte. Die chemischen Prozesse sind Vorgänge in der Atomhülle und gehen mit der Aufnahme und Abgabe von Elektronen einher. Daß diese Zuordnung von Phänomenen zu den beiden Regionen des Atoms möglich war, mochte die Hoffnung nähren, daß nun einer raschen Weiterentwicklung der Weg geebnet war. Die Chemie hatte den Aufbau der Elektronenhülle zu studieren, die Kernphysik dagegen ihre Untersuchungen auf den Atomkern zu konzentrieren.

Es sollte sich bald zeigen, daß die Dinge nicht ganz so einfach lagen. Die Atome ließen zwar, wenn man sie im Periodensystem der chemischen Elemente nach wachsender Anzahl ihrer Elektronen ordnete, einen konsequenten Aufbau von leichteren zu schwereren Elementen erkennen. Die chemische Bindung erwies sich aber als ein weit vielschichtigeres Problem als zuerst angenommen. Daß erst die Quantenphysik mit einer Reihe neuentwickelter Begriffe die Lösung auf diesem Gebiet bringen würde, ließ sich zu dieser Zeit noch nicht absehen. Gewiß, die bekannten Tatsachen fügten sich noch nicht zu einem einheitlichen Bild zusammen. Das Rutherfordsche Atommodell ließ verschiedene Fragen unbeantwortet.

Wieso war das Atom stabil? Wieso stürzten

die Elektronen nicht in den Kern? Man hatte wohl das Atom mit einem Planetensystem im Kleinen verglichen; die Elektronen würden demnach durch ihre Bewegung auf Kreisbahnen daran gehindert, sich dem Kern zu nähern. Eine solche kreisförmige und damit beschleunigte Bewegung von Elektronen hätte jedoch nach den Gesetzen der Elektrodynamik eine dauernde Energieabgabe durch Strahlung zur Folge haben müssen. So würden dann doch die Elektronen an Bewegungsenergie verlieren und dem Kern immer näher kommen müssen. Noch einmal also: Wieso war ein Atom stabil?

Ferner würde ein allmählicher Energieverlust, wie er zwangsläufig mit einer spiralig sich dem Kern nähernden Bahn verbunden war, eine Emission von Strahlung mit allmählicher Energieänderung bewirken. Also müßte man, da die Energie der Wellenlänge des Lichtes proportional ist, ein kontinuierliches Spektrum erwarten. Die zu jener Zeit schon sehr genau nach ihren Wellenlängen vermessenen Spektrallinien sahen aber ganz anders aus. Ein Atom emittiert kein kontinuierliches Spektrum, d. h. eine Anordnung von getrennten Linien, die man sich also mit ganz bestimmten, abgestuften und nicht gleitend ineinander übergehenden Energiebeträgen verbunden zu denken hatte. Wie erklärten sich also die Linienspektren der Atome?

10.3 Die Atomtheorie BOHRs *war auf ungewissem Boden errichtet.*

Dies waren die Fragen, die sich BOHR stellte und die er im Jahre 1913 mit seiner Atomtheorie beantwortete. Freilich war dies eine Beantwortung eigener Art. Niemand, der seine Theorie kennenlernte, war zu dem Kommentar: »Natürlich, so muß es ja sein!« bereit. Vielmehr lag ein: »Das widerspricht doch allem bisher Bekannten!« wesentlich näher. Was für ein schwieriges Unternehmen BOHR hier bestanden hatte, das beschreibt EINSTEIN in der Erinnerung an eigene vergebliche Mühen auf diesem Gebiet mit folgenden Worten der Anerkennung:

»*All meine Versuche, das theoretische Fundament der Physik diesen Erkenntnissen anzupassen, scheiterten aber völlig: Es war, wie wenn einem der Boden unter den Füßen weggezogen worden wäre, ohne daß sich irgendwo fester Grund zeigte, auf den man hätte bauen können. Daß diese schwankende und widerspruchsvolle Grundlage hinreichte, um einen Mann mit dem einzigartigen Instinkt und Feingefühl* BOHRs *in den Stand zu setzen, die hauptsächlichsten Gesetze der Spektrallinien und der Elektronenhüllen der Atome nebst deren Bedeutung für die Chemie aufzufinden, erschien mir wie ein Wunder – und erscheint mir auch heute noch als ein Wunder. Dies ist höchste Musikalität auf dem Gebiete des Gedankens.*« [44]

BOHR hatte das, was so widersprüchlich schien, in zwei Postulate gefaßt:

1. Es gab bestimmte stationäre Bahnen, auf denen die Elektronen den Kern umkreisten, ohne dabei Energie in Form von Strahlung abzugeben.
2. Eine Abgabe von Energie in Form von Strahlung war vielmehr nur in bestimmten Elementarakten möglich, die mit einem Sprung des Elektrons von einer Bahn zur anderen verknüpft waren.

Das erste Postulat widersprach der bisherigen Physik, indem die hier zusammentretenden Aussagen von Mechanik und Elektrodynamik unvereinbar waren. Man konnte aus diesem Widerspruch nur so herauskommen, daß man entweder die Gültigkeit der Mechanik oder die Elektrodynamik oder beider Disziplinen für atomare Dimensionen außer Kraft setzte. Jede dieser Möglichkeiten hätte aber die Aufgabe so umfangreicher und bewährter Theorien bedeutet, daß die Physiker heimatlos geworden wären. Tatsächlich konnte man aber dieser Entwicklung letztlich nicht entgehen.

Der einzige Anhaltspunkt, mit der BOHR in seiner Theorie an etwas Bekanntes anknüpfte, war die Plancksche Quantenhypothese in der Form $W = h \cdot f$. Bohr schildert das Einbringen dieser Hypothese Plancks folgendermaßen:

»Der wesentliche Punkt der Planckschen Strahlungstheorie ist nun, daß die Energiestrahlung eines atomaren Systems nicht kontinuierlich abläuft, wie es die gewöhnliche Elektrodynamik voraussetzt, sondern im Gegensatz dazu in deutlich getrennten Emissionen. Dabei ist der von einem atomaren Vibrator der Frequenz bei einem einzelnen Emissionsakt abgestrahlte Energiebetrag gleich τhf, worin τ eine ganze Zahl und h eine universelle Konstante sind.« [45]

Als Vorgänge von ganz besonderer Art erwiesen sich in der Bohrschen Theorie die Quantensprünge, jene Elementarakte, zu deren Beginn sich ein Elektron auf einer Bahn um das lichtaussendende Atom befand, während es an deren Ende auf einer anderen solchen Bahn erschien. Über den Ablauf eines Quantensprungs wurden keine ins einzelne gehenden Angaben gemacht. Sie können auch gar nicht gemacht werden. Das soll der Ausdruck Elementarakt bedeuten. So wie die Elementarladung die bisher kleinste meßbare Ladung darstellt, ist ein Elementarakt der kleinste, nicht in Teilvorgänge zerlegbare Prozeß der Mikrophysik.

Der Unbefangene mag an dieser Stelle stokken. Ist hier denn ein Weiterfragen sinnlos? Ist es nicht die Aufgabe der Wissenschaft, Rätsel zu lösen? Oder ist dies kein Rätsel? Die moderne Quantentheorie ist bei der Auffassung geblieben, daß ein Elementarakt nicht weiter zerlegt werden kann. Die Betonung hat sich um eine Kleinigkeit verschoben, indem man hinzufügt, daß ein Elementarakt auch gar nicht weiter zerlegt zu werden braucht. Alles, was zur Deutung der Meßdaten notwendig ist, liefert die Theorie, indem sie mit den Elementarakten als unteilbaren Ganzen umgeht. Wir brauchen nicht mehr zu wissen, um die mikrophysikalischen Phänomene exakt zu beschreiben. Dabei sind die Leistungen der Quantentheorie achtunggebietend. Die Meßmöglichkeiten, die sie in den winzigsten Dimensionen eröffnet hat, übertreffen durch ihre Genauigkeit das in der Makrophysik Erreichbare um ein Vielfaches. Und das, obwohl die paradoxe Situation besteht, daß in der Quantentheorie zum ersten Mal prinzipielle Grenzen der Meßmöglichkeiten in der Gestalt der Heisenbergschen Unbestimmtheitsrelationen sichtbar geworden sind.

So wichtig die Bohrsche Atomtheorie als ein erster Wegweiser in unbekanntes Gelände gewesen ist, heute gehört sie der Geschichte an. Ihre Kraft erlahmte trotz ihrer Erweiterung durch A. SOMMERFELD (1868 bis 1951), als immer mehr Tatsachen bekannt wurden, die durch sie nicht mehr erfaßt werden konnten oder sogar im Widerspruch zu ihr standen. Theoretisch betrachtet war es nicht die Radikalität ihres Ansatzes, die sie letztlich scheitern ließ, sondern das Gegenteil: Sie hatte nicht radikal genug mit der klassischen Physik gebrochen.

Wir haben in Abschnitt 7.8 gesehen, wie SCHRÖDINGER und DE BROGLIE mit dem Widerspruch der Bohrschen Theorie zur klassischen Physik im Rücken die Tatsache diskreter erlaubter Elektronenbahnen im Atom anschaulich zu verstehen suchten. Wenn auch dieser Versuch keinen Erfolg hatte, so war doch ein anderes Ergebnis DE BROGLIES (s. Bild 23) von weit größerer Bedeutung. Er hatte EINSTEINS quantenhafte Erklärung des lichtelektrischen Effekts, nach dem das Wellenmodell des Lichts

23: Louis-Victor Duc DE BROGLIE, *geb. am 15. 8. 1892 in Dieppe, Professor in Paris, 1929 Nobelpreis für Physik*

durch ein Korpuskelmodell zu ergänzen war, eingehend studiert. Er verallgemeinerte diesen Dualismus der Modelle durch die Umkehrung der Fragestellung betreffs aller bisher als Teilchen angesehenen Mikroobjekte: Hatten nicht z. B. Elektronen, die man bisher immer als Teilchen angesprochen hatte, auch Welleneigenschaften? Und ebenso Protonen, die Atome selbst usw.? DE BROGLIE schrieb nach einem Ansatz aus dem Jahre 1924 den Elektronen die für Wellen charakteristische Wellenlänge vom Betrage $\lambda = h/p$ zu, wobei p der Impuls der Elektronen war. 1927 konnten tatsächlich C. J. DAVISSON und L. H. GERMER in einem Versuch eindeutig die Welleneigenschaften von Elektronen nachweisen. Der hierfür typische Interferenzversuch bestätigte die von DE BROGLIE angegebene Formel.

1927 konnte Wolfgang PAULI (1900 bis 1958) die ältere Quantentheorie, wie man jene Pionierzeit, in der quantenhafte Vorstellungen von solchen der klassischen Physik noch nicht immer scharf getrennt erschienen, nannte, zu einem gewissen Abschluß bringen. Er erklärte das Aufbauprinzip des Periodischen Systems der Elemente mit Hilfe des Pauli-Verbots: In einem Atom können nie zwei Elektronen in allen vier Quantenzahlen übereinstimmen.

In diesem Zustand war die Atomtheorie, als HEISENBERG und SCHRÖDINGER, jeder auf einem eigenen Wege, die Quantenmechanik fanden. HEISENBERG (s. Bild 24) beschreibt die damalige Situation:

»BOHRS *Theorie hatte* [. . .] *ein neues Forschungsgebiet eröffnet. Die große Masse experimentellen Erfahrungsmaterials, das in der Spektroskopie einige Jahrzehnte hindurch aufgehäuft worden war, stand nun als Information für das Studium der Quantengesetze bei den Bewegungen der Elektronen zur Verfügung* [. . .] *In der Begegnung mit diesem Erfahrungsmaterial lernten die Physiker allmählich die richtigen Fragen zu stellen. Und die richtige Fragestellung ist ja oft mehr als der halbe Weg zur Lösung des Problems. Was aber waren diese Fragen? Praktisch hatten fast alle mit den merkwürdigen scheinbaren Widersprüchen zwischen den Ergebnissen verschiedener Experimente zu tun. Wie kann es geschehen, daß dieselbe Strahlung, die Interferenzbilder hervorbringt und damit die Existenz einer zugrundeliegenden Wellenbewegung beweist, gleichzeitig auch den photoelektrischen Effekt bewirkt, und deshalb aus bewegten Lichtquanten bestehen muß? Wie kann es geschehen, daß die Frequenz der Bahnbewegung der Elektronen im Atom sich nicht auch als Frequenz der emittierten Strahlung zeigt? Bedeutet das etwa, daß es gar keine Bahnbewegung gibt? Aber falls die Vorstellung einer Bahnbewegung unrichtig sein*

24: Werner K. HEISENBERG, *geb. am 5. 12. 1901 in Würzburg, gest. am 1. 2. 1976 in München. Professor in Leipzig, Direktor des Kaiser-Wilhelm-Instituts für Physik in Berlin (1941–1945), Direktor des Max Planck-Instituts für Physik (1946–1955), 1932 Nobelpreis für Physik*

sollte, was geschieht dann mit den Elektronen im Inneren des Atoms? [. . .] *Allmählich, im Anfang der zwanziger Jahre, wurden die Physiker mit diesen Schwierigkeiten vertraut. Sie erwarben ein allerdings noch unklares Gefühl dafür, wo die Schwierigkeiten wahrscheinlich auftreten, und lernten, wie man sie vermeiden konnte. Sie wußten schließlich, welche Beschreibung eines Atomvorgangs für ein gegebenes Experiment zu den richtigen Resultaten führen würde. Dieses Wissen genügte nicht, um ein allgemeines widerspruchsfreies Bild der Quantenvorgänge zu gewinnen, aber es veränderte das Denken der Physiker in einer solchen Weise, daß sie irgendwie den Geist der Quantentheorie in sich aufnahmen.*«[46]

10.4 HEISENBERG *und* SCHRÖDINGER *begründen die Quantenmechanik.*

In der weiteren Entwicklung ging es nun darum, den »Geist der Quantentheorie« in einen mathematischen Formalismus zu fassen. Auch hierbei war die Bohrsche Atomtheorie eine wichtige Stütze; sie stimmte zwar nicht quantitativ, aber sie machte doch qualitativ richtige Aussagen. Die Vorstellung, daß das Elektron sich im Atom auf einer Bahn bewegte, wie die Erde auf ihrer Bahn um die Sonne, hatte zu so unüberwindlichen Schwierigkeiten geführt, daß sie ganz aufgegeben werden mußte. Nur im Grenzfall hoher Quantenzahlen, d. h. für große Entfernungen des Elektrons vom Kern konnte man annähernd bei den gewohnten Vorstellungen bleiben. Als Korrespondenzprinzip spielte dieser von BOHR formulierte Sachverhalt eine große Rolle, indem er verlangte, daß für große Quantenzahlen die Gesetze der Quantentheorie in die der klassischen Physik überzugehen hatten. Dieser Umstand konnte bei der Auffindung der neuen Quantengesetze von Nutzen sein. Andererseits erschien die klassische Physik als Grenzfall der Quantentheorie. Im Sommer 1925 entwickelte HEISENBERG den mathematischen Formalismus der Quantentheorie, der sich auf die Verwendung von Matrizen stützte. Im Frühjahr 1926 gelang SCHRÖDINGER auf einem anderen Wege die Formulierung der Wellenmechanik, die aber für die Praxis dieselben Ergebnisse lieferte. SCHRÖDINGER konnte noch im Sommer des Jahres 1927 zeigen, daß beide Kalküle letztlich äquivalent waren. Es war also gleichgültig, ob man mit Matrizen rechnete oder mit Wellengleichungen.

Wenn nun auch eine zusammenfassende Theorie an die Stelle von BOHRs Ad-hoc-Postulaten getreten war, so wußte man doch noch nicht in jeder einzelnen experimentellen Situation, wie der mathematische Kalkül anzuwenden war. Zu verschieden waren die mathematische Sprache einerseits und die experimentellen Tatbestände auf der anderen Seite. Es fehlte sozusagen die Gebrauchsanweisung, wie man im konkreten Falle an ein Problem heranzugehen hatte. Und da war jene paradoxe Situation noch nicht bewältigt, daß ein Mikroobjekt wie ein Chamäleon jetzt diese und dann jene Seite hervorkehrte. Dieser Dualismus läßt sich schon aus den entscheidenden Grundgleichungen der Quantentheorie $W = h \cdot f$ (Plancksche Quantenhypothese) und $p = h\bar{f}$ (de Broglies Formel; $\bar{f} = \lambda^{-1}$) ablesen. In ihnen verbinden sich die widersprechenden Teilchen- und Welleneigenschaften mit der Größe h, der eigentlichen Naturkonstanten der Mikrophysik. W und p beschreiben als Energie und Impuls in erster Linie Teilcheneigenschaften, f und $\bar{f}$ sind Charakteristika von Wellen. Der Widerspruch wird noch deutlicher, wenn man sich an die ursprüngliche Bedeutung dieser vier Größen erinnert: W und p stellen die Kenngrößen der Bewegung eines ausdehnungslosen Massenpunktes dar, f und $\hat{f}$ diejenigen einer harmonischen Welle, die sich in Raum und Zeit unendlich ausdehnt.

HEISENBERG hat das Problem von der Seite der raumzeitlichen Struktur eines Wellenzuges her in Angriff genommen. In der Mathematik lehrt das Verfahren der Fourier-Zerlegung (harmonische Analyse), daß es einen harmonischen Wellenzug endlicher Länge nicht gibt. Diesen Sachverhalt, der für die Mikrophysik von entscheidender Bedeutung ist, kann man auch in der Akustik in einer unserer Anschauung näherliegenden Größenordnung wiederfinden. Man weiß aus der Musik, daß tiefe Orgeltöne eine bestimmte Zeit andauern müssen, um zum Klingen zu kommen; auf einer Baßtuba lassen sich Tonfolgen nur mit begrenzter Schnelligkeit spielen. Beschränkt man den einen Ton ausmachenden akustischen Wellenzug auf eine kurze Dauer, so wird seine Schwingungsdauer, die die Tonhöhe charakterisiert, unbestimmt. Unter Umgehung der mathematischen Formensprache läßt sich das an einem Bild der Welle näherungsweise plausibel machen. Je kürzer das Stück der Welle in der Zeit ist, desto schwieriger wird eine genaue Messung seiner Schwingungsdauer. Das soll Bild 25 zeigen, in dem immer kürzere Zeitspannen des Vorgangs herausgeschnitten sind. In der Wirklichkeit verursacht das Abschneiden eines Tons auf eine

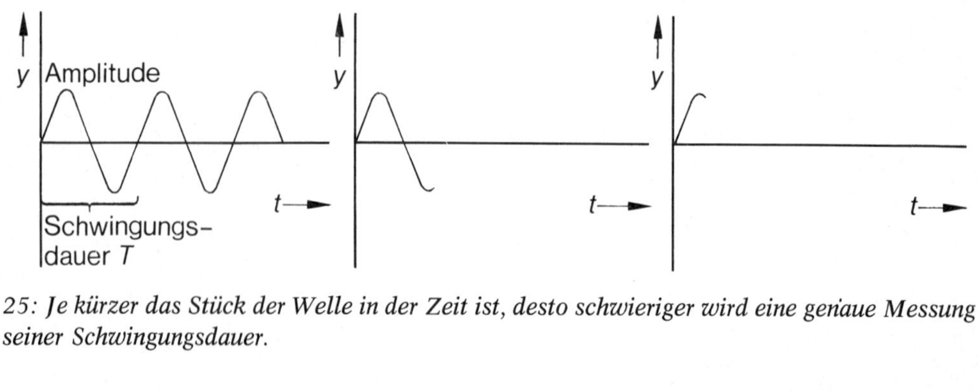

25: Je kürzer das Stück der Welle in der Zeit ist, desto schwieriger wird eine genaue Messung seiner Schwingungsdauer.

extrem kurze Dauer sein Degenerieren zum Geräusch, d. h. zu einem Tongemisch.

Eine harmonische Schwingung, die nur in einem gegenüber ihrer Schwingungsdauer kurzen Zeitraum Δt realisiert wird, ist in Wirklichkeit keine harmonische Schwingung, sondern eine Überlagerung mehrerer harmonischer Schwingungen verschiedener Wellenlängen. Es gibt daher eine Schwingungsdauerunbestimmtheit ΔT und damit eine Frequenzunbestimmtheit Δf, die bei länger anhaltenden Tönen so klein ausfällt, daß sie nicht bemerkt wird. Δt und Δf stehen also in einer reziproken Wechselbeziehung. Ist Δt wie im Beispiel klein, so wird Δf groß. Δf wird geringer und der Ton damit reiner, wenn man ihn eine längere Zeit Δt anhält. Diese in der Akustik wohlbekannte Tatsache macht sich für tiefe Töne dem menschlichen Ohr besonders bemerkbar. Sie gilt in der gleichen Weise auch für hohe Töne, doch ist das Ohr für die damit notwendigen sehr kurzen Zeitdauern zu träge, um die Unterschiede herauszuhören. Uns interessiert ein hierzu analoger Sachverhalt in der Quantentheorie. Notieren wir die genannte reziproke Beziehung in der Form Δf umgekehrt proportional zu Δt oder genauer: $\Delta f \cdot \Delta t > 1$, kann dies mit der Gleichung

$$\Delta W = h \cdot \Delta f \text{ zu}$$
$$\Delta W \cdot \Delta t > h$$

umgeformt werden. Das ist eine der bekannten Heisenbergschen Unbestimmtheitsrelationen. Es können andere zur Seite gestellt werden, z. B. kann auch von den beiden Größen Ort und Impuls eines Mikroobjekts nur eine auf Kosten der anderen genauer bestimmt werden. Man schreibt analog zu $\Delta W \cdot \Delta t > h$ jetzt $\Delta x \cdot \Delta p > h$. Die letztere Relation kann man sich an einer experimentellen Anordnung verständlich machen. Sprechen wir z. B. vom Ort eines Elektrons, so müssen wir ihn messen. Man kann dazu etwa ein Mikroskop nehmen, und zwar kein für diese Zwecke zu grobes Lichtmikroskop sondern ein mit Röntgenstrahlen arbeitendes Mikroskop. Die Wellenlänge der Röntgenstrahlen ist kleiner als die des Lichts, so daß die Ortsbestimmung mit größerer Genauigkeit gelingt. Die Folge aber ist eine Verschlechterung der Genauigkeit bei der Impulsmessung des Elektrons. Das Licht oder vielmehr Röntgenlicht, das auf das Elektron auftrifft, verändert seinen Impuls und das umso stärker, je energiereicher es ist. Das Röntgenlicht ist aber energiereicher als das sichtbare Licht. Man sieht also, daß eine Präzisierung der Ortsmessung mit einer Verschlechterung der Impulsmessung erkauft wird. Eine Verbesserung der Impulsmessung würde umgekehrt die Ortsmessung schlechter werden lassen.

Die Unbestimmtheitsrelationen durchziehen die gesamte Mikrophysik. Für je zwei sogenannte konjugierte Größen, nämlich solche, deren Produkt eine Wirkung ergibt, gilt die Relation, daß das Produkt ihrer Unbestimmtheiten größer als h ist. Die Eigenschaften der Mikroobjekte erscheinen hierdurch so andersartig, daß unser Vorstellungsvermögen hier versagt. Z. B. ergeben sich aus den Korpuskeleigenschaften der Lichtquanten unvermeidlich gewisse Beschränkungen für die Anwendbarkeit der sonst so erfolgreich benutzten Welleneigenschaften des Lichts. Umgekehrt folgen aus den Welleneigenschaften z. B. eines Elektrons entsprechende Beschränkungen für die Anwendung der Teilchenphysik. Es bleibt nichts anderes übrig, als schließlich einzugestehen, daß die Mikroobjekte weder das eine noch das andere sind, weder Teilchen noch Welle sondern etwas ganz anderes, von dem wir uns kein anschauliches Bild machen können, weil in unserer unmittelbar erlebten Umwelt nirgends etwas Vergleichbares anzutreffen ist. Die Entschiedenheit,

mit der sich das Mikrogeschehen unserem Vorstellungsvermögen entzieht, gewinnt noch an Schärfe, wenn die Endgültigkeit dieser Aussagen deutlich gemacht wird.
Die Unbestimmtheitsrelationen haben ihren Ursprung nicht in einer später möglicherweise zu behebenden Unvollkommenheit der heutigen Meßtechnik. Sie sind vielmehr eine naturgesetzliche Einschränkung der Bestimmungsmöglichkeiten, die nach Auffassung der meisten Physiker durch keinen künftigen Fortschritt der theoretischen oder experimentellen Physik behoben werden kann.
Dieses »*Wir werden es nie genauer wissen*« mußte auf Widerspruch stoßen. EINSTEIN z. B. hat in Diskussionen mit BOHR viele Gedankenexperimente durchgespielt, um dieses »*Niemals*« aus dem Weg zu räumen, allerdings ohne Erfolg. Und er hat auch dann noch nicht an dessen Endgültigkeit glauben wollen, als die Quantentheorie von der überwiegenden Mehrzahl der Physiker in dieser Form akzeptiert worden war.

10.5 Die Kopenhagener Deutung der Quantenmechanik wird heute weithin akzeptiert.

Die reziproke Unbestimmtheit in den Heisenberg-Relationen beruht auf der Tatsache, daß man mit Mikroobjekten nur auf ganz bestimmte Weise experimentieren kann. Wir haben das Beispiel vom Röntgenstrahlmikroskop erläutert. Die Formel $\Delta x \cdot \Delta p > h$ sagt aus, daß die Unbestimmtheiten von Ortsunschärfe und Impulsunschärfe in ihrem Produkt nicht unter jede beliebige Grenze hinuntergedrückt werden können, sondern ihrer Natur nach größer als das Wirkungsquantum, also größer als eine endliche Zahl bleiben müssen.
Neben manchen anderen Meinungen ist die heute maßgebliche Interpretation der Quantentheorie die sogenannte Kopenhagener Deutung. Es ist dies ein Versuch, die Quantentheorie in allen ihren Bezügen zur Wirklichkeit, gleichgültig ob theoretisch oder experimentell, zu klären; er wurde von BOHR und HEISENBERG im Kopenhagener Institut für theoretische Physik zusammen mit einer Reihe anderer Physiker in den Jahren 1926 und 1927 erarbeitet. PAULI beschreibt die Grundzüge der Interpretation:
»*Die Endlichkeit des Wirkungsquantums, die eine Unterteilung individueller Quantenprozesse ausschließt, stellt also die Physiker vor folgende Situation: Es ist unmöglich, den ganzen Einfluß des Meßapparates auf das gemessene Objekt durch determinierbare Korrekturen in Rechnung zu stellen. Jeder Gewinn an Kenntnis atomarer Objekte durch Beobachtungen muß mit einem unwiderruflichen Verlust anderer Kenntnisse bezahlt werden [...]Welche Kenntnis gewonnen oder welche andere Kenntnis unwiderruflich verloren ist, bleibt der freien Wahl des Experimentators zwischen einander ausschließenden Versuchsanordnungen überlassen. Diese Situation wurde von* BOHR *mit »Komplementarität« bezeichnet. Der Unkontrollierbarkeit des Eingriffes der Beobachtung in das beobachtete System wird dadurch Rechnung getragen, daß die atomaren Objekte nicht in eindeutiger Weise durch die gewöhnlichen physikalischen Eigenschaften beschrieben werden können. Dadurch ist die Voraussetzung einer Beschreibung der Phänomene unabhängig von der Art ihrer Beobachtung nicht mehr erfüllt und die physikalischen Objekte erhalten einen zwei- oder mehrdeutigen und daher symbolischen Charakter.*« [47]
Der Bohrsche Komplementaritätsbegriff erwies sich zugleich als flexibel und anpassungsfähig in dem Sinne, daß man bald überall und nicht nur in der Physik ähnliche Situationen aufzufinden meinte, nachdem

man erst einmal darauf aufmerksam geworden war. Situationen, wo zwei Tendenzen, obwohl einander ausschließend, doch erst zusammengenommen sich zu einem vollständigen Bild des Sachverhalts runden, gibt es nicht wenige. Die gleich noch zu erörternde Frage von Subjekt und Objekt im Denken des Menschen stellt ein Beispiel dar, das in seiner Bedeutung die Grenzen der Physik hinter sich läßt. Das sachliche Denken, wie wir es in Abschnitt 5.1 schilderten, möchte alles persönliche Gefühl bis auf den letzten Rest von Subjektivität abstreifen, um dem Objekt seiner Untersuchungen so gerecht wie möglich zu werden. Dies ist sicher ein Extrem der üblichen Denkhaltung des Menschen. Das andere »komplementäre Extrem« wäre jenes in sich ruhende Kontemplieren, das sich in seiner reinsten Ausformung von jedem Objekt löst. Das Nirwana der indischen Philosophie bezeichnet die letzte Stufe der Objektlosigkeit des Denkens.

Wir kehren zur Physik zurück. Die Experimente der Quantentheorie unterscheiden sich durch die veränderte Subjekt-Objekt-Beziehung von denen der klassischen Physik. Die grundsätzliche Beschränktheit der Meßmöglichkeiten ist dieser fremd. Trotzdem ist andererseits die Quantentheorie eine äußerst leistungsfähige Theorie, die dem Elektroniker ebenso wie dem Chemiker, dem Kerntechniker wie dem Astrophysiker wichtige Grundlagen liefert.

Der Kalkül erfaßt in der abstrakten Sprache der Mathematik die Naturgesetze besser, als es der physikalischen Fachsprache oder gar der Umgangssprache möglich war. Trotzdem kann der Physiker aber natürlich nicht auf die Sprache verzichten. Er muß z. B. über seine Experimente reden. In der Quantentheorie haben gerade die Experimente zudem einen merkwürdig klassischen Aspekt. Sämtliche Messungen werden ja mit makroskopischen Meßgeräten durchgeführt, die nach makroskopischen Gesetzen funktionieren. Man redet daher über die Meßinstrumente in der Sprache der klassischen Physik, über die Meßobjekte in der Sprache der Quantentheorie. Man sieht: das Verhältnis von mathematischem Kalkül, Meßgeräten, experimentellen Daten, Sprache und theoretischem Hintergrund ist in der Quantentheorie so vielschichtig wie nirgends sonst in der Physik.

Die Diskussionen, die um die richtige Deutung des quantenmechanischen Kalküls damals in Kopenhagen geführt wurden, waren denn auch wegen der Sprödigkeit des Gegenstandes lange und erbittert. HEISENBERG selbst erinnert sich:

»*In den Monaten, die auf diese Diskussionen folgten, führte schließlich ein intensives Studium all der Fragen, die mit der Deutung der Quantentheorie zu tun haben, in Kopenhagen zu einer vollständigen und, wie viele Physiker glauben, befriedigenden Klärung der ganzen Situation. Aber es war keine Lösung, die man leicht annehmen konnte. Ich erinnere mich an viele Diskussionen mit* BOHR, *die bis spät in die Nacht dauerten und fast in Verzweiflung endeten.*

Und wenn ich am Ende solcher Diskussionen noch allein einen kurzen Spaziergang im benachbarten Park unternahm, wiederholte ich mir immer und immer wieder die Frage, ob die Natur wirklich so absurd sein könne, wie sie uns in diesen Atomexperimenten erschien.« [48]

Die Irritation der Physiker angesichts der quantentheoretischen Paradoxa war tiefgreifend und nicht leicht zu beheben. Die Gesetze, die man aus der klassischen Physik für makroskopische Körper kannte, ließen sich so ganz und gar nicht auf die Mikroobjekte anwenden. Die meisten Begriffe mußten eine gründliche Revision über sich ergehen lassen, um überhaupt eine Chance zu haben, weiter verwendet zu werden. Manch-

mal schien es so, als ob die Änderungen umso tiefer ansetzen müßten, je fundamentaler die Begriffe waren. Die Stetigkeit der Naturvorgänge war als eine der ältesten Auffassungen der klassischen Physik sehr bald gestürzt worden. Die nächste Enttäuschung war die Vergeblichkeit aller Versuche, die Mikroobjekte anschaulich zu verstehen.
Ferner blieb der Einfluß des Beobachters auf das Meßergebnis, von dem man in der klassischen Physik zumindest geglaubt hatte, er könne immer eliminiert werden, in den Experimenten der Quantentheorie ein unauflösbarer Rest. Schon die spezielle Relativitätstheorie hatte durch eine genauere Analyse des Meßvorgangs bei Bewegungen gezeigt, daß man diese immer nur relativ zu einem bestimmten Beobachter exakt beschreiben kann. Die Veränderungen der Grundlagen des Meßprozesses in der Quantentheorie griffen jedoch tiefer in das Verhältnis von Subjekt und Objekt ein. Sie ließen selbst das Prinzip der Kausalität, das bisher als der unaufgebbare Ausweis der Wissenschaftlichkeit angesehen wurde, nicht völlig unangetastet. Es war die Nichtanalysierbarkeit der Elementarprozesse, die hier die Lücken in den bisher gewohnten Konnex zwischen Beobachter und Experiment riß. Selbst der Versuch, den Beobachter durch einen automatischen Registrierapparat zu ersetzen, half hier in der Theorie nicht weiter. Auch ein Apparat bewirkt bei der Auslösung eines Elementaraktes einen Eingriff von letztlich nicht kalkulierbarem Umfang:
»*Die Beobachter oder Beobachtungsmittel, welche die moderne Mikrophysik in Betracht ziehen muß, unterscheiden sich demnach wesentlich von dem losgelösten Beobachter der klassischen Physik. Unter letzterem verstehe ich einen solchen, der zwar nicht notwendig ohne Wirkung auf das beobachtete System ist, dessen Einwirkung aber jedenfalls durch determinierbare Korrekturen eliminiert werden kann. In der Mikrophysik ist dagegen jede Beobachtung ein Eingriff von unbestimmbarem Umfang sowohl in das Beobachtungsmittel wie in das beobachtete System und unterbricht den kausalen Zusammenhang der ihr vorausgehenden mit den ihr nachfolgenden Erscheinungen.*« [47]
BOHR vertrat oft die Meinung, daß viele der für die moderne Physik charakteristischen Abstraktionen schon in der Philosophie vergangener Jahrhunderte vorgebildet seien. Angesichts des Problems der Unauflösbarkeit der Subjekt-Objekt-Beziehung im quantentheoretischen Meßprozeß meinte er, daß wir »*sowohl Zuschauer als Teilnehmer in dem großen Schauspiel des Daseins*« sind. Natürlich geben solche Erinnerungen an das Menschenschicksal keine direkt verwendbaren Hinweise zur Problemlösung. Und so ist es von BOHR auch nicht gemeint gewesen; er war aber immer derjenige, der das Gespräch mit der Philosophie suchte, aus der Überzeugung, daß die bislang benutzten physikalischen Methoden zu kurz griffen.
Die Kopenhagener Deutung der Quantentheorie ist heute fast überall anerkannt. Natürlich hat man ihr auch widersprochen. Die Kritik der meisten Physiker setzt an dem Problem des Determinismus an. Ist das Naturgeschehen letztlich determiniert oder indeterminiert? Welche Wirklichkeit entspricht dem Formalismus der Quantentheorie? Oder wie findet man die Wirklichkeit in diesem Formalismus wieder? Ist dies eine objektive Wirklichkeit oder sind die subjektiven Eingriffe, die das zu untersuchende Mikrogeschehen im Beobachtungsakt verändern, nicht eliminierbar?
Es würde zu weit gehen, wollte man hier auch nur einige dieser kritischen Fragen weiter verfolgen. Die Diskussion ist bis heute noch nicht befriedigend abgeschlossen worden, vgl. [49].
Zum Abschluß des Kapitels sollen einige

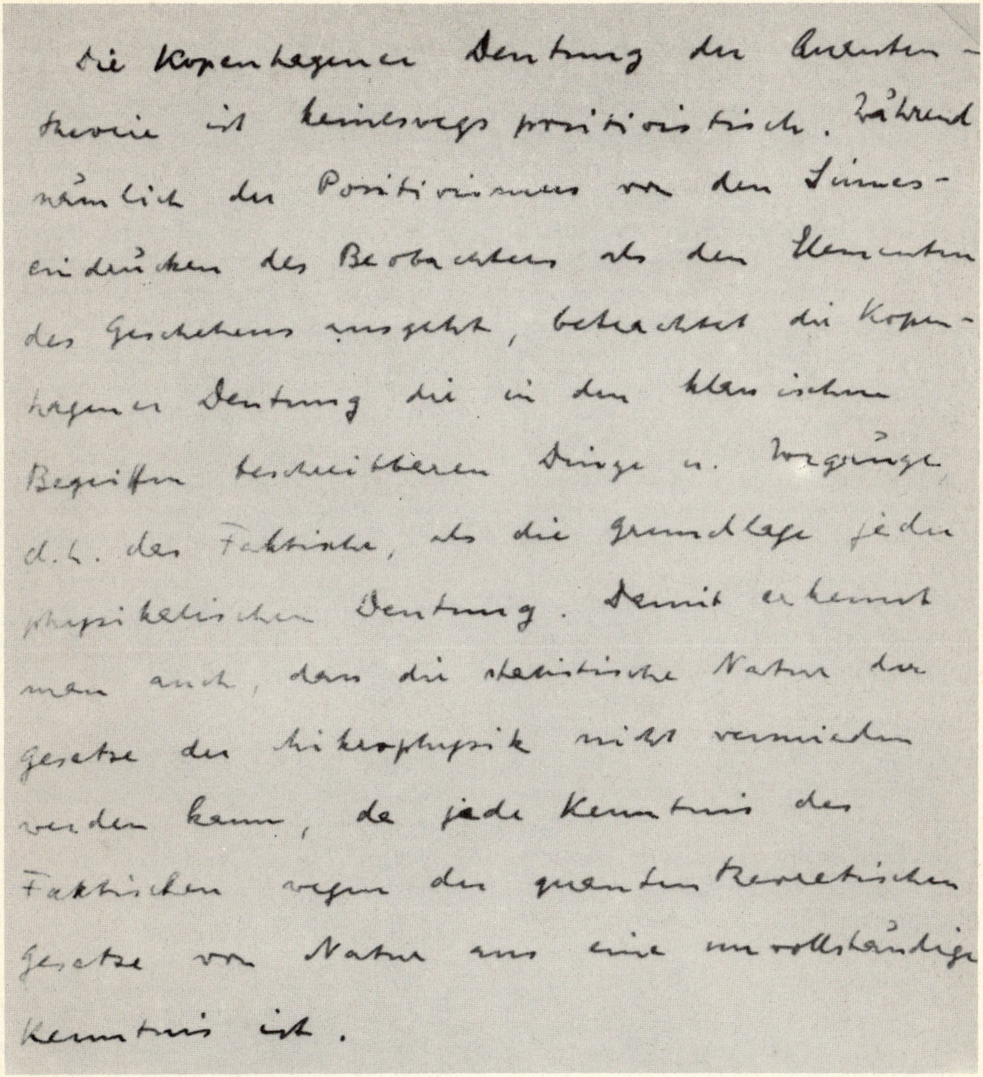

Die Kopenhagener Deutung der Quantentheorie ist keineswegs positivistisch. Während nämlich der Positivismus von den Sinneseindrücken des Beobachters als den Elementen des Geschehens ausgeht, betrachtet die Kopenhagener Deutung die in den klassischen Begriffen beschreibbaren Dinge u. Vorgänge, d. h. das Faktische, als die Grundlage jeder physikalischen Deutung. Damit erkennt man auch, dass die statistische Natur der Gesetze der Mikrophysik nicht vermieden werden kann, da jede Kenntnis des Faktischen wegen der quantentheoretischen Gesetze von Natur aus eine unvollständige Kenntnis ist.

26: Werner HEISENBERG: *aus: Physik und Philosophie. Zum Abdruck in »Bahnbrecher des Atomzeitalters« niedergeschrieben im November 1964*

wichtige Punkte der neuen Situation, die durch die Quantentheorie geschaffen wurde, mit HEISENBERGs Worten (s. auch Bild 26) zusammengefaßt werden:
»In der Tat beruht unsere gewöhnliche Naturbeschreibung und insbesondere der Gedanke einer strengen Gesetzmäßigkeit in den Vorgängen der Natur auf der Annahme, daß es möglich sei, Phänomene zu beobachten, ohne sie merklich zu beeinflussen. Einer bestimmten Wirkung eine bestimmte Ursache zuzuordnen, hat nur dann einen Sinn, wenn wir

Wirkung und Ursache beobachten können, ohne gleichzeitig in den Vorgang störend einzugreifen. Das Kausalgesetz in seiner klassischen Form kann also seinem Wesen nach nur für abgeschlossene Systeme definiert werden. In der Atomphysik ist aber im allgemeinen mit jeder Beobachtung eine endliche, bis zu gewissem Grade unkontrollierbare Störung verknüpft, wie dies in der Physik der prinzipiell kleinsten Einheiten auch von vornherein zu erwarten war. Da andererseits jede raumzeitliche Beschreibung eines physikalischen Vorganges durch die Beobachtung des Vorganges bedingt ist, so folgt, daß die raumzeitliche Beschreibung von Vorgängen einerseits und das klassische Kausalgesetz andererseits komplementäre, einander ausschließende Züge des physikalischen Geschehens darstellen. Dieser Sachlage entspricht in dem Formalismus der Theorie, daß zwar ein mathematisches Schema der Quantentheorie existiert, daß dieses Schema aber nicht als einfache Verknüpfung von Dingen in Raum und Zeit gedeutet werden kann. Durch diese Komplementarität der Raum-Zeit-Beschreibung einerseits und der kausalen Verknüpfung andererseits tritt ferner eine eigenartige Unbestimmtheit des Begriffes ›Beobachtung‹ auf, in dem es der Willkür anheimgestellt bleibt, welche Gegenstände man zum beobachtenden System rechnet oder als Beobachtungsmittel betrachten soll.« [50]

10.6 Zusammenfassung

Erste Kenntnisse von Atomen und Molekülen stammten aus der Chemie und der Kristallographie. BOHR, der in seiner Theorie an das Rutherfordsche Atommodell anknüpfte, gelang der Durchbruch zu einer quantenhaften Beschreibung des Atombaus. Sein Modell war noch anschaulich zu verstehen, allerdings standen seine Postulate bereits im Widerspruch zur klassischen Physik. HEISENBERG und SCHRÖDINGER entwickelten den gültigen Formalismus der Quantentheorie. Auf dem Niveau dieses Formalismus ist der Dualismus von Welle und Teilchen abstrakt überwunden. Eine anschauliche Beschreibung der Mikrovorgänge ist nicht länger mehr möglich. Aber nicht nur das Vorstellungsvermögen stößt an unüberwindliche Grenzen, auch bewährte Denkstrukturen können in ihrer hergebrachten Form nicht weiterverwendet werden. Die Kopenhagener Interpretation der Quantentheorie kreist um die Frage, welche Art von Wirklichkeit durch den Formalismus beschrieben wird. Im Beobachtungsakt ist eine subjektive Beeinflussung nicht völlig auszuschalten. Die Unschärferelation macht die Erweiterung des klassischen Kausalitätsbegriffs zum statistischen notwendig.

Aufgaben

1. Welche Begriffe der klassischen Physik können nicht unverändert in die Quantentheorie übernommen werden?
2. Welche bisher ungelösten Probleme konnten durch die Bohrsche Atomtheorie bewältigt werden? Welche Schwächen zeigte sie?
3. Warum ist die Bedeutung der Heisenbergschen Unschärferelationen für die meisten Anforderungen der Praxis gering? Welche entscheidende Rolle spielt sie dagegen in der Theorie?
4. Was ist mit dem Satz gemeint: »*Die Darstellung der Quantentheorie durch den Welle-Teilchen-Dualismus ist zwar anschaulich aber widersprüchlich?*«
   Wie entgeht man dem Widerspruch a) innerhalb der Vorstellung des Dualismus, b) im Formalismus unter Verzicht auf Anschaulichkeit?

11 Die Grenzen der Begreiflichkeit

11.1 Die Physik erfaßt nur einen Aspekt der Wirklichkeit.

Die Physik ist auf schwieriges Gebiet vorgedrungen. So kompliziert sind ihre Gedankengänge, daß Arthur MARCH (1891 bis 1957) meinte:
»*Die heutige theoretische Physik hat mit der modernen Malerei das eine gemeinsam, daß der erste Eindruck, den der Außenseiter von ihr gewinnt, der einer völligen Unverständlichkeit ist.*« [51]
Um der neuen empirischen Situation gerecht zu werden, mußten bisher gebrauchte Denkstrukturen geändert werden. Das Gespräch mit der Philosophie, das wichtige Anregungen und Informationen hätte vermitteln können, ist immer nur für kurze Zeit in Gang gekommen. Waren für eine länger anhaltende Diskussion die Physiker zu wenig in der Philosophie zu Hause, oder mangelte es den Philosophen an naturwissenschaftlicher Bildung?
Symptomatisch für dieses nicht sehr glückliche Verhältnis von Physik und Philosophie scheint der Umstand, daß zwar die Relativitätstheorie zur Zeit ihrer Veröffentlichung noch ins Bewußtsein einer breiteren Öffentlichkeit drang, wenn auch für viele nur um mißverstanden zu werden, daß aber ein gleiches für die Quantentheorie nicht gilt. War die Quantentheorie durch ihre Abstraktheit zu unverständlich? Hätte sie nicht durch das Infragestellen der ältesten Denktraditionen genug Aufsehen erregen müssen?
Aufschlußreich für die gegenwärtige Lage ist der Inhalt des zweibändigen Werkes von Wolfgang STEGMÜLLER (geb. 1923), eines vor allem an wissenschaftstheoretischen Fragen interessierten Philosophen. Nach den Darstellungen einiger Richtungen modernen Philosophierens im ersten Band werden im zweiten vorwiegend Sachinformationen zu Sprachtheorien, zu verschiedenen Logiken, zur Kosmologie, Biologie und Physik zusammengestellt, weil er meint, man dürfe den Rahmen nicht zu eng ziehen; vor allem die Naturwissenschaften bildeten doch den Ursprung philosophischen Nachdenkens und wissenschaftlichen Räsonierens. [52] Gewiß sind alle diese Forschungsergebnisse noch nicht philosophisch aufgearbeitet und können es noch nicht sein. Welche Ansätze aber sind zu erkennen?
Fragt man, wer von den Physikern sich in der Interpretation der neuen Ergebnisse philosophischen Fragen näherte, so findet man fast alle großen Namen: Albert EINSTEIN, Max PLANCK, Niels BOHR, Werner HEISENBERG, Ernst SCHRÖDINGER, Max BORN, Pascual JORDAN, Louis DE BROGLIE, Wolfgang PAULI, Friedrich VON WEIZSÄCKER u. a. m. Sucht man auf der anderen Seite Philosophen, die ihr Interesse der neuen Physik zugewandt haben, so sind die meisten im Umkreis des Neukantianismus und des Neopositivismus zu finden. Ernst CASSIRER und Friedrich VON WEIZSÄCKER verdanken wir gründliche Darstellungen der Strukturprobleme der Physik aus der Sicht der kantischen Philosophie. [53]
Auch die Neopositivisten des »Wiener Krei-

ses« haben sich vielfach um die Interpretation der modernen Physik bemüht. Ferner ist Karl POPPER zu nennen, der sich sehr früh vom »Wiener Kreis« absetzte und den kritischen Rationalismus begründete. Trotz dieser und vieler andere Bemühungen kann aber die Rede nicht davon sein, daß es eine gültige philosophische Stellungnahme zu diesem Thema gäbe.

Wir wollen versuchen, am Beispiel der Begreiflichkeit der Natur die Möglichkeiten eines künftigen Gespräches von Physik und Philosophie auszumachen. Die Natur zu begreifen, das ist ein Bemühen, dem sich genug paradoxe Tatbestände von Relativitätstheorie und Quantentheorie in den Weg gestellt haben. Die Natur begreifen hieß damit aber auch wohl, die Natur des sich gerade in Schwierigkeiten offenbarenden menschlichen Denkens besser verstehen. Das Problem z. B., die Mikroobjekte weder als Teilchen noch als Welle ansprechen zu können, sondern als etwas beschreiben zu müssen, das nichts bisher Bekanntem entsprach, hatte gelehrt, daß die Natur nicht in allen Punkten anschaulich zu begreifen war. Hatte man aber nicht auch gelernt, daß sich der menschliche Verstand, wo er auf Anschaulichkeit verzichten mußte, sehr wohl noch mit Hilfe eines formalen Kalküls sicher bewegen konnte? Neues trat an die Stelle des Alten. Die besonderen Anstrengungen, die z. B. notwendig waren, um die Relativität der Gleichzeitigkeit oder die Unbestimmtheitsrelationen der Quantenmechanik dem System der Physik einzugliedern, hatten bisher bewährte Strukturen als Einengungen des Denkens entlarvt und überholt.

Viele Physiker sahen die alten Denkgewohnheiten, die hier und da schon das Gütesiegel des Apriori erhalten hatten, als nur temporäre und überholbare Ausformungen des menschlichen Geistes bloßgestellt, und indem sie über das Ziel hinausschossen, sprachen sie nicht nur von einem neuen Naturbild, das ihnen ihre Wissenschaft vermittelt hatte, sondern von einem neuen Weltbild. In vielen Buchtiteln kehrte der Ausdruck vom neuen Weltbild der Physik wieder. Trotzdem war das offensichtlich eine Übertreibung. Die Natur bildet nur einen Teil unserer Welt, und der Physik kann es nicht gelingen, Aussagen über das Weltganze zu machen. Die Physik erfaßt nur einen Aspekt der Wirklichkeit.

In der messenden Methode dieser Wissenschaft sind ihre Vor- und Nachteile begründet. In Kapitel 5 haben wir gesehen, daß nur Einzelmerkmale, die Abstufungen zeigen, Anlaß geben zur Definition physikalischer Größen. Die Reichweite dieser Methode ist erstaunlich, sie erklärt aber auch die Blindheit der Physik gegenüber den meisten philosophischen Problemen. Wir haben in der Diskussion der Willensfreiheit in Kapitel 1 ein Beispiel kennengelernt. Die Ergebnisse der Quantentheorie werden dort, wo man sie überhaupt aufgriff, allzu schnell mißverstanden. Nicolai HARTMANN (1882 bis 1950) empörte sich: »*Wie wurde es möglich, daß ein wild gewordener Positivismus von der Mikromechanik der Atome aus die Willensfreiheit und das Dasein Gottes beweisen will.*« [54]

Die Methode der Physik verdankt ihren Erfolg einer Einengung und einem Verzicht. Oskar BECKER (1899–1964) schreibt: »*Naturam renuntiando vincimus. Durch Verzicht besiegen wir die Natur. Das paradoxe, aber entscheidend wirksame Verfahren, um der Natur ihre Geheimnisse zu entreißen und ihre Kräfte uns fügsam zu machen, ist: auf die Erkenntnis ihres ›Wesens‹ zu verzichten.*« [55]

Es ist also nur ein schmaler Ausschnitt, ein Aspekt der Wirklichkeit, den die Physik begreift und weiter zu begreifen sucht. Dieser Aspekt weist aber auch über sich hinaus, indem er die Denkanstrengungen selbst, die zur Bewältigung der physikalischen Wirklichkeit unternommen werden mußten, für die Lehre von der menschlichen Erkenntnis zum Gegenstand von Untersuchungen macht.

11.2 Das Problem der Begreiflichkeit der Natur ist ein Grundproblem der Naturphilosophie.

Das Problem der Begreiflichkeit der Natur, von vielen das Grundproblem der Naturphilosophie genannt, vereinigt in sich beide Interessen, das Interesse am Begreifen des Subjekts und des Objekts im Erkenntnisvorgang.

Wie ist es also möglich, daß wir zwischen verschiedenen Ereignissen in Raum und Zeit Beziehungen herstellen können, daß diese Beziehungen zu Begründungszusammenhängen verknüpft werden und zu Theorien führen? EINSTEIN hat seiner Verwunderung über diese Tatsache Ausdruck gegeben:

»*Daß die Gesamtheit der Sinneserlebnisse so beschaffen ist, daß sie durch das Denken geordnet werden können, ist eine Tatsache, über die wir nur staunen, die wir aber niemals werden begreifen können. Man kann sagen: Das ewige Unbegreifliche an der Welt ist ihre Begreiflichkeit. Daß die Setzung einer realen Außenwelt ohne jede Begreiflichkeit sinnlos wäre, ist eine der großen Erkenntnisse Immanuel* KANTS.« [56]

Die letzte Bemerkung hat noch weiterführende Konsequenzen. EINSTEIN pflichtet KANT bei, wenn dieser das wunderbare, aber letztlich nicht erklärbare Faktum von der Begreiflichkeit der Natur als Rechtsgrund für die Setzung einer realen Außenwelt reklamiert. Tatsächlich, ohne die Möglichkeit Ordnung in unsere Sinneserlebnisse zu bringen, fehlte uns jede Orientierung, jede Basis für sinnvolles Handeln, so wie uns im Traum alles durcheinander gerät und wir in einem Meer von Eindrücken schwimmen, ohne sie verstehen oder gar lenken zu können. Wie man im Bereich der Naturerscheinungen schlimmen Sinnestäuschungen und einem chaotischen Dahintreiben entgehen kann, ist mit der Frage nach der Möglichkeit von Naturwissenschaften überhaupt nahe verwandt. KANT sah in den Erfolgen der Newtonschen Mechanik den Anlaß, ihren inneren Aufbau genau zu analysieren. Er ließ sich dabei von der Hoffnung leiten, damit nicht nur künftigen naturwissenschaftlichen Disziplinen ein Muster vorhalten zu können, sondern der Metaphysik selbst einen Weg zu weisen, wie sie den sicheren Gang einer Wissenschaft würde antreten können.

Eine Entdeckung, die er für sehr wichtig hielt, war die, daß der menschliche Verstand »*der Natur die Gesetze vorschreibt.*« Er erläutert das folgendermaßen:

»*Als* GALILEI *seine Kugeln die schiefe Fläche mit einer von ihm selbst gewählten Schwere herabrollen, oder* TORICELLI *die Luft ein Gewicht, was er sich zum voraus dem einer ihm bekannten Wassersäule gleich gedacht hatte, tragen ließ [...] so ging allen Naturforschern ein Licht auf. Sie begriffen, daß die Vernunft nur das einsieht, was sie selbst nach ihrem Entwurfe hervorbringt, daß sie mit Prinzipien ihrer Urteile nach beständigen Gesetzen vorangehen und die Natur nötigen müsse, auf ihre Fragen zu antworten, nicht aber sich von ihr allein gleichsam am Leitbande gängeln lassen müsse; denn sonst hängen zufällige, nach keinem vorher entworfenen Plane gemachte Beobachtungen gar nicht in einem notwendigen Gesetze zusammen, welches doch die Vernunft sucht und bedarf [...] Und so hat sogar Physik die so vorteilhafte Revolution ihrer Denkart lediglich dem Einfalle zu verdanken, demjenigen, was die Vernunft selbst in die Natur hineinlegt, gemäß, dasjenige in ihr zu suchen (nicht ihr anzudichten),*

was sie von dieser lernen muß, und wovon sie für sich selbst nichts wissen würde.« [57]
Die Vernunft bringt also selbst nach ihrem Entwurfe die Erkenntnisse zustande, das soll heißen: Raum und Zeit, Substanz und Kausalität sind formale Gegebenheiten, die der menschliche Verstand schon mitbringt, bevor er überhaupt beginnt, die Natur zu erforschen. Sie sind vorher da, sie sind unabhängig von jeder Erfahrung, weil sie erst die Erfahrung ermöglichen. Diese apriorischen Elemente Kants sind: Die Anschauungsformen von Raum und Zeit, auch »Formen der Sinnlichkeit« und die Kategorien, auch »Formen des Verstandes« genannt.
Die Naturphilosophie des deutschen Idealismus, wie sie von Friedrich Wilhelm SCHELLING (1775 bis 1854) und Georg Wilhelm Friedrich HEGEL (1770 bis 1831) vertreten wurde, ging noch weiter, indem sie nicht nur die Form der Erkenntnis, sondern auch ihren Inhalt als in uns bereitliegend ansah. Mit Form und Inhalt der Erkenntnis wäre aber alles in der Natur Begreifbare, also die gesamte Naturerkenntnis, schon in uns vorhanden, und die empirische Forschung bliebe eine überflüssige Einrichtung.
Die Reaktion auf diese extrem idealistischen Vorstellungen konnte nicht ausbleiben. Man kehrte zu erkenntnistheoretischen Auffassungen von dem vor KANT lebenden David HUME (1711 bis 1776) zurück. KANT hatte von ihm dankbar gerühmt, er habe ihn aus seinem dogmatischen Schlummer geweckt. HUME hatte in allen Erkenntnisvorgängen den großen Einfluß der Erfahrung und der durch Erfahrung geformten Denkgewohnheiten betont. So ist das Prinzip der Kausalität für ihn keine eingeborene Idee sondern eine durch Erfahrung gebildete Gewohnheit. Wenn ich ein oder mehrere Male auf ein Ereignis 1 ein Ereignis 2 habe folgen sehen, bin ich geneigt, das nächste Mal diese Reihenfolge in derselben Art und Weise im voraus zu erwarten. Aus einer zeitlichen Reihenfolge wird mehr oder weniger unmerklich eine kausale Folge. Unsere Sprache selbst gibt Hinweise darauf, daß immer wieder dieser Übergang vollzogen wird. Das Wort »Folge« hatte zunächst nur temporale Bedeutung, später wurde es dann auch für eine Folge der Wirkung auf die Ursache gebraucht. Ähnliches läßt sich aus den Konjunktionen »weil«, »da« und »nachdem« heraushören.
Das offensichtlich akausale Verhalten der Mikroobjekte in Raum und Zeit, wie es die Quantentheorie erfahren hat, führt die Physik in das Dilemma hinein: entweder den Anspruch auf Begreifbarkeit der Mikrovorgänge aufgeben oder nach einem leistungsfähigeren Kausalitätsbegriff suchen. Die Physik konnte sich nur für die zweite Möglichkeit entschließen. Der Kausalitätsbegriff der klassischen Physik hatte dem einer statistischen Kausalität zu weichen. KANT, der die Kategorie der Kausalität in der für ihn überzeitlichen Organisation des Denkapparats verankert wissen wollte, mußte HUMEs Auffassung als zu empfindlich gegenüber Relativierungen empfinden. Ein aus der Gewohnheit erwachsener Begriff konnte für sein Verständnis der Dinge der Erkenntnis keine Sicherheit geben; dies konnte nur eine der Erfahrbarkeit enthobene Kategorie. Heute neigen die Naturwissenschaften eher dem Humeschen Kausalitätsbegriff zu. Er scheint weniger starr und offener gegenüber jenen Neufassungen, wie sie die Physik durch ihre Fortentwicklung zu fordern scheint.
Die Vielfalt der Denkstrukturen hat zugenommen und mag für den Außenstehenden verwirrend sein. Der Vorteil aber ist eine größere Leistungsfähigkeit in der Erforschung der Natur. Die Grenzen der Begreiflichkeit sind wieder ein Stück weiter ins Unbekannte vorgerückt. Sie sind aber auch stärker als

Grenzen ins Bewußtsein getreten, weil man sieht, welche vertraut gewordenen Denkgewohnheiten dafür hingegeben werden müssen.

11.3 In der Kritik an der Apriorität unserer Denkstrukturen treffen sich Physik und Biologie.

Die Apriorität der Kausalität ebenso wie die der Substanz, der für die Grundlegung der Physik wichtigen Kategorien, ferner die Apriorität der Anschauungsformen von Raum und Zeit, die nicht weniger fundamental sind, ist heute in den Naturwissenschaften auf immer heftigeren Widerspruch gestoßen. Als KANT behauptete, diese Formen unseres Denkens und Anschauens lägen jeder Erfahrung vorauf und könnten folglich durch Erfahrung auch nicht überholt werden, wurde eine gegenüber den Erfahrungswissenschaften sehr exponierte und angreifbare Position bezogen.

So war schon die Entdeckung der nichteuklidischen Geometrien ein erster Anlaß, die Überzeugung, die Geometrie unserer Welt könne nur euklidisch sein, zu erschüttern. Man findet schon bei C. F. GAUSS (1777 bis 1855) kritische Bemerkungen. D. HILBERT (1862 bis 1943) urteilt ausgewogen:

»*Das Apriori ist nichts mehr und nichts weniger als eine Grundeinstellung oder der Ausdruck für gewisse unerläßliche Vorbedingungen des Denkens und Erfahrens. Aber die Grenze einerseits zwischen dem, was wir apriori besitzen und dem, wozu Erfahrung nötig ist, müssen wir anders ziehen als* KANT; KANT *hat die Rolle und den Umfang des Apriorischen weit überschätzt.*« [58]

Was die Lehre von Raum und Zeit und ihre Neufassung durch EINSTEIN betrifft, so meint dieser selbst:

»*Die einzige Rechtfertigung für unsere Begriffe ist die, daß sie zur Darstellung unserer Erfahrungsgesamtheit dienen. Darüber hinaus haben sie keine Existenzberechtigung. Ich bin überzeugt, daß die Philosophen dem Fortschritt des wissenschaftlichen Denkens geschadet haben, indem sie gewisse Fundamentalbegriffe aus dem Bereich des Empirismus, wo sie unter Kontrolle standen, entfernt und in die unzugänglichen Höhen des a priori verwiesen haben. Selbst wenn sich zeigen sollte, daß die Gesamtheit der Ideen nicht durch logische Mittel aus der Erfahrung abgeleitet werden kann, sondern in bestimmtem Sinne eine Schöpfung des menschlichen Geistes zur Ermöglichung von Wissenschaft überhaupt ist, so ist doch jener universale Zusammenhang ebenso wenig unabhängig von der Natur unserer Erfahrungen wie Kleider von der Gestalt des menschlichen Körpers. Das gilt ganz besonders von unseren Begriffen der Zeit und des Raumes, die die Physiker aufgrund der Tatsachen vom Olymp des a priori herabholen und in einen brauchbaren Zustand bringen mußten.*« [59]

Man darf dies nicht als Kritik um der Kritik willen sehen, so als wollte sich EINSTEIN zum Schulmeister in philosophischen Fragen aufschwingen. Er hatte nur immer wieder erlebt, wie die Menschen bei dem Versuch, die neuen Tatsachen der Physik zu verstehen, an die Grenzen stießen, die ihnen durch zur Gewohnheit gewordene Denkformen gezogen waren.

PAULI beschreibt in diesem Zusammenhang das Wirken EINSTEINS:

Die »*frühen Arbeiten von* EINSTEIN *über die spezielle Relativitätstheorie zeigen bereits den Erfolg einer Methode in der Physik, die nicht von einem autoritativen Wissen darüber ausgeht, was die Dinge an und für sich sind.* EINSTEIN *hat uns immer wieder gezeigt, wie der Physiker ohne solche Stützen und ohne feste Regeln in einem uferlosen Meer von Ideen schwimmen lernen muß, von Ideen, zu denen er durch ein ebenso uferloses Meer von empirischem Material zwar inspiriert sein kann, die sich aber aus diesem nicht rein logisch ableiten lassen.«* [60]

An anderer Stelle faßt PAULI seine Kritik folgendermaßen zusammen:

»Skeptisch blickt der moderne Physiker auf philosophische Systeme, die – wähnend, die apriorischen Voraussetzungen der menschlichen Vernunft schlechthin endgültig erkannt zu haben – in Wahrheit nur die apriorischen Voraussetzungen des Systems der Mathematik und der Naturwissenschaften einer bestimmten Zeit aufstellen konnten.« [61]

In der Meinung, daß die Naturwissenschaften durch allzu traditionsbewußtes Festhalten an überlieferten Prinzipien in ihrem Fortschritt auch behindert werden können, trifft sich die Physik mit der Biologie. Der Ansatz der Kritik ist in der Biologie die Beschreibung des menschlichen Verstandes als eines Organs, das uns überlebensfähig macht. Konrad LORENZ schreibt:

»Unsere vor jeder individuellen Erfahrung festliegenden Anschauungsformen und Kategorien passen aus ganz denselben Gründen auf die Außenwelt, aus denen der Huf des Pferdes schon vor seiner Geburt auf den Steppenboden, die Flosse des Fisches, schon ehe er dem Ei entschlüpft, ins Wasser paßt.« [62]

Aber die Überlegung geht weiter. Was für das Individuum apriori gegeben ist, das wird für die Gattung ein Aposteriori. Gerhard VOLLMER erklärt die Tatsache, daß unser Denkapparat wandlungsfähig ist und sich anpassen kann, nicht viel anders als den Prozeß, in dem sich andere Organe der Lebewesen im Kampf ums Dasein immer zweckmäßiger herausgebildet haben:

»Unser Erkenntnisapparat ist ein Ergebnis der Evolution. Die subjektiven Erkenntnisstrukturen passen auf die Welt, weil sie sich im Laufe der Evolution in Anpassung auf diese reale Welt herausgebildet haben. Und sie stimmen mit den realen Strukturen (teilweise) überein, weil nur eine solche Übereinstimmung das Überleben ermöglichte [...] Der »Passungscharakter« erstreckt sich nicht nur auf die physischen, sondern auch auf die logischen Strukturen der Welt (wenn solche existieren.).« [63]

Oder überspitzt formuliert:

»Wäre für uns das Licht ferner Galaxien je überlebensnotwendig gewesen, so gäbe es uns entweder nicht mehr, oder wir hätten Augen dafür entwickelt und die Relativitätstheorie zu apriorischen Denkformen verinnerlicht.« [64]

Bei alledem ist es nicht die Lust am Neuen, die die Naturwissenschaften von Altbewährtem abrücken läßt. Es sind die empirischen Befunde, die sich nicht mehr unter die bisher benutzten Prinzipien fassen lassen.

11.4 Der Positivismus hat zwei Gesichter. Ist er nützlich als methodisches Prinzip, aber fragwürdig als Ideologie?

Eine philosophische Richtung, die den Vorrang der Empirie auf ihre Fahnen geschrieben hatte, war der Positivismus. Ernst MACH hatte großen Einfluß auf die bedeutenden Physiker dieses Jahrhunderts in ihren jungen Jahren, während späterhin bei ihnen die Neigung zur Kritik am Positivismus wuchs. Das positiv Gegebene ist für den Positivismus die erste und letzte Instanz, die Verwirrung kommt nach seiner Lehre in die Philosophie erst dadurch hinein, daß man Spekulationen nachhängt und die empirischen Tatsachen aus den Augen verliert. Der Positivismus hat in unserem Zusammenhang zwei verschiedene Gesichter, je nachdem man ihn als methodische Richtschnur innerhalb der Physik begreift oder ihm eine darüber hinausgehende philosophische Aussagekraft zugesteht.

Wir wenden uns zuerst dem Positivismus als methodischem Prinzip zu. Wenn MACH 1882 davor warnt, in den Atomen mehr zu sehen als Modellvorstellungen, so hat er damit recht, insofern die empirischen Daten damals noch viel zu spärlich waren, um die Realität der Atome überzeugend darzutun. [43] Und wenn HEISENBERG das Bohrsche Atommodell kritisierte, weil die Elektronenbahnen mehr waren, als beobachtet werden konnte, und empfahl, lediglich dem Beobachtbaren und Meßbaren Eingang in die Theorie zu verschaffen, alles andere aber von ihr fern zu halten, so war dies gut positivistisch im Sinne eines methodisch sauberen Vorgehens gedacht. Elektronenbahnen waren unbeobachtbare Größen, die aufgrund der Unbestimmtheitsrelationen mit allergrößter Wahrscheinlichkeit auch immer unbeobachtbar bleiben würden, und hatten daher keinen Platz in der Physik. Dies ist auch die Aussage der Kopenhagener Deutung der Quantentheorie.

Das philosophische Programm des Positivismus sollte man deutlich von seiner Haltung in den Einzelwissenschaften unterscheiden. So konsequent der Grundsatz von der Erfahrung als erster und letzter Instanz in der Physik ist, so falsch muß seine vorschnelle Verallgemeinerung auf beliebige andere Bereiche menschlichen Erkennens ausfallen.

Im Wiener Kreis, der charakteristischen Ausprägung des Positivismus in unserem Jahrhundert, wurde der traditionelle Problembestand der Philosophie durch die übertriebene Wertschätzung des Empirismus auf einen Torso reduziert. Da es genug Fragen gibt, die sich allein durch Berufung auf die Erfahrungen nicht entscheiden lassen, kam im Wiener Kreis die einseitige Neigung auf, alle Probleme, die sich dieser Methode nicht fügen wollten, als Scheinprobleme abzutun. So waren bald Gott, Unsterblichkeit und freier Wille zu Problemen geworden, über die man nicht reden konnte. Denn, so Ludwig WITTGENSTEIN *»Wovon man nicht sprechen kann, darüber muß man schweigen.«* [65] Von eigener Nüchternheit trunken wollte man die Fragen dieser Welt nur aus der Sicht der Mathematik, der Logik und der Erfahrungswissenschaften sehen. Es muß aber der persönlichen Freiheit des Einzelnen vorbehalten bleiben, die ihn bedrängenden Probleme unabhängig von den Ergebnissen der Wissenschaft anzugehen.

Kehren wir zur Physik zurück, so finden wir den Positivismus selbst dort in einer einseitigen Position. Um das Jahr 1952 sprach Niels BOHR auf einer Philosophentagung in Kopenhagen. In der Diskussion mit Vertretern des Wiener Kreises ergab sich eine für unsere Situation charakteristische Gegenüberstellung. BOHR berichtete hiervon seinen Freunden HEISENBERG und PAULI:

»Ich habe versucht, vor diesen Philosophen über die Interpretation der Quantentheorie zu sprechen. Es gab nach meinem Vortrag keine Opposition und keine schwierigen Fragen; aber ich muß gestehen, daß ebendies für mich das Schrecklichste war. Denn wenn man nicht zunächst über die Quantentheorie entsetzt ist, kann man sie doch unmöglich verstanden haben. Wahrscheinlich habe ich so schlecht vorgetragen, daß niemand gemerkt hat, wovon die Rede war.«

PAULI antwortete darauf:

»Das muß nicht unbedingt an Deinem schlechten Vortrag gelegen haben. Es gehört doch zum Glaubensbekenntnis der Positivisten, daß man die Tatsachen sozusagen unbesehen hinnehmen soll [...] Die Positivisten haben gelernt, daß die Quantenmechanik die atomaren Phänomene richtig beschreibt; also haben sie keinen Grund, sich gegen sie zu wehren. Was wir dann noch so dazu sagen, wie Komplementarität, Interferenz der

Wahrscheinlichkeiten, Unbestimmtheitsrelationen, Schnitt zwischen Subjekt und Objekt usw., gilt den Positivisten als unklares, lyrisches Beiwerk, als Rückfall in ein vorwissenschaftliches Denken, als Geschwätz; es braucht jedenfalls nicht ernst genommen zu werden und ist im günstigsten Fall unschädlich. Vielleicht ist eine solche Auffassung in sich logisch ganz geschlossen. Nur weiß ich dann nicht mehr, was es heißt, die Natur zu verstehen.«

Und HEISENBERG ergänzt:

»*Die Positivisten würden wohl sagen, daß Verstehen gleichbedeutend sei mit Vorausrechnenkönnen. Wenn man nur ganz spezielle Ereignisse vorausrechnen kann, so hat man nur einen kleinen Ausschnitt verstanden; wenn man viele verschiedene Ereignisse vorausrechnen kann, hat man weitere Bereiche verstanden. Es gibt eine kontinuierliche Skala zwischen Ganz-wenig-Verstehen und Fast-alles-Verstehen, aber es gibt keinen qualitativen Unterschied zwischen Vorausrechnen-Können und Verstehen.*« [66]

11.5 Was heißt Verstehen in der Physik?

Wir sehen, daß dieser Streit zu der zentralen Frage führt: »Was heißt Verstehen in der Physik?« Die Positivisten kennen natürlich den Aufbau einer physikalischen Theorie. Sie wissen, daß die ersten Grundsätze oder Axiome hingenommen werden müssen. Man muß ein Fundament haben, von dem aus sich alle anderen Sätze als logische Konsequenz entwickeln lassen. EINSTEIN hat uns den schwierigen Weg der »tastenden Deduktion« beschrieben, den man hier gehen muß, ohne die Unterstützung einer zielsicheren Methode im Rücken (s. Abschnitt 8.4). Die Positivisten sehen nun gern die so gefundenen ersten Grundsätze als das Faktische an, getreu WITTGENSTEINs These: »*Die Welt ist alles, was der Fall ist. Die Welt ist die Gesamtheit der Tatsachen, nicht der Dinge.*« [67] Aber die ersten Grundsätze sind ja in gewissem Sinne gar keine Tatsachen. Ist z. B. das spezielle Relativitätsprinzip eines der beiden Axiome der speziellen Relativitätstheorie eine Tatsache? Wir meinen nein. Es läßt sich nicht aus einem Versuch ablesen. Als Destillat einer vielfältigen Begegnung von Experiment und Theorie ist es eher ein Programm zu nennen als eine Tatsache.

Verstehen kann eigentlich in der Physik nicht heißen, die ersten Tatsachen hinnehmen und daraufhin in der Lage sein, die logischen Konsequenzen bis hin zu den experimentellen Ergebnissen zu ziehen. Die spezielle Relativitätstheorie gibt uns das Beispiel, wie das Relativitätsprinzip zusammen mit dem Axiom von der Konstanz der Lichtgeschwindigkeit eine neue Definition der Gleichzeitigkeit zur Folge hat. Ist auch diese Definition hinzunehmen und ist sie Tatsache? Es gibt genügend viele andere Beispiele. Wir erinnern an das Dilemma, entweder die euklidische Vorstellung von unserer Welt aufzugeben und uns dafür eine einfache Physik einzuhandeln oder aber an der euklidischen Welt für den Preis einer sehr viel komplizierteren Physik festzuhalten (vgl. Abschnitt 9.4). Welche dieser Möglichkeiten ist Tatsache im Sinne des Positivismus? Auch für die Quantenphysik stellen sich ähnliche Fragen.

Für den Positivismus ist das Faktische das, von dem auszugehen ist; alles weitere unterliegt der Logik der Folgerungen aus dem Faktischen. So aber entstehen für gewönlich die neuen Erkenntnisse nicht. Für das tastende Suchen, für den nagenden Zweifel, für die Unbedingtheit, mit der man trachtet, das Unbegreifliche doch noch zu erklären, ist hier kein Platz. Wir brechen hier die Diskussion des Positivismus ab und wenden uns einem anderen Begriff des Verstehens zu, der eine wenn auch nur negative Bedeutung für die Begreiflichkeit der Natur hat.

Wilhelm DILTHEY (1832 bis 1911) hat in seinem »Aufbau der geschichtlichen Welt der Geisteswissenschaften« (1910) dem Begriff des naturwissenschaftlichen Erfassens einen anderen gegenübergestellt, den des geisteswissenschaftlichen Verstehens. In einer hermeneutischen, d.h. auslegenden Erklärungsweise versucht man, sich den individuellen Gegenständen und Prozessen, von denen in den Geisteswissenschaften die Rede ist, zu nähern. Von einem Nachempfinden ausgehend sucht man das Ideal, »*geistige Zusammenhänge in der Form objektiv gültiger Erkenntnis als sinnvoll aufzufassen*« (Eduard SPRANGER) zu erreichen. Geht man die Natur von der Seite dieses Begriffs vom Verstehen an, so erweist sie sich als unverstehbar. Während alles historisch Gewordene einer Interpretation bedürftig und fähig ist, versagt dieses interpretierende oder hermeneutisch auslegende Verfahren gegenüber den Dingen der Natur.

Oskar BECKER hat sich mit diesem Problem auseinandergesetzt:

Daß der Natur »*gegenüber der historischen Denkweise und die hermeneutische Methode versagt, das ist das ›Fremde‹, Befremdende. Es ist zugleich das spezifisch Naturhafte. Und gerade dort, wo das auslegende, ›hermeneutische‹ Verfahren scheiterte, gerade da führt die mathematische Denkweise weiter. Mathematisches und hermeneutisches Denken stehen also in einem merkwürdigen Verhältnis der Komplementarität.*« [68]

Das Befremdende der Natur ist jedem deutlich, der anderen naturwissenschaftliche Fragen nahebringen will. Wir mögen in der Mechanik bei den Begriffen »Kraft«, »Druck«, »Trägheit« oder »Energie« noch an die Empfindungen in unseren Muskeln anknüpfen, müssen aber sehr bald von anthropomorphen Vorstellungen absehen, um diese Begriffe in einer präzisierten Form zu definieren. Einem Stein mögen wir noch nachempfinden können, wie er fällt, weil wir selbst Fallbewegungen an uns erfahren können. Wie fremd sind aber dem Gefühl die meisten Vorgänge der physikalischen Wirklichkeit! Elektrizitätslehre und Magnetismus, Relativitätstheorie und Quantentheorie bieten dem menschlichen Empfinden in ihrer Andersartigkeit keine Anknüpfungspunkte. Ihr »Wesen« bleibt uns unbekannt. Ist das der Grund, weshalb uns das Anschauungsvermögen in jenen erlebnisfernen Bereichen, denen sich die Physik in unserem Jahrhundert zugewandt hat, im Stich läßt? KANT hat in seiner Kritik der reinen Vernunft die Frage gestellt: »*Ist die Welt endlich in der Zeit und im Raum oder nicht?*« Für beide Möglichkeiten, so fand er, gibt es einleuchtende Gründe. Ferner die Frage: »*Ist die Materie unbegrenzt teilbar oder nicht?*« Auch hier war ein Ja ebenso zu begründen wie ein Nein (vgl. Abschnitt 9.2 und [39]). Angesichts dieser letzten Rätsel scheinen unserem Verstand deutliche Grenzen gesetzt zu sein. In seiner von einem Hauch von Skepsis durchwehten Vernunftkritik stellt KANT ferner fest, daß wir das hinter den Erscheinungen Liegende nicht erkennen können. Das »Ding an sich« ist unerkennbar. Wir sehen, das Wunder der Begreiflichkeit hat seine Grenzen.

Die Leistungen der Physik sind erstaunlich. Die großen Anstrengungen dieses Jahrhunderts, das Unbegreifliche zu fassen, haben letzlich die Strukturen des Denkens selbst verändert. Die Begriffe von Raum, Zeit und Kausalität haben neue Bedeutungen angenommen. Gleichzeitig sind aber auch die Grenzen der physikalischen Methode deutlicher ins Bewußtsein gerückt.

11.6 Zusammenfassung

Die Physik erfaßt nur einen Ausschnitt der Wirklichkeit. Ihre messende Methode legt sie auf meßbare Objekte fest. Trotzdem erschließt sie einen weiten Wirklichkeitsbereich. In gewissen Aspekten begreifen wir die Natur. Daß dies möglich ist, bleibt unerklärt.

Durch die Bemühungen, die Natur zu begreifen, wurden die Denkstrukturen selbst verändert. Raum, Zeit und Kausalität haben nicht mehr den streng apriorischen Charakter, der ihnen noch von KANT beigemessen wurde.

Der Positivismus nimmt das Faktische als gegeben hin. Alles Weitere muß auf logischem Wege hieraus deduziert werden. Nicht Beobachtbares hat keinen Platz in der Physik. So nützlich die Beschränkung auf das Beobachtbare einerseits ist, es heißt doch über das Ziel hinausschießen, wenn man in einer Theorie in den Beobachtungsdaten die wesentlichen Elemente sieht.

Der Verstehensbegriff der Geisteswissenschaften ist in der Physik nicht anwendbar. In seinem Sinne ist die Natur unverstehbar. Die Begreiflichkeit der Natur findet ihre Grenzen in den Grenzen des menschlichen Verstandes. Das »Ding an sich« bezeichnet das Unerkennbare, das hinter den Erscheinungen verborgen bleibt.

Aufgaben

1. Die Physik hat ihrer Definition nach die unbeseelte Natur zum Gegenstand. Trotzdem wurden von ihr Aussagen über die Notwendigkeit, überlieferte Denkstrukturen zu ändern, gemacht. Ist das nicht ein Widerspruch?
2. Auf welche Weise wird die physikalische Kritik am apriorischen Charakter von Raum, Zeit und Kausalität durch die biologische Forschung ergänzt?
3. In dem in Kapitel 11.4 zitierten Gespräch üben BOHR, HEISENBERG und PAULI Kritik am Positivismus. Fassen Sie diese Kritik in eigenen Worten zusammen.

Namen- und Sachverzeichnis

Literaturverzeichnis

[1] I. KANT: Kritik der reinen Vernunft. Vorrede zur ersten Ausgabe (1781)

[2] H. DIELS: Die Fragmente der Vorsokratiker. Hamburg 1957, S. 14

[3] H. DIELS: a. a. O., S. 97

[4] H. DIELS: Die Fragmente der Vorsokratiker. Berlin 1922, II, S. 21

[5] P. S. LAPLACE: Théorie analytique des Probabilités. Introduction, 1812

[6] ARISTOTELES: Älteste Metaphysik

[7] GALILEI: Brief an Ingoli. Ed. Naz. VI, S. 45.

[8] ARISTOTELES: Mechanik

[9] G. GALILEI: Discorsi, 1638

[10] I. NEWTON: Philosophiae Naturalis Principia Mathematica, 1686

[11] G. GALILEI: Discorsi, 1638

[12] I. KANT, Kritik der reinen Vernunft. Vorrede zur zweiten Ausgabe (1787)

[13] R. MAYER: Bemerkungen über das mechanische Äquivalent der Wärme. 1851

[14] P. A. SCHILPP (Hrsg.): Albert EINSTEIN als Philosoph und Naturforscher. Kap II. 7, Braunschweig 1979

[15] A. EDDINGTON: Philosophie der Natur. Wien o. J., S. 20

[16] K. POPPER: Ausgangspunkte. Kap. 9, Hamburg 1979

[17] TH. S. KUHN: Die Struktur wissenschaftlicher Revolutionen. Frankfurt 1973

[18] CICERO: de finibus bonorum et malorum

[19] I. KANT: Kritik der reinen Vernunft. Transz. Ästhetik I. Von der Logik überhaupt (1781)

[20] I. KANT: Prolegomena. § 57 (1783)

[21] H. VON HELMHOLTZ: Handbuch der physiologischen Optik. Hamburg 1896, S. 588

[22] E. CASSIRER: Philosophie der symbolischen Formen. III, Darmstadt 1958, S. 474

[23] A. EINSTEIN: Geometrie und Erfahrung. In: Mein Weltbild, Frankfurt a. M., 1962, S. 119

[24] N. BOHR: The Atomic Theory and the Fundamental Principles underlying the Discription of Nature. (1929), zitiert nach S. SAMBURSKY, Der Weg der Physik, München 1978, S. 698.

[25] OSTWALDs Klassiker, Nr. 198: J. KEPLER S. 11

[26] A. EINSTEIN: Prinzipien der theoretischen Physik. In: Mein Weltbild, Frankfurt a. M. 1962, S. 110

[27] A. EINSTEIN: Bertrand RUSSELL [...] In: Mein Weltbild, Frankfurt a. M. 1962, S. 39

[28] GOETHE in einem Brief an RIEMER, 10. 5. 1806

[29] z. B. METZLER Physik, Oberstufe. Stuttgart 1979

[30] H. HERTZ: Die Prinzipien der Mechanik. 1894, S. 1

[31] M. BORN: Symbol und Wirklichkeit. Ausgewählte Abhandlungen. Göttingen 1963

[32] K. LORENZ: Das Wirkungsgefüge der Natur und das Schicksal des Menschen. München 1978, S. 84

[33] P. A. SCHILPP (Hrsg.): Albert EINSTEIN als Philosoph und Naturforscher. Braunschweig 1979, S. 9

[34] P. A. SCHILPP: (Hrsg.): Albert EINSTEIN als Philosoph und Naturforscher. Braunschweig 1979, S. 19f.

[35] A. EINSTEIN: Über die spezielle und die allgemeine Relativitätstheorie. Braunschweig 1979, S. 21

[36] Berichtet von Herbert DINGLE, Philosophia Naturalis 1950, Heft 1, wiedergegeben bei F. DESSAUER: Naturwissenschaftliches Erkennen. Frankfurt a. M. 1958, S. 389

[37] A. EINSTEIN: Das Raum-, Äther- und Feld-Problem der Physik.
In: Mein Weltbild, Frankfurt a. M. 1962, S. 144

[38] P. A. SCHILPP (Hrsg.): Albert EINSTEIN als Philosoph und Naturforscher. Braunschweig 1979, S. 23

[39] I. KANT: Kritik der reinen Vernunft. 2. Abt., 2. Buch, 2. Hauptstück (1781)

[40] ST. WEINBERG: Die ersten drei Minuten. München 1980

[41] E. CASSIRER: Zur modernen Physik. Darmstadt 1957, S. 25

[42] A. EINSTEIN: Über die spezielle und die allgemeine Relativitätstheorie. Braunschweig 1979, S. 60

[43] E. MACH: Die ökonomische Natur der physikalischen Forschung. (1882)
In: Populärwissenschaftliche Vorlesungen 1896, S. 217

[44] P. A. SCHILPP (Hrsg.): Albert EINSTEIN als Philosoph und Naturforscher. Braunschweig 1979, S. 17

[45] N. BOHR: Über den Aufbau der Atome und Moleküle.
In: D. TER HAAR, Quantentheorie, Braunschweig 1969, S. 171

[46] W. HEISENBERG: Physik und Philosophie. Stuttgart 1959, S. 17

[47] W. PAULI: Die philosophische Bedeutung der Idee der Komplementarität.
In: Aufsätze und Vorträge, Braunschweig 1961, S. 14f.

[48] W. HEISENBERG: Physik und Philosophie. Stuttgart 1959, S. 24

[49] W. HEISENBERG: Die Kopenhagener Deutung der Quantentheorie. In: Physik und Philosophie, Stuttgart 1959
F. VON WEIZSÄCKER: Die Einheit der Natur. Kap. II, München 1972, S. 224
W. KUHN: Physik. Quantenphysik, Kap. 6, Braunschweig 1976
G. LUDWIG: Einführung in die Grundlagen der theoretischen Physik. Band 3, Braunschweig 1978

[50] W. HEISENBERG: Physikalische Prinzipien der Quantentheorie. Stuttgart 1958, S. 48

[51] A. MARCH: Die physikalische Erkenntnis und ihre Grenzen. Braunschweig 1964, S. V

[52] W. STEGMÜLLER: Hauptströmungen der Gegenwartsphilosophie. Band 2, Stuttgart 1975, S. XIII

[53] E. CASSIRER: Zur modernen Physik. Darmstadt 1957
F. VON WEIZSÄCKER: Die Einheit der Natur. Kap. IV, 2 und IV 3, München 1972
Vgl. auch P. MITTELSTAEDT: Philosphische Probleme der modernen Physik. Mannheim 1966

[54] N. HARTMANN: Zeitschrift für philosophische Forschung. 1948, S. 500

[55] O. BECKER: Größe und Grenze der mathematischen Denkweise. Freiburg/Br. 1959, S. 30

[56] A. EINSTEIN: Aus meinen späten Jahren. Stuttgart 1979, S. 65

[57] I. KANT: Kritik der reinen Vernunft. Vorrede zur 2. Auflage (1787)

[58] Zitiert nach E. ZIMMER: Umsturz im Weltbild der Physik. München 1949, S. 244

[59] A. EINSTEIN: The Meaning of Relativity. Princeton 1923, S. 2f

[60] W. PAULI: Relativitätstheorie und Wissenschaft. In: Aufsätze und Vorträge über Physik und Erkenntnistheorie, Braunschweig 1961, S. 77

[61] W. PAULI: Raum, Zeit und Kausalität in der modernen Physik. a. a. O. S. 64

[62] K. LORENZ: KANTs Lehre vom Apriorischen im Lichte gegenwärtiger Biologie (1941). In: Das Wirkungsgefüge der Natur und das Schicksal des Menschen, München 1978.

[63] G. VOLLMER: Evolutionäre Erkenntnistheorie. Freiburg/Br. Philos. Diss. von 1964.

[64] D. E. ZIMMER: In: »Die Zeit« v. 6. 6. 1980, S. 35.

[65] L. WITTGENSTEIN: Tractatus logico-philosophicus 7. Frankfurt/M. 1977

[66] Die Diskussion zwischen BOHR, HEISENBERG und PAULI wurde zitiert nach: Werner HEISENBERG: Der Teil und das Ganze. München 1976, S. 241f.

[67] L. WITTGENSTEIN, a. a. O., 1. und 1.1.

[68] O. BECKER: Größe und Grenze der mathematischen Denkweise. In: Texte zur Wissenschaftstheorie. F. BORDEN (Hrsg.), Paderborn 1972, S. 97.

kolleg-text Physik

An vielen Schulen droht der Physikunterricht aus den allseits bekannten Gründen ins Abseits zu geraten und verbunden damit seine für die Allgemeinbildung so wesentlichen Inhalte. Das vorhandene Grundkursangebot als ein wirklich alternatives und attraktives Lernangebot auszustatten ist das Hauptanliegen dieser Reihe. Jeder Band stellt ein Einzelthema, das in einem Halbjahr bearbeitet werden kann, vollständig dar. Er bietet jeweils ein didaktisch durchdachtes Gerüst mit ausführlich dargestellten Grundexperimenten (oder Beobachtungen), Grundbegriffen und wichtigen Ergebnissen, erweitert mit anregenden Übungsaufgaben und bedeutsamen Anwendungsbeispielen. Auf Grund des jeweiligen didaktischen Ansatzes und der methodischen Aufbereitung werden die sonst auftauchenden mathematischen Probleme weitgehend vermieden. Dadurch können die vorgeführten Überlegungen und Gedankengänge bereits beim Lesen nachvollzogen und verstanden werden und der behandelte Gegenstand erschließt sich auch den Schülern, die sich durch das sonst übliche Abstraktionsniveau überfordert fühlten.

Übersicht über vorliegende bzw. in Kürze erscheinende Bände
(Stand: Dezember 1980):

Philosophische Grundgedanken zur Struktur der Physik
Von Peter Berger
4. Aufl. 1981. 148 S., kt.
Best.-Nr. 50123

Grundlagen der Mechanik
Von Gerd Harbeck und Joachim Krause
1978. 144 S., kt.
Best.-Nr. 50091
Lösungsheft: 44 S., kt.
Best.-Nr. 70001

Gravitation und Weltraumfahrt
Von Hanne Müller-Arnke
2. Aufl. 1981. C. 110 S., kt.
Best.-Nr. 50171
Lösungsheft: C. 40 S., kt.
Best.-Nr. 70096

Das Elektron
Von Herbert Pientka
1979. 116 S., kt.
Best.-Nr. 50001
Lösungsheft: 56 S., kt.
Best.-Nr. 70023

Relativitätstheorie
Von Roman Sexl und Herbert K. Schmidt
1978. 132 S., kt.
Best.-Nr. 50051
Lösungsheft: 40 S., kt.
Best.-Nr. 70030

Schwingungen und Wellen
Von Werner Komenda
1981. Ca. 136 S., kt.
Best.-Nr. 50044

Modelle des Lichts
Von Georg Becker und Harald Lemanski
1982. C. 150 S., kt.
Best.-Nr. 50045

Elektronik, Bausteine und Schaltungen
Von Walter Neusüß
1980. 120 S., kt.
Best.-Nr. 50046
Lösungsheft: Ca. 50 S., kt.
Best.-Nr. 70090